国家自然科学基金项目（42002185、42172189）资助
河南省自然科学基金项目（202300410099）资助
河南工程学院博士基金项目（D2017010）资助
煤矿环境地质灾害综合治理技术河南省工程实验室资助

# 构造煤瓦斯扩散规律及控制机理研究

任建刚／著

中国矿业大学出版社
·徐州·

## 内 容 提 要

本书以实验室测试、理论分析、数学建模、现场实验为基础,结合研究区矿井地质和储层地质特征,采用压汞、低温液氮吸附、小角 X 射线散射、扫描电镜等实验方法获取了构造煤微观孔-裂隙结构特征。从煤层在井下的实际赋存状态出发,采用气相色谱法和解吸-扩散法两种扩散系数测定方法,开展了模拟地层条件下构造煤瓦斯扩散规律实验研究,分析了两种方法反映构造煤瓦斯扩散规律的差异性和适用性,探讨了围压、气压、温度、煤质、煤体结构、微观结构等因素对瓦斯扩散规律影响及耦合控制机理,构建了反映不同地层条件下的构造煤瓦斯扩散模型,并对新模型进行了验证和应用。经理论和实践检验,模型精度较高,满足生产要求。

本书可供从事煤的储层物性、煤矿井下瓦斯抽采和煤层气勘探开发的研究人员和工程技术人员,以及相关专业的高等院校师生参考使用。

**图书在版编目(CIP)数据**

构造煤瓦斯扩散规律及控制机理研究/任建刚著
. —徐州:中国矿业大学出版社,2023.4
ISBN 978 - 7 - 5646 - 5791 - 8

Ⅰ. ①构… Ⅱ. ①任… Ⅲ. ①煤层瓦斯—研究 Ⅳ.
①TD712

中国国家版本馆 CIP 数据核字(2023)第 066756 号

| | |
|---|---|
| 书 名 | 构造煤瓦斯扩散规律及控制机理研究 |
| 著 者 | 任建刚 |
| 责任编辑 | 何晓明 褚建萍 |
| 出版发行 | 中国矿业大学出版社有限责任公司 |
| | (江苏省徐州市解放南路 邮编 221008) |
| 营销热线 | (0516)83885370 83884103 |
| 出版服务 | (0516)83995789 83884920 |
| 网 址 | http://www.cumtp.com E-mail:cumtpvip@cumtp.com |
| 印 刷 | 苏州市古得堡数码印刷有限公司 |
| 开 本 | 787 mm×1092 mm 1/16 印张 14.75 字数 288 千字 |
| 版次印次 | 2023 年 4 月第 1 版 2023 年 4 月第 1 次印刷 |
| 定 价 | 58.00 元 |

(图书出现印装质量问题,本社负责调换)

# 前　言

　　我国能源现状为富煤、贫油、少气,煤炭产销量在一次能源消费结构中约占60%。煤炭作为我国主体能源,长期以来在支撑我国经济社会平稳较快发展进程中发挥了能源安全保障的压舱石和稳定器作用。在今后较长时期内,特别是我国能源转型发展过程中还将发挥不可或缺的兜底保障作用。瓦斯(煤层气)与煤同生共体,是可以从煤层中抽采的非常规天然气。煤层气资源合理开发和利用,不仅可以改善我国能源现状、改善大气环境,而且对改善煤矿安全生产条件具有重要意义。

　　我国主要含煤盆地经历了复杂的、多期次的构造运动,不仅导致构造型式复杂多变,也使得煤物理化学结构发生了改变,形成了含煤盆地中广泛分布的构造煤,造成我国煤层具有瓦斯含量高、吸附能力强、渗透率低等显著特征。原生结构煤在多期次构造运动叠加改造下,发生不同程度的脆性、韧性、脆-韧性变形而形成不同变形类型的构造煤。不仅在煤的宏观形貌、煤储层结构、力学性质上不同,而且在微观孔隙结构、孔-裂隙形态等方面也具有一定的变形特征,使得原始煤层的孔-裂隙大小、形态和连通性遭到破坏,进而影响煤层瓦斯的运移、产出能力。瓦斯运移、产出一般要经过解吸、扩散和渗流三个阶段,解吸是前提条件,扩散在其中发挥着重要的衔接作用。研究认为,瓦斯解吸可在瞬间完成,煤层孔-裂隙系统中瓦斯的运移、产出速度取决于扩散和渗流,最终受较慢的扩散阶段所控制。

　　以往构造煤瓦斯扩散特性研究多采用颗粒煤样和解吸-扩散法进行,实验煤样和方法不能客观反映原始煤层物性特征和储层条件,控制机理研究缺乏结合煤的微观结构分析内外因素的耦合作用,现有扩散模型存在理想化程度高、准确性低、适用条件不明确等问题。本书以实验室测试、理论分析、数学建模、现场实验为基础,结合研究区矿井地质和储层地质特征,采用压汞、低温液氮吸附、小角 X 射线散射、扫描电镜等实验方法获取了构造煤微观孔-裂隙结构特征。从煤层在井下的实际赋存状态出发,采用气相色谱法和解吸-扩散法两种扩散系数测定方法,开展了模拟地层条件下构造煤瓦斯扩散规律实验研究,分析了两种方法反映构造煤瓦斯扩散规律的差异性和适用性,探讨了围压、气压、温度、煤质、煤体结构、微观结构等因素对瓦斯扩散规律影响及耦合控制机理,构建了反映不同地层条件下的构造煤瓦斯扩散模型,并对新模型进行了验证和应用。经理论和实践检验,模型精度较高,满足生产要求。

笔者及研究团队潜心于该项研究多年,在国家自然科学基金项目(42002185、41872169、41972177、42172189)、河南省自然科学基金项目(202300410099)、河南省科技攻关项目(192102310464)、河南省高等学校重点科研项目(18A440008)、河南工程学院博士基金项目(D2017010)、河南工程学院协同育人项目(XTYR-2021GZ003、XTYR-2018KJ059、XTYR-2021ZKZY001、XTYR-IIKJ2020001、XTYR-HKJ2021022)、煤矿环境地质灾害综合治理技术河南省工程实验室等资助下,探讨了构造煤瓦斯扩散规律及控制机理,旨在为大家提供一个供参考、讨论的对象,争取让更多的煤储层物性研究者关注原始块状煤样和颗粒煤样扩散特性异同性,使其早日成为瓦斯灾害治理工程中一种有效扩散系数评价和预测方法。

本书在研究过程中得到了张子戒教授、宋志敏教授、张国成教授、马耕教授、齐永安教授、潘结南教授、王恩营教授、宋党育教授、汤友谊教授、陈守民教授、张明杰教授、郑德顺教授、金毅教授、张小东教授、崔树军教授、吴烨教授、李冰教授、陶云奇教授、廉有轩教授、吕闰生教授、王小明教授、陈晓教授、刘高峰副教授、温志辉副教授、尚海锋副教授、戚玲玲副教授、杨程涛高级工程师、张建锋副教授、刘见宝副教授、郭士礼副教授、黄波副教授、陈锋副教授、王海超博士、牛庆合博士、王振至博士、姜沛汶博士、曲艳伟博士、杨晓娜老师、谷渊涛博士、李晓霞博士、林波博士、翁红波工程师、程光工程师、张震博士、王春硕士、薛景予硕士、王怀玺硕士、许晨航、孙洪伟、彭林康、李晨龙、宗文强、闫秋玉、王艳芳、李晨、杨丰田、郑伟彬、赵世伟、任淳熙、张永旺、孔令潼、赵铭洋等许多专家学者和师生的指导与帮助。实验室测试和现场应用得到了河南工程学院、河南理工大学、吉林大学、中国矿业大学、东华大学、河南能源化工集团研究院有限公司、中国平煤神马集团能源化工研究院、山西潞安环保能源开发股份有限公司、中煤科工集团重庆研究院有限公司、郑州煤炭工业（集团）有限责任公司、永城煤电控股集团有限公司博士后科研工作站等的大力支持，在此一并致以衷心的感谢！笔者引用了大量国内外文献，在此对这些文献的作者表示感谢！

　　由于水平有限，书中难免存在疏漏和不足之处，恳请读者予以指正。

著　者

2022 年 12 月

# 目　录

# 第1章 绪 论

## 1.1 研究背景及意义

我国的能源现状为富煤、贫油、少气,煤炭产销量在我国一次能源消费结构中约占 60%[1]。煤炭作为我国主体能源,长期以来在支撑我国经济社会平稳较快发展进程中发挥了能源安全保障的压舱石和稳定器作用[2],在今后较长时期内特别是我国能源转型发展中还将发挥不可或缺的兜底保障作用。在可预见的未来几十年内,煤炭仍将是我国的重要能源,预计到 2050 年,在一次能源消费结构中仍将占 50% 以上[3]。在我国,以煤炭为主体的能源结构,短期内将难以改变。

瓦斯(煤层气)是指与煤层同生共体,主要成分为甲烷,以吸附态为主要形式赋存于煤层之中,可以从地面或者井下进行抽采的非常规天然气[4-5]。据相关估算,中国埋深 2 000 m 以浅的煤层中煤层气(瓦斯)资源约 36.8 万亿 m³,总储量与常规天然气相当,具有相当可观的开发前景[6]。瓦斯资源合理开发和利用,不仅可以改善我国不合理的能源现状、改善大气环境,而且对改善煤矿安全生产条件、从根本上杜绝瓦斯灾害事故发生具有重要意义[7-8]。

但是,目前我国煤层平均瓦斯抽采率却不足 10%,与其他先进国家 30% 的平均抽采率之间存在着相当大的差距[9-10]。其主要原因之一是我国主要含煤地层均经历了复杂的、多期次的构造运动叠加演化改造,不仅导致构造型式复杂多变,也使得煤物理化学结构发生了改变,形成了含煤盆地中广泛分布的构造煤[11],造成我国煤层具有瓦斯含量高、吸附能力强、扩散速率慢、渗透率低等显著特征[12-13]。

瓦斯(煤层气)在煤层中的赋存、产出机理与常规天然气赋存、产出明显不同,煤层瓦斯总量的 90% 左右以吸附态形式储存在煤基质孔隙系统内表面,储存于较大孔隙或裂隙网络中的游离态瓦斯含量极少[14-15],而常规天然气总量的90% 左右在岩层中呈游离态。煤储层是一种极复杂的多孔隙固体层,具有表面和结构的非均匀性,主要表现为煤表面的不均匀,煤基质中分布有不同尺寸和形态的微观孔-裂隙,微观孔-裂隙系统是煤层中瓦斯运移、产出的通道,孔-裂隙系统的合理配置及其连通性控制着瓦斯的运移和产出[16-17]。原生结构煤在地质构造运动叠加改造作用下,发生不同程度的脆性、韧性、脆-韧性变形而形成不同破坏类型的构造煤,不仅在煤的宏观形貌、煤储层结构、力学性质上与原生结构煤不同,而且在微观孔隙结构、孔-裂隙形态等方面也具有一定的构造变形特征,使得原始煤层的孔-裂隙大小、形态和连通性遭到破坏,进而影响煤层瓦斯的运移、产出行为[18]。瓦斯产出一般要经过解吸、扩散和渗流三个阶段,解吸是前提条件,而扩散在其中发挥着重要的衔接作用[19-22]。研究认为,煤层中瓦斯的解吸过程可在瞬间完成,因而煤层孔-裂隙系统中瓦斯的产出速度受控于扩散和渗流,最终受较慢运移阶段的扩散作用所控制[19,23-25]。因此,如何提高低透气性煤层的扩散速率进而提高瓦斯采收率,是我国现阶段瓦斯抽采和煤层气开发面临的主要难题之一。但是,目前有关构造煤瓦斯扩散特性的研究大多采用颗粒煤样进行,煤样在加工过程中原有的孔-裂隙结构均受到了影响,不能准确反映原始煤层物性,并且过去扩散实验多采用解吸-扩散法进行,受实验条件限制,未考虑到地层围压的影响,如何准确反映原始煤层条件下构造煤瓦斯扩散特性还有待进一步研究;以往对瓦斯扩散规律研究多侧重于外在因素(温度、气压等)影响,没能将煤的微观孔隙结构统一考虑,耦合分析两者对煤中瓦斯扩散控制机理亟待深化;同时,现有的经典瓦斯扩散数学模型往往假设煤是均质的、与时间无关,这与实际情况不符,经典 Fick 扩散模型存在理想化程度高、准确性低等问题,更是需要改进和完善,且基于颗粒煤解吸-扩散法建立的模型能否反映原始煤层瓦斯扩散特性也值得商榷。

鉴于此,本研究在前人研究的基础上,从煤层在井下实际赋存状态出发,基于构造煤柱状煤样和颗粒煤样两类扩散介质,采用气相色谱法和解吸-扩散法两种扩散系数测定方法,开展模拟不同地层条件下构造煤瓦斯扩散规律实验研究,并借助多种孔-裂隙测试手段,耦合分析内外因素对瓦斯扩散的控制机理,建立基于煤结构非均匀性特征的瓦斯扩散模型,对于研究煤矿瓦斯抽采或煤层气开发过程中不同类型构造煤瓦斯扩散规律及运移方式具有重要的科学理论价值,而且对诸如 $N_2/CO_2$ 注气驱替煤层甲烷技术、煤层封存 $CO_2$ 技术等具有重要的实际指导作用。

## 1.2 国内外研究现状及存在的问题

### 1.2.1 构造煤研究现状

瓦斯地质学中对受构造破坏作用而形成不同类型煤的称谓主要有构造煤、

变形煤、破坏煤、突出煤等[26]。琚宜文等[27]认为,构造煤是原始结构煤受一期或多期次构造作用破坏,其特有的原生结构、构造发生不同程度的脆性、韧性或脆-韧性叠加改造,甚至其内部成分和化学结构发生变化的一类煤。王恩营等[28]认为,构造煤是原生结构煤在多期次构造破坏作用下形成的具有与原生结构煤不同结构和构造特征的煤,其煤岩成分变化一般较小。张子敏[29]将构造煤定义为:原始煤层在多期次构造运动破坏作用下,发生结构、构造甚至煤岩成分变化,宏观上引起煤层发生破坏、粉化、增厚、减薄等现象,微观上发生降解、缩聚等动力变质变形作用的产物。由此可见,上述定义都肯定了构造煤是原生结构煤经后期构造破坏作用而形成的产物,煤的结构、构造均表现出特有的变形特征。目前对构造煤的研究主要涉及构造煤分类、成因、发育规律等几方面。

（1）构造煤分类

原生结构煤经历不同程度、类型的变形破坏常形成不同类型构造煤。20 世纪 70 年代以前,构造煤分类主要借鉴岩石学中构造岩的分类方法,主要依据煤层发生破碎变形后的粒度大小对构造煤类型进行划分。1958 年,苏联科学院地质所将煤层分为非破坏煤、破坏煤、强烈破坏煤、粉碎煤、全粉煤五类[30]。1979年,中国矿业学院把破坏煤分为难突出煤（甲）、可能突出煤（乙）和易突出煤（丙）三类[31]。1983 年,焦作矿业学院对煤体结构从宏观和微观两个方面进行了大量研究,划分了原生结构煤、碎裂煤、碎粒煤、糜棱煤四类煤体结构类型,其中碎粒煤和糜棱煤为主要突出煤体,这一划分方案被广泛地应用于瓦斯地质领域[31]。1995 年,侯泉林等[32]初步提出了构造煤的成因分类方案,根据原生结构煤发生的脆-韧性变形不同划分为碎裂煤和糜棱煤两大类,继而将碎裂煤（糜棱煤）又各划分为次一级三小类。曹代勇等[33]从煤发生变形机制不同的角度出发,提出依据变形序列的划分方案。2004 年,琚宜文等[27]提出了具有代表性的结构-成因分类方案,此方案按构造变形机制分为 3 个变形序列共 10 类煤。同年,汤友谊等[34-35]在焦作矿业学院四类划分基础上,增加了视电阻率、超声波速、泊松比、弹性模量等指标,对四类划分指标进行了改进和完善。2009 年,王恩营等[36]通过深入分析构造煤的成因、结构、构造特征,提出了一套构造煤划分新方案:将构造煤划分为脆性变形、韧性变形 2 个变形序列共 8 类煤,其中又把脆性变形序列的构造煤进一步划分为片状序列和粒状序列,同时重新厘定了不同类型构造煤的变形性质和结构构造特征。2010 年,郭红玉等[37-38]在苏联科学院划分法的基础上,引入地质强度指标（GSI 值）进行煤体结构赋值定量表征。2013 年,李明[39]基于构造煤结构和形成机制,将构造煤系统划分为碎裂煤、片状煤、鳞片煤和糜棱煤等 7 种类型及 19 种亚类,并深入分析了其形成机制与结构演化特征。

综上可知,人们对构造煤的认识在不断深入,构造煤分类的内涵在不断完善,为了在同一矿井或工作面相邻位置较容易采集到所有破坏程度煤样,避免实验数据对比出现偏差,因此本研究依据 GB/T 30050—2013 四类煤体结构划分方案,采用原生结构煤(Ⅰ类)、碎裂煤(Ⅱ类)、碎粒煤(Ⅲ类)、糜棱煤(Ⅳ类)四类划分法开展研究。

(2) 构造煤成因

多数学者认为,影响构造煤形成的关键因素是构造发生时的温度和压力,煤层脆-韧性变形与煤级、温度、压力等条件有关。周建勋[40]认为,煤对温度的敏感性较弱,影响煤层脆-韧性变形的首要因素是煤级,其次为温度。构造应力可以使低煤级煤层发生韧性破坏,而对高煤级煤层主要产生脆性破坏,高煤级煤层中发现的韧性破坏主要形成于成煤早期,是低煤级遗留的产物。王桂梁等[41]认为,煤层构造变形在宏观上表现为塑性流变,微观上则表现为碎裂流动,导致煤层强烈变形的关键因素是变质变形过程中产生的气体。金法礼等[42]认为,中煤级阶段温度对煤体变形破坏的影响比围压大,高煤级阶段温度的控制作用减弱,取而代之由围压控制煤体变形。姜波等[43]认为,温度、围压是造成不同煤级煤的应力-应变特征明显差异的主要原因,能够促进煤的分子结构由杂乱转为有序。刘俊来等[44]认为,温度对煤岩变形影响要高于压力,高温高压下晶质颗粒以塑性变形为主。

另有一些学者认为,构造煤是应力和煤岩组合及力学性质等因素综合作用的结果。陈善庆[45]认为,不同期次构造应力是形成构造煤的主因。曹运兴等[46]、郭德勇等[47]认为,顺层断层产生的层间滑动是构造煤成层分布的主因,断层选层发育是构造煤选层分布的主因。Ju[48]将煤层的流变类型划分为三类:脆性、韧性和过渡型脆-韧性,认为煤层产状、厚度和结构的变化受不同类型流变的影响。朱兴珊等[49]认为,构造作用产生的层间滑动为构造煤区域分布的主因,而断层则影响构造煤局部分布。朱兴珊等[50]运用岩石损伤力学理论研究认为构造煤是一种易损材料,微观上以脆性拉裂最为常见,在煤岩组分中镜质体和丝质体主要表现为脆性,壳质组和碎屑结构主要表现为韧性。姜波等[51]认为,在构造应力场作用下,受到不同形式构造运动影响,煤层的赋存状态和结构受到改造,将产生不同变形机制和特点的构造煤。张玉贵等[52]从力化学角度研究后认为,构造煤在构造应力作用下其有机质发生两种类型演化,一是发生力化学缩聚作用,二是发生力化学降解作用。

(3) 构造煤发育规律

构造煤常与各种地质构造相伴生,曹运兴等[53]、王恩营[54]、汤友谊等[34]、王生全等[55]、刘咸卫等[56]、邵强等[57]研究表明,褶皱和顺煤层断层引起的层间滑动是造成构造煤形成和区域分布的主因,切层断层是造成构造煤形成和局部分布的主因。一般情况下,褶皱的翼部比转折端构造煤更发育,断层上盘比下盘更发育,逆冲断层比正断层更发育,低角度断层比高角度断层更发育。层域上,构造煤的发育主要受煤厚控制,即厚煤层较薄煤层更发育。构造煤发育的部位往往是煤与瓦斯突出最严重的部位,构造通过控制构造煤分布,进而影响煤与瓦斯突出的分布。

### 1.2.2 煤的孔隙结构研究现状

煤的孔隙结构是煤物理结构的主要研究内容,煤的吸附-解吸特性、扩散能力很大程度上取决于煤中孔隙分布及其连通状态[15]。

(1) 孔隙结构测试方法

研究煤的孔隙结构测试方法共有 18 种之多,大概可以分为三类:

第一类:主要通过液氮/二氧化碳吸附方法、常规压汞、恒速压汞、密度计法等对孔隙结构进行研究。其中较为常用的为压汞实验(吴俊等[58]、傅雪海等[59]、许浩等[60]、Yao 等[61])和液氮吸附实验(陈萍等[62]、赵志根等[63]、降文萍等[64]),主要用于孔容、孔径、比表面积、孔隙率等参数的测定。

第二类:是将煤样制成煤光/薄片、煤块,通过显微光电技术测定孔-裂隙,主要观察、测量样品孔隙及裂隙的成因及类型、面密度、间距、数目等参数,进行定性或半定量研究。主要包括扫描电子显微镜(张素新等[65]、张慧[66]、宫伟力等[67])、透射电子显微镜(韩德馨[68])、原子力显微镜(Wu 等[69]、Baalousha等[70]、Yao 等[71]、Bruening 等[72]、常迎梅等[73]、Pan 等[74]、Golubev 等[75]、姚素平等[76])、小角度 X 射线散射(Nakagawa 等[77]、Zhao 等[78]、朱育平[79]、Saku-rovs 等[80]、宋晓夏等[81]、Okolo 等[82])和 X-CT 扫描技术(孟巧荣等[83]、于艳梅等[84]、宋晓夏等[85]、黄家国等[86]、莫邵元等[87]、周动等[88])。

第三类:是通过仪器施加物理电磁信号,通过解释接收的信号反演煤样的结构信息,如核磁共振技术(唐巨鹏等[89]、石强等[90]、姚艳斌等[91])和声电效应探测技术(王恩元等[92]、窦林名等[93])。另外,在煤结构测定研究中,还有一些应用不太广泛的技术,如气-液排除法和中子散射测定等(谢晓永等[94])。

以上常用的几种孔隙结构测试方法都存在一个有效测试范围[95-97](图 1-1),如光学显微镜的观测尺度在 $10^3$ nm 以上,扫描电镜的观测尺度为 $8.0\sim10^4$ nm,透射电镜的观测尺度在 $0.2\sim10^4$ nm 之间,这些观测技术偏重于定性分析;压汞法测试范围在 3.75 nm $\sim$ 360 $\mu$m 之间,而低温液氮吸附法在测定 $1.5\sim400$ nm 之间的有效孔隙方面具有优势;小角 X 射线散射法适用于 $0.5\sim100$ nm 的微孔和过渡孔,优势是可以测得其中有效孔隙和封闭孔全部孔隙信息。

(2) 煤的孔隙类型划分

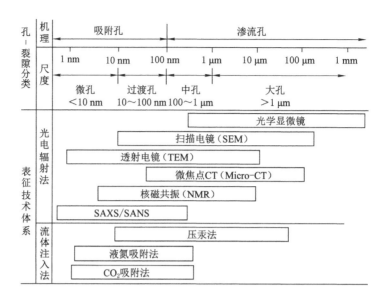

图 1-1　煤层孔-裂隙表征技术体系[95,97]

　　煤基质中分布有纳米级到微米级不同孔径尺度孔隙,近半个多世纪以来,众多学者基于不同的研究目的,采用上述某种孔-裂隙测试技术,提出了多种孔-裂隙类型划分方案。目前主要有以下三类划分系统:

　　① 煤孔隙的成因分类。邹明俊[98]按孔隙成因将其分为分子间孔、煤植体孔、热成因孔和裂隙孔;郝琦[99]将煤的孔隙分为六种:溶蚀孔、晶间孔、粒间孔、植物组织孔、气孔和铸模孔;朱兴珊[100]按孔隙成因分为六种:颗粒间孔、变质气孔、层间孔、植物组织孔、矿物溶孔和胶体收缩孔;张慧[66]将煤孔隙成因类型划分为四大类:原生孔、变质孔、外生孔和矿物质孔。

　　② 煤孔隙的孔径结构分类。国内外学者从不同的角度提出了煤孔径结构不同划分界线。归纳起来,其划分主要依据有三个方面:气体分子与孔径的作用特征、孔隙在煤中的分形或赋存特征、所用仪器的测试范围。笔者统计相关文献有关孔径划分方案的共有 20 种之多,国内应用最广泛的是苏联学者 Ходот(霍多特)的十进制分类方案[101],将孔隙系统划分为大孔($>10^3$ nm)、中孔(介于 $10^2 \sim 10^3$ nm 之间)、过渡孔(介于 $10 \sim 10^2$ nm 之间)和微孔($<10$ nm)。此外,国际纯粹与应用化学联合会(IUPAC)的分类系统则比较常见于国外煤物理和化学文献。煤的孔径结构分类为研究煤中瓦斯气体吸附-解吸和扩散-渗流特性提供了重要信息,但是局限于目前所采用测试手段和认知水平,大多研究均是采用单一测试方法针对一定孔径段孔隙,对影响解吸-扩散特性的全孔径定量表征以及从

气体扩散与孔隙作用关系分类研究还远远不够。

③ 煤孔隙的形态分类。煤孔隙形态分有效孔隙和孤立孔隙两种,其中有效孔隙又分开放孔、半封闭孔和细颈瓶孔等三类。吴俊[102]将孔隙形态分为开放型、过渡型和封闭型三大类及九小类,并指出这一分类可以表征煤层气体运移的难易程度。秦勇[103]指出,对于有效孔隙,气体和液体可以进入,而孤立型的"死孔"是不能进入的,因此压汞法和液氮吸附法仅能测有效孔隙的孔容及比表面积分布。陈萍等[62]通过研究不同破坏煤的低温液氮吸附等温线的形态,将孔隙形态划分为开放型孔、一端封闭型孔、一种特殊细颈瓶孔等三大类七小类。降文萍等[64]基于不同煤体结构煤低温液氮实验结果分析,将构造煤的孔隙形态划分为狭缝形、"墨水瓶"形、一端开口和两端开口等四类。

(3) 构造煤孔隙分布特征研究

迄今为止,大量研究已经对比分析了不同类型构造煤的孔隙分布特性,2000年以前众多学者认为构造破坏主要影响了中孔($10^2 \sim 10^3$ nm)、过渡孔($10 \sim 10^2$ nm)孔容,不影响微孔(<10 nm)孔容。Hower[104]研究认为,构造应力不会对纳米级孔隙(0.1~100 nm)产生影响。王佑安等[105]发现中孔($10^2 \sim 10^3$ nm)体积随煤体变形程度增高而增大,最高可以达到原生结构煤的6.6倍。姚多喜等[106]、张井等[107]利用压汞法证明了构造煤主要增加了中孔($10^2 \sim 10^3$ nm)和过渡孔(10~100 nm)的孔容,不影响纳米级孔的孔容。但王涛等[108]采用液氮吸附法研究构造煤的孔隙分布时指出,构造破坏已经对5~10 nm的微孔产生影响,但对超微孔(<5 nm)的影响甚微。徐龙君等[109]采用压汞法和$CO_2$吸附法研究突出煤的孔隙分布,得出其孔容、孔比表面积、孔隙率等与碳原子含量呈正相关关系。

随着对构造煤孔隙结构尤其对于微孔测试手段的改善,近些年取得了一些新的认识。吴俊等[58]采用压汞法对比研究了原生结构煤和构造煤的孔隙结构,发现构造煤的总孔容远大于原生结构煤。郭德勇等[110]认为,原生结构煤的排驱压力一般较构造煤要高,更不利于瓦斯突出。张子敏等[111]认为,构造煤与原生结构煤相比颗粒粒径较小,造成总比表面积较大,导致其瓦斯吸附能力较强。琚宜文等[112]基于对构造煤纳米级孔隙研究认为,碎裂、碎斑、片状煤主要分布有开放型孔和半封闭型孔,碎粒、薄片煤主要分布有一定量半封闭型孔,揉皱、鳞片煤孔隙含有一定量的封闭型孔,细颈瓶孔则主要出现在糜棱煤之中。琚宜文等[113]通过对构造煤的纳米级孔隙和大分子结构进一步测定和观测,认为构造煤大分子结构基本单元堆砌度在强变质变形环境中增长较快,反映了构造变形强弱的变化;构造煤过渡孔(15~100 nm)孔容所占比例随着构造应力作用的增强明显降低,而微孔及其以下孔径段(<15 nm)随着构造应力作用的增强明显增

高,可观测到亚微孔(5～2.5 nm)和极微孔(<2.5 nm),同时过渡孔(15～100 nm)比表面积比随着构造应力作用的增强明显降低,而亚微孔(5～2.5 nm)比表面积比大幅增加。王向浩等[114]研究晋城和焦作地区的无烟煤时亦指出,构造动力对煤孔隙结构的改造可能是全方位的,甚至影响到了微孔(<10 nm)孔径段。要惠芳等[115]认为,构造煤随着变形程度的增大,总孔容、中孔比表面积和微孔(<10 nm)比例逐渐增大,孔隙连通性减弱。张文静等[13]认为,脆性变形主要增加了煤的大孔(5 000～20 000 nm)、中孔(100～5 000 nm)比例,韧性变形主要增加了微孔(5～15 nm)和超微孔(<5 nm)比例。姜家钰等[116]认为,构造煤主要以微孔(<10 nm)为主,中孔(100～1 000 nm)和大孔(>1 000 nm)相对较少且含一定量细颈瓶孔,孔隙连通性差,构造煤各孔径段的孔容和比表面积均有所增加。

在构造煤孔径结构划分研究方面,琚宜文等[117]根据构造煤孔隙的自然分形特征,以孔隙直径为界线,划分为超大孔(>20 000 nm)、大孔(5 000～20 000 nm)、中孔(100～5 000 nm)、过渡孔(15～100 nm)、微孔(5～15 nm)等五类;又通过孔隙分布分形特征的三个突变点,提出了纳米级孔径分类方案,划分出过渡孔(15～100 nm)、微孔(5～15 nm)、亚微孔(2.5～5 nm)和极微孔(<2.5 nm)。

(4) 煤的孔隙分布影响因素

大量研究表明[107,117-120],煤中孔隙分布与煤化程度、破坏类型和地应力等有关。琚宜文等[117,121]认为,纳米级孔隙已受到构造应力的影响。张小东等[18,122]认为,随着构造破坏作用增强,各孔径段的孔隙数量都有增加,使得煤吸附储存气体的空间增大,特别是大、中孔含量的增大,糜棱煤与原生结构煤相比,其各孔径段的孔容均有增大,尤其是过渡孔以上孔隙更为明显,而微孔以下孔隙增幅较小。构造煤的BET总比表面积、BJH总孔容、BET平均孔径均大于原生结构煤。降文萍等[64]认为,相同煤级煤随着破坏程度增强,总孔容和总比表面积呈现逐渐增大趋势,微孔比表面积比、孔容比显著增大,小孔孔比表面积比、孔容比显著减小。由此可见,不同学者对地应力、煤体破坏类型对孔隙结构分布影响认识仍存在一定的分歧。

(5) 煤孔隙分形特征

在对煤的孔隙结构进行描述时,除了孔径、孔容和比表面积分布以外,还需要对煤的非均匀性进行定量表征。已有大量研究表明,多孔材料和粒子从原子尺度到分子尺度均表现出一定的分形特征[123-124]。

把分形维数引入多孔材料的研究中,可以对其表面的能量和结构分布不均匀性进行定量描述和表征。一般所有的比表面积值高的多孔介质均具有2～3的分形维数[125-126]。已有研究认为,煤基质的表面形貌、孔隙分布具有天然的非均匀性,很难用欧氏几何来表征,具有明显统计分形特征,更适于用分形几何来表征[127-130]。徐龙君等[128,131-133]提出了煤分形特征的研究方法和计算方法。分形特征的实验研究方法有汞注入法、气体吸附法、小角 X 射线散射法等,各种方法在其有效测试范围内均存在优势,但联合测试更能准确全面地表征全孔径段非均质特征。王明寿等[134]认为,煤孔隙分形维数随着煤演化程度的增大而变小。赵爱红等[125]通过对不同煤岩类型、不同变质程度煤样的分析,发现大于最小半径 65～87 nm 的大孔(>1 000 nm)、中孔(100～1 000 nm)和部分过渡孔(10～100 nm)具有明显的分形特征,可以反映出煤的孔隙分布不均匀性和煤体变形程度。孙波等[126]按分形特征把孔隙形态划分为三类,并认为可以采用分维数进行突出危险性预测和评价。李子文等[130]构建了一种多孔介质分形模型,用于表征煤体孔隙空间分布特征,从而实现了煤体孔隙度和分形维数之间的定量描述。王有智等[135]认为,利用分形维数可以对构造煤的孔隙结构和吸附能力进行有效表征,分形维数随着煤体变形程度增大而增大,微孔(<10 nm)含量增加,微孔(<10 nm)比表面积增大。金毅等[136]分析了煤储层孔隙结构分形特征对煤层气运移的控制作用。目前,很多依据数学家 Mandelbort(曼德布罗特)创立的分形几何学进行的煤孔隙分形特征研究还处于初级阶段[137],只停留在做描述性的工作上,通常仅给出不同孔径段比表面积、孔容与孔径之间的分形维数,而煤全孔径分形维数的非均质性定量表征与扩散性能的定量关系尚需进一步深入探讨。

　　(6)孔隙结构对煤瓦斯吸附的影响

　　在煤孔隙对瓦斯吸附影响方面,Clarkson 等[138]测试了煤的孔隙结构与瓦斯吸附量两者之间的关系,认为微孔(<10 nm)是煤吸附瓦斯的主要场所。钟玲文等[139-140]认为,煤的孔体积和比表面积越大,瓦斯吸附量越大。但也有学者通过研究分析得出了相反的结论,如桑树勋等[141]研究低阶煤时发现煤样的吸附气体能力与孔比表面积之间呈负相关关系,认为可能由煤中水分含量高所致。刘爱华等[142]分析了高、低煤阶煤孔隙分布特征,认为高煤阶煤孔隙度低、大孔含量少,发育一定数量"墨水瓶"形孔,导致孔隙连通性差,微孔(<10 nm)含量高、水分含量低,导致吸附能力强;低煤阶煤孔隙度大,过渡孔(10～100 nm)以上孔隙比、孔容均较大,孔隙连通性好,渗流能力强,比表面积小,水分高,吸附能力弱。

　　导致上述研究存在一定分歧的主要原因,一方面是研究方法及取样地点等存在一定的差异,另一方面是变质变形作用对构造煤纳米级孔隙结构的影响认识还很有限,微孔(<10 nm)以下孔隙结构的异常变化仍需要深入探讨。

### 1.2.3 瓦斯解吸规律研究现状

（1）煤的瓦斯解吸模型研究

煤属于极其复杂的孔-裂隙多重吸附体[143]，煤基质中分布有纳米级到微米级不同孔径孔隙，瓦斯的流动在孔-裂隙系统内是一个复杂的解吸-扩散过程，大多学者认为解吸可瞬间完成[23,144-146]。国内外学者针对这种解吸-扩散规律进行了大量研究，提出了许多描述等压解吸条件下瓦斯解吸-扩散量的计算数学模型，数学形式上可分为指数式和幂函数式两类[147-148]，具有代表性的有以下 7 种（表 1-1）。

表 1-1　描述空气介质中煤的瓦斯解吸-扩散模型[149]

| 公式名称 | 累计解吸-扩散量 | 解吸-扩散速度 | 适用条件 |
|---|---|---|---|
| 巴雷尔式 | $\dfrac{Q_t}{Q_\infty}=\dfrac{2S}{V}\sqrt{\dfrac{Dt}{\pi}}=k\sqrt{t}$ | $V_t=\dfrac{S}{V}\sqrt{\dfrac{\pi}{Dt}}$ | $0\leqslant\sqrt{t}\leqslant\dfrac{V}{2S}\dfrac{\pi}{D}$ |
| 文特式 | $Q_t=\dfrac{V_1}{1-k_t}t^{1-k_t}$ | $V_t=V_a\left(\dfrac{t}{t_a}\right)^{-k_t}$ | $0<k_t<1$ |
| 乌斯基诺夫式 | $Q_t=V_0\left[\dfrac{(1+t)^{-n}-1}{1-n}\right]$ | $V_t=V_0(1+t)^{-n}$ | $0<n<1$ |
| 博特式 | $\dfrac{Q_t}{Q_\infty}=1-Ae^{-\lambda t}$ | $V_t=\lambda AQ_\infty e^{-\lambda t}$ | 短时间内显著 |
| 王佑安式 | $Q_t=\dfrac{ABt}{1+Bt}$ | $V_t=\dfrac{AB}{(1+Bt)^2}$ | 描述初期有差距 |
| 指数式 | $Q_t=\dfrac{V_0}{b}(1-e^{-bt})$ | $V_t=V_0e^{-bt}$ | 1～10 min 显著 |
| 孙重旭式 | $Q_t=at^i$ | $V_t=iat^{i-1}$ | 与文特式相似 |

国内外对瓦斯解吸-扩散模型的构建大多是特定条件下得出的理论或经验近似式，所揭示的瓦斯解吸-扩散规律均有一定的适用性和局限性，对于瓦斯含量小、破坏程度低的煤体，各类公式尚能满足生产要求[150]，但对于瓦斯含量大、破坏程度高的煤体，应用现有模型得到的计算值与实测值存在很大的误差，尤其对于损失量推算误差很大，导致很难测准瓦斯含量[151]，这一定程度上给安全生产留下了隐患，并且表 1-1 中各类模型能否描述原始煤层围压条件下瓦斯扩散规律也值得商榷。

（2）瓦斯解吸规律影响因素研究

不同类型煤样、不同实验条件均会对瓦斯解吸-扩散规律产生重要影响,相关影响因素主要包括外部因素吸附平衡压力(气压)、温度、水分、煤质、破坏类型、颗粒粒度和孔隙结构等多方面。关于煤体破坏类型(颗粒煤)的影响,温志辉[152]通过实验研究了不同破坏类型硬煤和软煤之间的解吸指标差异性,两者在解吸-扩散速度、突出预测临界解吸指标等方面均表现出很大不同。富向等[153]通过对构造煤瓦斯放散速度实验研究表明,构造煤瓦斯解吸速度(前60 s)的过程更适合用文特式来描述,并受构造煤的微观结构影响。关于变质程度的影响,相同温度、气压条件下,高变质程度煤的吸附-解吸量高于低变质程度吸附-解吸量。关于粒度对解吸规律的影响,杨其銮[150]、王兆丰[147]、刘彦伟[148]认为,煤屑(颗粒煤)瓦斯解吸-扩散过程中存在一个极限粒径,当煤颗粒粒径小于极限粒径时,其瓦斯解吸-扩散速度、衰减系数随粒径的增大而减小;当煤样粒径大于极限粒径时,其瓦斯解吸-扩散速度、衰减系数随粒度的增大而不再减小。关于水分对瓦斯解吸的影响,Clarkson等[154]通过实验研究认为,煤中瓦斯吸附量与其含水量成反比,随水分的增加而大幅减少,但当其水分含量超过平衡水分含量(临界水分含量)时,水分对煤的瓦斯吸附量产生影响甚微。同时,张国华等[155]分析了水锁效应的影响,得出当含瓦斯煤体内部有水分进入后,在煤基质内部的孔隙端部会产生毛细阻力现象,当外界环境与孔隙内部之间的压力差小于该毛细管阻力时,孔隙内部瓦斯的扩散运移便受到阻止,最终宏观上表现出外界水分对瓦斯解吸过程具有水锁效应。陈向军等[156]认为,外加水分会对煤的瓦斯解吸产生抑制作用。

综上所述,尽管前人进行了大量卓有成效的研究,但不同破坏类型煤仅针对颗粒煤,鲜有对构造煤柱状煤样进行研究,且解吸-扩散影响因素还不够全面、深入,尤其是缺乏地应力、有效应力、扩散路径等因素的研究,更没有对颗粒煤与原煤瓦斯解吸-扩散过程的异同性进行研究,导致对构造煤原煤与颗粒煤瓦斯扩散规律认识不清。

### 1.2.4 瓦斯扩散理论研究现状

迄今为止,国内外学者采用解吸-扩散模型近似对瓦斯扩散行为进行了大量研究,通过引用传质学中的Fick扩散定律[157]来解释颗粒煤中瓦斯的传递规律。目前对于颗粒煤瓦斯扩散理论的研究主要包括扩散模式分类、扩散特性影响因素及表征、扩散模型构建等三个方面。

(1)扩散模式分类

根据气体扩散理论,扩散过程是气体分子以气体浓度差为推动力,由高浓度区运移到低浓度区的气体浓度平衡过程。Smith等[158-159]指出煤层气(瓦斯)扩散为体扩散、诺森扩散和表面扩散的共同作用结果。1986年和1988年,杨其銮等[160-161]根据扩散传质理论和实验研究,提出了极限煤粒假说,即当煤被破碎到一定小的粒度时,其中只含有扩散孔隙,且扩散服从线性 Fick 扩散定律。1998年,聂百胜[162]根据孔隙平均直径和气体分子的平均自由程的比值划分出菲克(Fick)型扩散、诺森(Knudsen)型扩散、表面(Surface)扩散和晶体(Crystal)扩散等四种扩散模式。2000 年,聂百胜等[163-165]又运用诺森数对扩散模式划分进行了进一步完善,将扩散模式划分为菲克(Fick)型扩散、诺森(Knudsen)型扩散和过渡型扩散三类。傅雪海等[166]认为,当平均孔径超过分子平均自由程时主要为分子扩散,以渗流模式运移,随着孔径的不断增大逐渐变为稳定层流、剧烈层流、紊流三类模式;当孔径低于分子平均自由程时则以诺森型扩散、表面扩散和晶体(固体)扩散形式出现,以第一类为主,后两类扩散作用影响较小。闫宝珍等[167]根据煤层气扩散特性划分为另外四类,即气相、吸附相、溶解相和固溶体扩散,其中以第一类扩散模式为主,进一步划分为 Fick 型扩散、Knudsen 型扩散和过渡型扩散。

(2) 扩散特性影响因素及表征

目前通常采用扩散系数($D$)对煤的瓦斯扩散特性进行表征,国内外学者依据实验对象和研究目的不同采取了不同的测试方法[160,168-180]。颗粒煤瓦斯扩散系数测定普遍采用常压解吸-扩散法,主要用于煤层瓦斯含量测定和突出危险性评价。石油天然气行业通常采用块样结合气相色谱法测定岩样中的扩散系数,并进行可采性评价。以上两种扩散系数测试方法中瓦斯和煤层气由解吸-扩散法所测的扩散系数采用颗粒煤为研究对象,而石油天然气行业所采用的为规则柱状煤样,因此联合应用可以研究柱状煤样和颗粒煤瓦斯扩散规律变化特征[181-183]。目前所能查阅到文献的煤体扩散系数基本均是由颗粒煤(煤屑)常压解吸-扩散法进行获取的,而对于构造煤柱状煤样扩散行为多为定性分析,缺乏客观的测试数据支撑[184-185]。聂百胜等[163-165]运移常压解吸-扩散法研究认为,大孔和中孔中的甲烷扩散均为一般 Fick 型扩散,其扩散系数与温度和压力关系密切,与孔径无关;微孔中扩散为 Knudsen 型扩散,其扩散系数与孔径和温度有关,与压力无关;小孔中扩散为过渡型扩散,其扩散系数受温度、压力及孔径的共同作用。

Saghafi 等[186]对 Sydney 盆地埋深 270~723 m、中低煤级($R_{o,max}$=0.66%~1.45%)的煤层中 $CO_2$ 气体的扩散特性进行了研究,发现扩散系数与埋深、煤级没有呈现出规律性变化关系。Charrière 等[187]研究了水分对颗粒煤甲烷扩散系数的影响,发现干燥煤样较含水煤样扩散系数更高。Cui 等[188]研究认为,在一定的压力范围内,煤中大孔、微孔扩散系数与压力呈负相关关系。Schueller 等[189]认为,气体宏观扩散模式差异实质上受气体微观参数变化所控制,并分析了压力和温度对其的影响机制。张登峰等[190]研究发现,不同变质程度煤的扩散系数随着温度的升高而增大,与 $R_{o,max}$ 之间呈现出 U 形关系;相同煤样在实验条件一致时 $CO_2$ 扩散系数均高于 $CH_4$,受微孔扩散影响较大。陈富勇等[191]认为,颗粒煤内部微观结构变化及吸附势场转变才是影响吸附-解吸可逆性和扩散性能的关键因素。简星等[192]利用颗粒煤常压解吸-扩散法研究发现,$CO_2$ 在煤体中的扩散系数 $D$ 并不是恒定常量,而是伴随质量分数($CO_2$ 分压)的降低而减小,在一定范围内还与 $CO_2$ 的质量分数呈线性关系变化。郝石生等[193]认为,扩散系数与气体分子本身的物性有关,一般分子量越大扩散系数越小,扩散运移越缓慢。混合气体由于各气体分子物性不同而导致分子间相互碰撞频率增大和阻力增大,扩散系数变小。卢福长等[194]认为,扩散过程实质是气体从煤基质高浓度区向裂隙低浓度区之间的运移,扩散速度与扩散距离的平方呈反比关系,主要影响煤层气井初期的产量;而石丽娜等[195]认为,扩散系数对煤层气井后期产气量影响较大。Yi 等[196]通过利用 Maxwell-Stefan 方程对于二元混合气体($CH_4$-$CO_2$)在微孔中的扩散特性研究表明,分子气体的正扩散有利于气体克服吸附作用在固体中运移,而逆扩散则不利于气体的运移。

(3)扩散模型构建

基于不同实验方法和研究目的,研究者从宏观、微观角度探讨了瓦斯在颗粒煤内的运移扩散机理,并建立了相关数学模型[160,163,178-179,187,192,197]。传统经典的研究方法采用煤基质均质球形扩散模型(简称 Fick 扩散定律)对颗粒煤的扩散行为进行定量表征。煤基质微观孔隙内瓦斯气体在浓度梯度的驱动下发生扩散,如果单位时间内通过单位面积的浓度梯度与扩散速度呈正比即为稳态扩散,遵循 Fick 第一定律。因此,稳态扩散描述是扩散仅与距离有关,不随时间而变化。若扩散过程与扩散距离和扩散时间均相关,则为非稳态扩散,遵循 Fick 第二定律[198]。现有煤(层)粒瓦斯扩散模型均是基于 Fick 扩散定律而建立的,比较著名的扩散模型有单一孔隙、双孔隙和扩散率扩散模型三类。其中,单一孔隙模型顾名思义将煤基质内部孔隙结构假设为一种孔隙类型,模型相对简单,应用比较广泛,但由于煤基质孔隙极其复杂,该模型精度较差;而双孔隙模型将煤基质内孔隙假设为大孔和微孔两类,根据孔排列方式又分为平行孔模型和连续性模型。

近年来,分形多孔介质复杂微观结构与表面不均匀特性对扩散的影响越来越引起研究者的重视,其中一个重要方面是研究多孔介质的扩散系数和分形拓扑运移结构之间的关系。针对上述问题,相关学者在物理化学、材料等学科方面做了相关研究工作,研究普遍认为,影响甲烷扩散的因素主要是扩散系统的温度、压力、扩散距离、孔隙形状大小、连通性、多元气体组分和浓度[191,197,199-200]。

传统经典 Fick 扩散定律已不能准确描述分形介质中的扩散行为,分形空间的扩散速度相对欧氏空间出现"扩散慢化"效应[201-202],分形空间中的扩散属于一种特殊的反常扩散,需用分数阶偏微分方程进行准确描述[203-204]。

以上分析表明,在众多研究成果中,均未考虑煤层在自然实际赋存状态(原始层状煤层与颗粒煤)的区别,一般仅采用颗粒煤进行研究,并且也未考虑地层中围压条件的影响,构造煤颗粒煤样与柱状煤样的扩散规律及控制机理的异同性尚不明确,导致一些研究结论不能准确合理解释原始地层条件下构造煤瓦斯扩散特性。现有的经典瓦斯扩散数学模型往往假设煤是均质的,与时间无关,这与实际情况不符,经典 Fick 扩散模型存在理想化程度高、准确性低等问题,更是需要改进和完善,且基于颗粒煤解吸-扩散法建立的模型能否反映原始煤层瓦斯扩散特性也值得商榷。

### 1.2.5 存在的问题

综上所述,国内外对构造煤分类、微观孔-裂隙结构、运移扩散机制等方面进行了大量的理论和实验研究,取得了一些富有成效的认识,但尚存在如下科学问题有待进一步探索。

(1)以往构造煤瓦斯扩散特性研究都采用颗粒煤样和解吸-扩散法进行,颗粒煤样在粉碎过程中破坏了原有的孔-裂隙结构,解吸-扩散法未考虑地层围压的影响,实验结果不能客观反映原始煤层物性特征和储层条件。

(2)构造煤的孔隙结构是影响瓦斯扩散的重要因素之一。过去对瓦斯扩散规律及影响因素研究更多侧重于温度、气压等外在因素,缺乏结合煤的微观结构分析内外因素的耦合作用。对煤的孔隙结构通常采用压汞法和液氮吸附法来测定,两者测试的结果既不能反映煤的全孔径结构,而且有效范围也不同,亟需探讨煤的全孔径结构测试与表征方法。

(3)瓦斯扩散模型的建立基于均匀的煤基质表面,理想化程度较高,与煤的非均质特征不符,且未考虑扩散的衰减特性,模型的准确性值得商榷,需要建立能反映原始煤层条件、煤结构非均匀性特征的瓦斯扩散模型。

# 1.3 研究内容与目标

### 1.3.1 研究方法与技术路线

本研究拟采用实验室测试、理论分析、数值解算、实验室和现场模型验证相结合的方法进行研究,具体技术路线如图 1-2 所示。

### 1.3.2 主要研究内容

鉴于上述存在的问题,本研究采用压汞法、液氮吸附法、小角 X 射线散射、

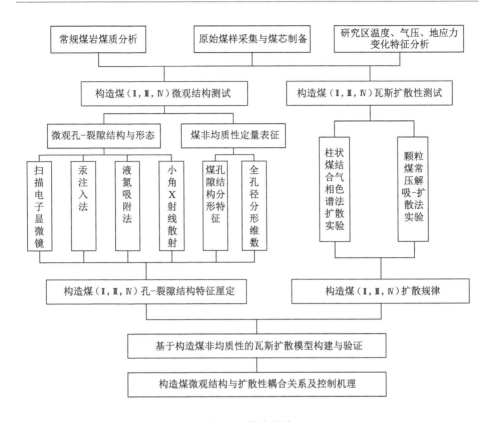

图 1-2 技术路线

扫描电镜、柱状煤样结合气相色谱法、颗粒煤样解吸-扩散法等测试手段,采集不同矿区具有代表性的煤样,模拟实际地层条件,开展构造煤柱状煤样和颗粒煤样瓦斯扩散实验,深入探讨围压、气压、温度、变质程度、煤体结构、微观结构等对构造煤瓦斯扩散规律的影响,并耦合分析内外因素对构造煤瓦斯扩散控制机理,建立能反映原始煤层条件、煤结构非均匀性的瓦斯扩散模型。主要研究内容为:

(1)煤样采集及原煤煤样制作

① 选择华北中南部山西组煤层中构造煤较发育的焦作(无烟煤)、潞安(贫煤)、平顶山(肥煤)矿区为研究区,依据 GB/T 30050—2013 四类煤划分法,采取各矿井的新鲜煤面相近位置的构造煤及原生结构煤煤样各 3 组,分析煤样地质背景。

② 针对原煤柱状煤样制样难的问题,提出原煤煤样等静压制作技术与方法。依据密度相等的原则,称取与原生结构煤相同质量的碎粒煤、糜棱煤煤样,然后模拟上覆地层压力在等静压机上加压成为 $\phi25$ mm$\times50$ mm 的煤芯。

（2）孔隙结构、显微裂隙分布特征

① 进行煤的镜质组反射率、工业/元素分析及显微组分、坚固性系数、放散初速度、真/视密度、孔隙率等基础参数测定分析。

② 采用多种孔-裂隙测试方法（压汞法、液氮吸附法、小角 X 射线散射、扫描电镜、偏光显微镜等）对构造煤的孔隙形态、不同尺度孔隙结构（孔径、孔容、比表面积）、显微裂隙进行测试，厘定构造煤微观孔-裂隙结构差异分布特征。

（3）全孔径孔隙非均质定量表征

① 采用压汞法分析构造煤微米级（100～20 000 nm）孔径段孔隙分形特征，采用液氮吸附法分析构造煤纳米级（1.94～100 nm）孔径段孔隙分形特征。

② 借助多孔介质分形手段，实现压汞法、低温液氮吸附法联合使用下构造煤全孔径孔隙分形定量表征，实现数据的合理统一，分析其变化规律。

（4）煤层温度、压力变化特征

分析研究区地层的温度场、压力场变化特征，利用地温、储层压力梯度，对埋深介于 600～1 300 m 之间煤层的温度、压力进行预测，为开展相似地层条件下构造煤瓦斯扩散实验提供参数依据。

（5）构造煤瓦斯扩散规律实验

① 采用柱状煤样结合气相色谱法，开展模拟地层条件下构造煤扩散实验研究，以 $CH_4$、$N_2$ 为扩散气体，在温度 25～50 ℃、气压 0.5～2.0 MPa、围压 5.0～11.0 MPa 条件下，分别进行构造煤瓦斯扩散实验研究，分析变围压、变气压、变温度、不同变质程度、不同破坏类型等条件下瓦斯扩散规律。

② 采用构造煤颗粒煤样解吸-扩散法，针对影响颗粒煤瓦斯扩散的吸附平衡压力、温度、破坏类型、变质程度等因素，进行构造煤颗粒煤样瓦斯扩散实验，考察各因素对构造煤颗粒煤样瓦斯扩散量、扩散速度、扩散系数的影响。

（6）构造煤瓦斯扩散控制机理

基于构造煤气相色谱法和解吸-扩散法两种手段，分析构造煤柱状煤样与颗粒煤扩散规律的异同性，并从有效应力、温度、压力、孔隙形态、不同尺度孔隙结构、显微裂隙等内外因素上耦合分析不同地层状态和条件下构造煤瓦斯扩散规律及控制机理，以期能准确地反映和解释实际地层条件下构造煤的扩散特性。

（7）扩散数学模型构建与检验

根据扩散机理分析，探寻关键因素在模型参数上的反映，据此建立扩散模型。

① 基于柱状煤气相色谱扩散数据，构建瓦斯扩散耦合模型，可实现对不同温度、压力条件下原煤煤层不同类型构造煤扩散系数的预测和评价。

② 基于颗粒煤解吸-扩散数据，在经典 Fick 扩散定律的基础上，引入煤全孔

径分形维数与扩散衰减系数,建立构造煤瓦斯分形-时效-Fick 扩散模型,确定模型的参数,验证新模型的准确性,并据此提出新的瓦斯损失量补偿计算方法。

### 1.3.3 研究目标

通过研究不同类型构造煤微观孔隙结构、显微裂隙分布规律,厘定煤体结构差异的孔-裂隙结构响应特征,实现不同优势测试尺度压汞法、液氮吸附法联合测试下构造煤全孔径孔隙分形特征定量表征。通过采用柱状煤气相色谱法和颗粒煤解吸-扩散法,开展不同地层条件下构造煤瓦斯扩散实验,全面获取不同地层条件下构造煤瓦斯扩散规律,耦合分析内外因素对瓦斯扩散机制的影响,阐明其控制机理;基于柱状煤气相色谱法和颗粒煤解吸-扩散法,建立适用于不同地层条件下构造煤瓦斯扩散模型,深化和完善瓦斯扩散理论研究,为煤矿瓦斯抽采或煤层气开发过程中气体分子的高效产出提供理论和实验基础。

# 第2章　原煤煤样采集及制作

## 2.1　煤样地质背景和基础参数

本次研究所用煤样分别采自华北中南部晚古生代山西组煤层四类煤(原生结构煤——Ⅰ类、碎裂煤——Ⅱ类、碎粒煤——Ⅲ类、糜棱煤——Ⅳ类)均较发育的河南省焦作矿区中马村矿的无烟煤、山西省潞安矿区屯留矿的贫煤、河南省平顶山矿区十二矿的肥煤,三个矿区地层划分均属于华北地层区。据井下观察,中马村矿主采二₁煤,四类煤体结构煤呈互层分布,以碎裂-碎粒结构煤发育为主。屯留矿主采二₁(3 号)煤,主要以原生-碎裂煤为主,局部断层附近发育有碎粒-糜棱结构煤。平煤十二矿主采二₁煤,主要以碎粒-糜棱煤为主,局部原生-碎裂结构煤发育。

### 2.1.1　煤样地质背景

(1) 焦作矿区中马村矿

焦作矿区地处太行山东南麓,由新至老发育有第四系、新近系、三叠系、二叠系、石炭系、奥陶系、寒武系以及震旦系等区域地层。含煤地层主要分布在石炭系本溪组和二叠系太原组、山西组以及上、下石盒子组。区内地层倾角一般都小于 $20°$,矿区总体构造以断裂构造为主,主要为 NE 和 NWW 向高角度正断层。

中马村矿坐落在焦作矿区的中部,走向 SW-NE,倾向 SE 的掀斜断块是其主要的构造形态,以凰岭断层为西南边界,以九里山断层为东南边界,以第十一勘探线为东北边界,以中零、李河、李贵作和李庄断层以及 $-75$ m 二₁煤层底板等高线为西北部边界,总面积为 16.949 km²。主采山西组二₁煤层,埋深介于 $400\sim$ $1\,000$ m 之间,煤厚一般 $4\sim5$ m,属于大部可采煤层。二₁煤层的顶板岩性以泥岩或粉砂岩为主,局部夹杂中、细粒砂岩,局部为碳质泥岩伪顶,呈过渡接触,基本顶多为中至细粒石英长石砂岩。底板岩性也以泥岩或粉砂岩为主,遇水易膨胀,具水平纹理,常见透镜状及波状层理,受击打后的碎裂形态呈楔形。本区二₁煤为 3 号无烟煤,煤质优良,除局部地区灰分较高外,具有低硫、低磷、中灰的特点。煤层倾角 $8°\sim16°$,平均 $12°$。该矿的生产能力为 90 万 t/a,经测定煤层中瓦斯含量介于10～30 m³/t之间,瓦斯含量较高,被鉴定为煤与瓦斯突出矿井。区域内经历多期构造运动,又受太行山水平应力作用,致使中马村矿的构造煤较为常见。本次工作在27采区工作面采集了二₁煤的四类不同煤体结构煤样(原生煤、碎裂煤、碎粒煤和糜棱煤)各三组,并依次编号为:ZMWY-1、ZMWY-2、ZMWY-3、ZMWY-4(图 2-1、表 2-1)。

图 2-1　中马村矿四类煤煤样

表 2-1　中马村矿煤样宏观鉴定表

| 煤样编号 | 煤样宏观物理性质 | | | 总体描述 |
|---|---|---|---|---|
| | 光泽 | 构造结构特征 | 手试强度 | |
| ZMWY-1 | 光亮 | 原生条带明显,块体间无位移 | 坚硬,用手难以瓣开 | 光泽较强,黑灰色,质地坚硬,断口呈阶梯状,两组垂直层理发育,裂隙密度 3 条/10 cm |
| ZMWY-2 | 光亮 | 呈棱角状块体,块体间已有相对位移,裂隙发育 | 较硬,用手可瓣成小块 | 光泽较强,黑色,条带结构和层理构造清晰可见,裂隙发育,煤质坚硬,割理面平整光滑,裂隙密度 7 条/5 cm |
| ZMWY-3 | 半亮 | 构造镜面发育,参差状断口 | 硬度较低,用手易捻碎,有颗粒感 | 色泽暗淡,原生结构消失,扁平状,不规则扭曲状,有明显擦痕,煤质松软 |
| ZMWY-4 | 半亮 | 摩擦镜面发育,小型揉流褶皱 | 硬度低,捻之易碎成粉末,无颗粒感 | 光泽暗淡,污手严重,无颗粒感 |

（2）潞安矿区屯留矿

潞安矿区位于沁水块坳东部阳城-武乡-沾尚凹褶带中段,晋获断裂带西侧,阳城-武乡坳褶带东侧。总体构造形态为一单斜构造,其走向为 NNE-SN 向。区内主要构造型式为走向 NEE-NE 向、NNE-SN 向和 NW 向三组断裂构造,区域地层由新到老发育有第四系、新近系、三叠系、二叠系、石炭系和奥陶系。主要含煤地层为二叠系下统太原组和中统山西组,共含煤 19 层,煤层总厚度 14.62 m,含煤系数 9.21%。

屯留矿位于潞安矿区中西部,井田内共发育大断层 34 条,其中逆断层 24 条,走向近 SN,正断层 10 条,走向均呈 NEE 向。贯穿全井田的褶曲以 NNE-SN 向为主,自西向东向斜、背斜相间发育,煤层起伏形态受西部的坪村向斜和东部的苏村背斜所控制。主采山西组 3 号（二$_1$）煤,埋深介于 $550\sim1\,200$ m 之间,煤层厚度介于 $5.00\sim7.25$ m 之间,平均 5.99 m,煤层稳定,煤质主要为贫煤。顶板岩性一般为泥岩、粉砂质泥岩,底板岩性为泥岩、泥质粉砂岩。屯留矿为潞安矿业（集团）公司下属年生产能力 600 万 t 的特大型矿井,瓦斯等级属于高瓦斯矿井。本次工作在 26 采区工作面采集了 3 号（二$_1$）煤四类不同煤体结构煤样（原生煤、碎裂煤、碎粒煤和糜棱煤）各三组,编号分别为:TLPM-1、TLPM-2、TLPM-3、TLPM-4(图 2-2、表 2-2)。

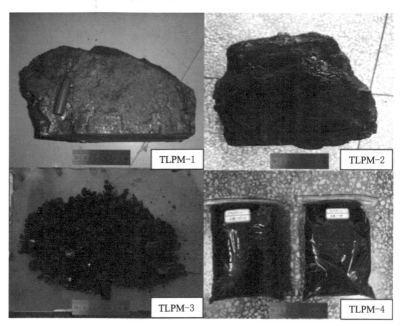

图 2-2　屯留矿四类煤煤样

表 2-2　屯留矿煤样宏观鉴定表

| 煤样编号 | 煤样宏观物理性质 | | | 总体描述 |
|---|---|---|---|---|
| | 光泽 | 构造结构特征 | 手试强度 | |
| TLPM-1 | 半亮 | 原生结构保存良好,没有明显挤压和滑动痕迹,裂隙不发育 | 坚硬,用手不能掰开,捏不碎 | 光泽不强,黑色,质地较硬,断口呈阶梯状,煤岩成分以亮煤为主,割理面不平整,层理发育,裂隙密度 2 条/5 cm |
| TLPM-2 | 半亮 | 层状结构明显,有挤压特征,裂隙发育 | 较硬,用手易掰开,成块状 | 光泽较强,黑色,质地坚硬,端口呈阶梯状,煤岩成分以亮煤为主,割理面平整光滑,裂隙密度 8 条/5 cm |
| TLPM-3 | 半亮-半暗 | 层理完全消失,有明显滑动擦痕 | 较软,易捻成碎粒 | 光泽不强,层状条带完全消失,有明显滑动擦痕,煤质松软 |
| TLPM-4 | 半暗 | 层理完全消失,煤体揉皱,内生裂隙难以辨认 | 煤质松软,易捻碎成粉末 | 光泽较强,表面摩擦镜面普遍发育,光滑,致密,易捻成碎粉和粉末状 |

（3）平顶山矿区十二矿

平顶山矿区地处华北板块南部,区域内长期受到大别造山带的挤压和剪切,特别是淮阳构造带的构造作用,发育了一系列复式褶皱,其中李口复式向斜贯穿整个矿区。四组高角度正断层分别从四周切割了李口复式向斜,形成矿区的自然划分边界。区域地层自新到老发育有第四系、新近系、三叠系、二叠系、石炭系、寒武系地层,其中二叠系下统太原组、上统上石盒子组为主要含煤地层。

平煤十二矿位于平顶山矿区东部,构造位置处于李口复式向斜的西南翼。单斜构造是该井田的主要构造形态,倾向 NE,倾角 $10°$ 左右。井田内含煤 10 层,可采 6 层,己$_{15}$、己$_{15-17}$、己$_{16-17}$、庚$_{20}$ 均为可采煤层,其中二$_1$（己$_{15-17}$、己$_{16-17}$）和二$_2$（己$_{15}$）煤层为当前平煤十二矿的主采煤层,煤种以肥煤为主。二$_1$煤层的顶板岩性以砂质泥岩或泥岩为主,局部相变为细砂岩或粉砂岩;而二$_1$煤层的底板岩性则以细砂岩或砂质泥岩为主,局部存在伪底,岩性为泥岩或砂质泥岩,平均厚度为 1.20 m。十二矿的生产能力为 150 万 t/a,属于煤与瓦斯突出矿井。矿井受向斜和断层的影响,发育着一系列次级褶皱和断裂,这两种构造相互作用使区内发育的构造煤具有横向上成层、纵向上呈三层的分布特征,受滑动构造的影响,煤层中普遍发育摩擦镜面,在镜面上部普遍发育着煤体结构相对完整的煤层,如原生结构煤、碎裂煤;而其下部的煤层的煤体结构均受到了不同程度的破坏,如碎粒煤、糜棱煤。采集煤样属二$_1$（己$_{16-17}$）煤层,煤厚介于 0.4～3.0 m 之间,平均 1.8 m,属全区较稳定可采煤层。本次工作在己七采区工作面采集了二₁煤四类不同煤体结构煤样(原生煤、碎裂煤、碎粒煤和糜棱煤)各三组,编号分别为:PDSF-1、PDSF-2、PDSF-3、PDSF-4(图 2-3、表 2-3)。

图 2-3　十二矿四类煤煤样

表 2-3　十二矿煤样宏观鉴定表

| 煤样编号 | 煤样宏观物理性质 | | | 总体描述 |
|---|---|---|---|---|
| | 光泽 | 构造结构特征 | 手试强度 | |
| PDSF-1 | 光亮 | 层状构造,块状构造,条带清晰明显 | 坚硬,用手难以掰开 | 煤体完整,坚硬,层理清晰可见,原生条带结构保存完好,断口光滑平整,呈阶梯状,内生裂隙发育,较为稳定,裂隙密度 2 条/5 cm |
| PDSF-2 | 半亮 | 不规则块状,多棱角,裂隙发育 | 较硬,用手可以掰成小块 | 煤体坚硬,较为完整,层理和原生结构可见,构造变形较弱,发育有外生裂隙和继承性裂隙,裂隙密度 6 条/5 cm |
| PDSF-3 | 半亮 | 松散破碎碎粉状颗粒,分选较差,断面可见,表面摩擦镜面发育 | 硬度较低,用手易碾碎,呈碎粒状 | 煤体完全破碎成松散的碎粒和碎粉状,裂隙难以辨认,仅在个别残存块体内可见,较为密集,延伸不稳定,规模很小,细微 |
| PDSF-4 | 半暗 | 细微紧密碎粉状颗粒,层理和内生裂隙难以辨认 | 松软,极易捻成粉末状 | 光泽暗淡,污手严重,呈粉末状,无颗粒感 |

## 2.1.2　煤样基础参数测试

对上述三对矿井所采集实验煤样的基础参数,按照 GB/T 8899—2013、GB/T 6948—2008 等进行测试分析,主要包括镜质组反射率、显微组分、元素及工业分析、视密度、真密度、孔隙率、煤的坚固性系数($f$ 值)、瓦斯放散初速度($\Delta p$)等测定,分析结果见表 2-4、表 2-5、表 2-6。

表 2-4　煤样反射率与显微组分测试结果

| 煤样编号 | 产地 | 层位(煤层) | $R_{o,\max}/\%$ | 显微组分/% | | | |
|---|---|---|---|---|---|---|---|
| | | | | 镜质组 | 壳质组 | 惰质组 | 矿物 |
| ZMWY-1 | 中马村矿 | $P_1s$/二$_1$ | 3.38 | 90 | 微量 | 7 | 3 |
| ZMWY-2 | 中马村矿 | $P_1s$/二$_1$ | 3.41 | 91 | 1 | 6 | 2 |
| ZMWY-3 | 中马村矿 | $P_1s$/二$_1$ | 3.39 | 91 | 微量 | 6 | 3 |
| ZMWY-4 | 中马村矿 | $P_1s$/二$_1$ | 3.44 | 91 | 微量 | 7 | 2 |
| TLPM-1 | 屯留矿 | $P_1s$/3 号 | 2.18 | 90 | 1 | 3 | 6 |
| TLPM-2 | 屯留矿 | $P_1s$/3 号 | 2.20 | 88 | 微量 | 6 | 6 |
| TLPM-3 | 屯留矿 | $P_1s$/3 号 | 2.20 | 88 | 1 | 6 | 5 |
| TLPM-4 | 屯留矿 | $P_1s$/3 号 | 2.23 | 89 | 2 | 4 | 5 |
| PDSF-1 | 十二矿 | $P_1s$/二$_1$ | 1.14 | 82 | 6 | 9 | 3 |
| PDSF-2 | 十二矿 | $P_1s$/二$_1$ | 1.16 | 84 | 5 | 9 | 2 |
| PDSF-3 | 十二矿 | $P_1s$/二$_1$ | 1.14 | 83 | 5 | 9 | 3 |
| PDSF-4 | 十二矿 | $P_1s$/二$_1$ | 1.15 | 83 | 5 | 9 | 3 |

表 2-5　煤样工业分析与元素分析测试结果

| 煤样编号 | 工业分析 | | | | 元素分析 | | | | |
|---|---|---|---|---|---|---|---|---|---|
| | $M_{ad}/\%$ | $A_{ad}/\%$ | $V_{daf}/\%$ | $(FC)_{ad}/\%$ | $C_{daf}/\%$ | $H_{daf}/\%$ | $O_{daf}/\%$ | $N_{daf}/\%$ | $S_{t,d}/\%$ |
| ZMWY-1 | 2.94 | 8.41 | 5.50 | 83.15 | 93.27 | 3.05 | 2.29 | 1.09 | 0.30 |
| ZMWY-2 | 2.93 | 8.41 | 5.49 | 83.17 | 93.21 | 3.12 | 2.27 | 1.13 | 0.27 |
| ZMWY-3 | 2.67 | 8.36 | 5.63 | 83.22 | 93.15 | 3.14 | 2.37 | 1.22 | 0.33 |
| ZMWY-4 | 2.53 | 8.57 | 5.71 | 83.19 | 93.20 | 3.15 | 2.26 | 1.17 | 0.22 |
| TLPM-1 | 1.30 | 10.21 | 9.34 | 78.90 | 90.19 | 3.89 | 2.19 | 1.53 | 0.23 |
| TLPM-2 | 1.35 | 12.01 | 9.82 | 76.82 | 90.73 | 4.05 | 2.34 | 1.59 | 0.34 |
| TLPM-3 | 1.35 | 11.89 | 10.31 | 79.19 | 89.54 | 4.00 | 2.43 | 1.48 | 0.21 |
| TLPM-4 | 1.33 | 11.67 | 9.89 | 80.15 | 90.11 | 3.88 | 2.39 | 1.24 | 0.31 |

表 2-5(续)

| 煤样编号 | 工业分析 | | | | 元素分析 | | | | |
|---|---|---|---|---|---|---|---|---|---|
| | $M_{ad}/\%$ | $A_{ad}/\%$ | $V_{daf}/\%$ | $(FC)_{ad}/\%$ | $C_{daf}/\%$ | $H_{daf}/\%$ | $O_{daf}/\%$ | $N_{daf}/\%$ | $S_{t.d}/\%$ |
| PDSF-1 | 1.42 | 10.10 | 11.03 | 70.65 | 86.10 | 3.10 | 2.98 | 2.01 | 0.43 |
| PDSF-2 | 1.44 | 8.70 | 10.52 | 69.99 | 85.27 | 3.56 | 3.76 | 2.45 | 0.51 |
| PDSF-3 | 1.21 | 8.65 | 10.79 | 70.52 | 85.10 | 3.33 | 3.17 | 2.76 | 0.43 |
| PDSF-4 | 1.06 | 8.77 | 10.21 | 70.32 | 85.32 | 3.54 | 3.80 | 2.41 | 0.48 |

表 2-6　真密度、视密度、孔隙率、$f$ 值、$\Delta p$ 等测试结果

| 煤样编号 | $f$ 值 | $\Delta p$/mmHg | TRD/(g/cm³) | ARD/(g/cm³) | 孔隙率 $K_1/\%$ |
|---|---|---|---|---|---|
| ZMWY-1 | 1.19 | 17.0 | 1.60 | 1.50 | 6.25 |
| ZMWY-2 | 0.85 | 22.0 | 1.60 | 1.47 | 8.13 |
| ZMWY-3 | 0.41 | 31.5 | 1.54 | 1.46 | 5.19 |
| ZMWY-4 | 0.15 | 36.0 | 1.52 | 1.45 | 4.61 |
| TLPM-1 | 1.33 | 7.0 | 1.45 | 1.38 | 4.79 |
| TLPM-2 | 1.09 | 7.5 | 1.46 | 1.39 | 4.97 |
| TLPM-3 | 0.50 | 21.0 | 1.46 | 1.39 | 4.64 |
| TLPM-4 | 0.28 | 26.5 | 1.47 | 1.4 | 4.61 |
| PDSF-1 | 0.81 | 11.5 | 1.41 | 1.35 | 4.40 |
| PDSF-2 | 0.64 | 14.0 | 1.43 | 1.36 | 4.77 |
| PDSF-3 | 0.31 | 17.5 | 1.40 | 1.35 | 3.32 |
| PDSF-4 | 0.15 | 19.0 | 1.39 | 1.35 | 2.87 |

注：$K_1=(TRD-ARD)/TRD\times100\%$。

## 2.2　原始煤样制作

对构造煤原煤进行扩散实验研究,原煤柱状煤样的制样一直是困扰人们的首要难题,目前柱状煤样扩散、渗流等实验所采用的煤样可以分为原煤煤样和型煤煤样两类。型煤煤样的制作方法是将井下采取的原煤煤样通过球磨机研磨成一定粒度的小颗粒(一般为 200 目),然后通过普通压力机掺杂些许黏结物质利用磨具一起加工成型。目前原煤煤样的制作方法通常是岩芯钻机配合取芯管直接取芯获取,有时配合使用液氮冷冻技术进行钻取[205]。硬度较大的原生结构煤、碎裂煤一般可采用岩芯钻直接取芯方法进行原煤柱状煤样的制作,相对容易实现;但是对于那些煤体结构遭到严重破坏的碎粒煤、糜棱煤,原煤煤样制作难

度较大,直接取芯的方法难以实现,其柱状煤样的制样问题一直是研究者面临的一大难题。因此,目前文献研究中原煤煤样多采用型煤煤样替代[206]。

但是型煤煤样的制作经过预先的磨碎及后期加工成型的压实作用,严重破坏了原有的孔隙、裂隙结构,部分原始裂隙及较大的孔隙甚至会消失,两者在微观结构特征上存在较大差异,原煤煤体的实际赋存特征采用型煤较难真实地进行反映,研究认为型煤只能大致反映其物性变化规律[207-209],相关结论是否可靠还值得商榷。因此,为了更加全面地反映构造煤瓦斯扩散规律,应采用原煤柱状煤样进行研究。本次研究为了使构造扩散实验获得成功,首先对四类煤原煤煤样制作方法进行了深入研究。

### 2.2.1　原生-碎裂煤煤样制作

扩散实验过程中,随着外界应力的加载,柱状煤样试件的高径比会改变应力的分布形式,合理的高径比至关重要。一般来说,2.0～2.5 之间是理想的高径比取值,而较为合理的高径比为 2∶1,国际岩石力学学会和原煤炭工业部的实验规程建议的高径比即为 2∶1。为了保证实验结果的准确性以及可操作性,本次采用的扩散原煤柱状煤样试件直径定为 25 mm,高度定为 50 mm,高径比为 2∶1,达到了扩散实验的要求。

硬度较大的原生结构煤、部分碎裂煤原煤煤样可以采用岩芯钻取芯方法进行直接制取,按照 SY/T 5336—2006 将蜡封取样的原煤使用 $\phi$25 mm×50 mm 岩芯管分别沿垂直层理方向钻取实验煤样(图 2-4),并用岩芯切割机将柱状煤样的上、下两端面打磨平整、光滑,平滑度一般要求不小于 0.02%,以保证柱状煤样在夹持器中受载时其上、下两端面受力均一,不易破碎。

对于使用岩芯钻取芯时,受其机械振动,部分碎裂煤取芯不完整、缺角少楞、端面不光滑的原煤煤样,采用井下取得的原煤通过机械加工、人工手锯切割、人工纱布打磨的方法进行制取。为了尽量避免原煤柱状煤样微观结构差异和人为因素破坏造成的影响,原煤尽量取自同一或相邻位置,试件制作完后筛选出较完整、无明显外伤或人为产生裂隙的试件作为实验煤样,碎裂煤原煤试样如图 2-5 所示。

### 2.2.2　碎粒-糜棱煤等静压煤样制作

碎粒煤和糜棱煤普遍具有强度低、松软易碎的特点,加上用岩芯钻进行取芯时伴随着不同幅度的机械振动,直接导致颗粒状煤根本无法钻取或者制取的原煤煤样破碎不成型。由此可见,对于松软易破碎的碎粒煤和糜棱煤来说,采用岩芯钻取芯来实现原煤煤样制作是极其困难的[210]。关于碎粒煤和糜棱煤的原煤柱状煤样制样问题,一直是困扰业界的一大难题,更是关系本次构造煤瓦斯扩散实验成败的关键。本次研究,我们经过多种方法反复尝试与比较,最终决定采用"冷等静压技术"。首先对采集的原煤煤样进行了简单的室内处理,再经过实验

图 2-4 原生结构煤原始煤样制取

室等静压压制和人工打磨成功地制作了所需的碎粒煤、糜棱煤原煤柱状煤样。

(1) 等静压技术

"等静压"是指对压舱内物体材料(碎粒-糜棱煤颗粒)同时施加相同的压力,使其在各个方向上所承受的压力状态相等。根据流体静力学中的帕斯卡定律,作用在一个封闭的静态液体容器内的外界压力所产生的等静压力在各个方向上的传递是均等的,其舱内物料所受到的等静压力与作用面积成正比[211]。"等静压技术"是指将放置于包套磨具中已密封好的被压物料(碎粒-糜棱煤颗粒)放入充满流体(一般为水、油等)的高压舱或高压缸内,利用高压泵组对高压舱中的流体(水、油等)加载一定的高压,通过流体将所产生的各向等静压均匀地传递到密封包套内物料的表面上,受各向等静压的影响,被压物料(碎粒-糜棱煤颗粒)的体积会不断发生形变,最终压制成型。其中,等静压技术制作的基础是高压舱内流体压力能各向均匀传递,等静压制作的关键是被压物料(碎粒-糜棱煤颗粒)需用包套密封,从而与流体(水、油等)之间不发生渗漏(图 2-6)。根据等静压试件制作成型时是否受热划分为两种:冷等静压技术(Cold Isostatic Pressing,CIP)和热等静压技术(Hot Isostatic Pressing,HIP)[212]。

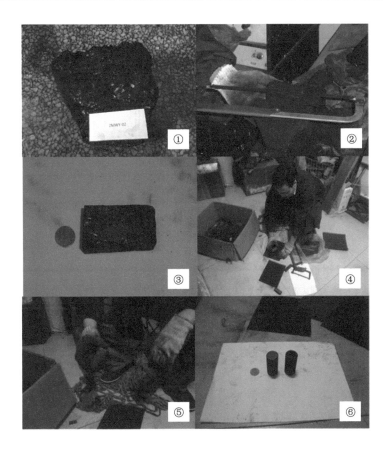

图 2-5　碎裂煤原始煤样制取

顾名思义,"冷等静压技术"通常是指在常温条件下采用流体(一般为水、油等)作为压力介质,采用塑料或橡胶包套作为密封模具,从而实现密封受压物料的等静压制成型。冷等静压技术主要用于颗粒或粉末状物料的等静压制成型,通常是后续锻造、烧结或热等静压压制等工序的预处理过程,为其提供预成型坯料。由于所用成型模具的不同,该技术又可分为"湿袋式"(或称"自由模式")冷等静压技术和"干袋式"(或称"固定模式")冷等静压技术两种。湿袋式冷等静压技术是将被压物料(碎粒-糜棱煤颗粒)预先放入成型密封模具内,然后直接放置于高压容器的液体介质中进行等静压压制,而干袋式冷等静压技术是将成型模具永久固定在高压容器内,被压粉料直接填入模具中进行等静压压制[213]。此次碎粒-糜棱煤原煤柱状煤样的成型实验即采用湿袋式冷等静压技术进行试件制作。

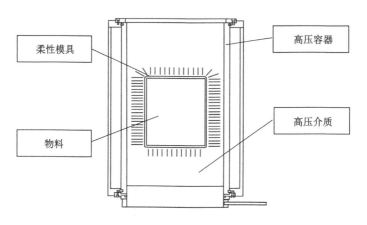

图 2-6 等静压原理示意图

（2）试件制作设备与步骤

本次碎粒-糜棱煤颗粒柱状煤样制作采用的是第一种湿袋式冷等静压方法，设备为 LDJ5006000-300 型等静压机，该设备主要由压制系统、液压系统、充抽供液系统、电控系统等四部分组成。其中，压制系统由压制工件的超高压缸、承受轴向力的承压框架、支承超高压缸的支座、承压框架的滑动机构、超高压舱上塞提升机构、导轨及安全保护罩、控制开关、安全警示灯等组成。压制系统是该设备的主要核心部分，超高压缸是压制样品的工作室。液压系统由加压、冷却过滤、卸压、液压控制、吸油等分系统组成。充抽供液系统由三级过滤水箱组成，每级水箱间设置独立的过滤装置。加压、充液的流体从一级水箱中抽取；卸压、吸液、抽液的介质回入三级水箱中。电控系统由电源箱、电控箱、监控系统（选用）组成（图 2-7）。

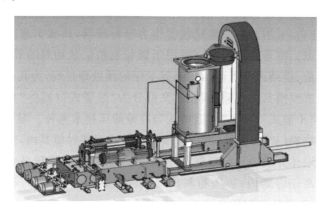

图 2-7 冷等静压机结构示意图

　　冷等静压技术实验步骤主要包括以下几步:① 压制模具准备。本次试件制作采用江苏飞宇设备有限公司定制的硅胶管模具,首先根据压缩比将内直径确定为 27 mm,长度为 100 mm。模具两侧堵头采用外径为 28 mm 的尼龙棒。② 煤样装填与密封。装填好煤样后采用钢丝和止水胶带把两端密封,防止水在压制过程中进入模具。煤样装填过程中采用碎粒-糜棱煤原煤颗粒,不用进行粉碎筛选,不加任何黏结剂。③ 钢架装样。提前制作好立体钢架,将装好的煤样模具用铁丝垂直挂到钢架上,一次放 5 个装好煤样模具或者更多。④ 高压舱装样。将装好样的钢架放入高压舱中,启动设备。⑤ 高压舱密封。确定高压舱上盖盖好,密封到位。⑥ 按"前进"按钮,高压舱进入框架内停止。⑦ 按"卸压关"按钮关闭卸压阀。⑧ 按"补水"按钮,直至高压腔数显仪窗口数字显示 2 MPa 停止。按"增压"按钮,直至系统压力到所设模拟地层压力为止,如 10 MPa。⑨ 按设定压力值(模拟地层压力和保压时间)自动保压。⑩ 保压完毕按"卸压开"按钮,直至高压舱卸压值到数显仪显示 0 MPa。⑪ 按"后退"按钮,高压舱移出框架。按"开盖"按钮将上盖打开,取试件手动完成。放入新的一批试件即可开始下一个手动操作循环(图 2-8)。

图 2-8　碎粒-糜棱煤原煤等静压试件制作

（3）等静压技术优缺点

碎粒-糜棱煤颗粒原煤柱状煤样的制作采用湿袋式等静压技术成型工艺，与常规的成型固结技术（如模压、挤压等）相比（图 2-9），主要有以下几个优点：① 原煤煤粒不用粉碎筛分，不用添加任何润滑剂或黏结剂，保证了原始煤样物性，同时简化了制造工艺。② 压制时煤粉各个方向能够均匀受压，避免单轴压制易产生的应力集中，没有钢模压制时粉末与模壁的摩擦，成型好，尤其对于长径比大的试件。③ 压力（强）可以自由设定，能尽可能模拟和还原上覆地层压力条件。升压速率、降压速率连续可调，保压时间可自由设定。④ 取样简单容易，不用像常规压制中用钢钎压出，煤样制作成功率大大提高。⑤ 一次开动机器，试件制作批量大（有足够模具），省时省力。

缺点：① 等静压机设备造价昂贵。② 煤样需提前进行真空脱气预处理。③ 必须制作专用模具，并进行模具密封、检漏检测。

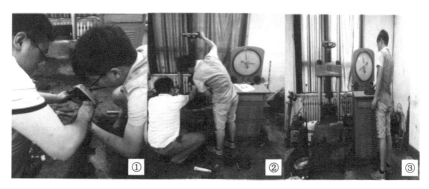

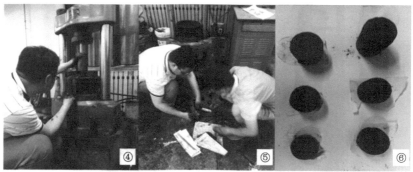

图 2-9  常规型煤固结技术

## 2.3　本章小结

本章为构造煤瓦斯扩散规律实验研究的准备,按照 GB/T 30050—2013 煤体结构四类划分方法,采集了华北板块中南部山西组二$_1$煤具有代表性的煤样,测试了各煤样的基础参数,提出了原煤煤样等静压试件的制作方法。主要进行了如下工作:

(1) 选择河南焦作中马村矿二$_1$煤(无烟煤)、山西潞安屯留矿 3 号煤(贫煤)和平煤十二矿二$_1$煤(肥煤)为研究对象,进行了代表性样品采集,共采集煤样 36 组,煤样涵盖了中、高煤级不同破坏类型所有煤样,并对所采集的煤样进行了煤体结构宏观鉴定、描述、拍照等工作。

(2) 按照相关国标要求,对所采集的煤样进行了镜质组反射率、显微组分、工业/元素分析、真/视密度、孔隙率、$f$ 值、瓦斯放散初速度($\Delta p$)等测定,为后续开展孔隙结构测试和瓦斯扩散规律实验提供了基础参数支撑。

(3) 探讨了四类煤原煤煤样的制作方法,针对碎粒-糜棱煤柱状煤样制作困难这一困扰业界的一大难题,提出了原煤煤样等静压试件制作方法,与常规型煤成型固结技术(如模压、挤压等)相比,具有可模拟地层压力压制、保持原煤物性、成型好、取样容易、工艺简单等优点。原煤煤样等静压试件制作方法的提出为研究构造煤瓦斯扩散实验的成功奠定了基础。

# 第3章　构造煤微观孔-裂隙
# 结构测定及分形表征

　　煤层是由孔隙、显微裂隙、宏观裂隙组成的三重结构系统[66,214]。煤层被一系列裂隙切割成规则的含微孔隙的基质体,基质体中的微孔隙是吸附态瓦斯的主要储集场所。在一定的温压条件下,基质块体内部的吸附态与游离态瓦斯处于相对平衡状态。一般研究认为,微孔隙系统中瓦斯气体的迁移以扩散方式为主,在煤层未受采动影响前孔隙系统中的瓦斯气体处于平衡状态[181],并且认为裂隙系统是煤中流体渗流的主要通道。

## 3.1　煤的孔-裂隙分类

　　煤体内微观孔-裂隙系统是瓦斯的主要储存场所及运移通道,煤的微观孔-裂隙结构分布是研究瓦斯在煤基质间吸附状态及瓦斯解吸、扩散、渗流、运移的基础[142,215]。现有研究结果表明,煤的孔(微)-裂隙结构是影响煤中瓦斯解吸-扩散过程的主要因素[181],煤体内微观孔-裂隙结构与煤化程度及破坏类型息息相关。

### 3.1.1　孔隙结构分类

　　煤基质中微孔隙尺寸分布范围十分广泛,从几纳米到几万纳米均有分布。近几十年来,研究者们基于不同的表征参数,采用不同测试手段分析煤中孔隙系统,最终给出了20多种孔隙系统划分方案。目前,煤孔隙特征往往以成因、孔径大小、形态、结构分布、孔体积、孔比表面积及孔隙的分形维数等参数予以表征。

　　(1)煤孔隙成因分类

　　煤在成煤作用阶段的生气、储气过程中形成了大量形态多变、大小不一的内生孔隙,且煤层在后期多期次构造运动破坏作用过程中还形成了大量外生孔隙,内生孔隙和外生孔隙的大小、形状及连通性是影响煤层瓦斯扩散、渗流等物理性能的重要因素之一。煤的孔隙有很多种分类依据,其中能较真实地反映孔隙的形成特性的应属成因分类,众多方案中以张慧[66]提出的孔隙成因分类方案较具代表性,该分类方案将煤中孔隙成因类型划分为4大类10小类。

（2）煤孔隙孔径分类

煤中孔隙分布特征是影响瓦斯储存、扩散和渗透性能优劣的重要因素之一，国内外研究者从瓦斯赋存特性、气体与孔隙作用关系和所采用测试仪器精度等几方面对孔径结构分类做了大量工作，具有代表性的孔径结构分类方案[11,112,166,216-217]见表 3-1。

表 3-1　具有代表性的孔径结构分类方案　　　　　　单位：nm

| 方案及年代 | 孔径划分类别 | | | | | |
|---|---|---|---|---|---|---|
| | 大孔 | 中孔 | 小孔 | 过渡孔 | 微孔 | 超微孔 |
| ХОДОТ(1961) | >1 000 | 100～1 000 | 过渡孔 10～100 | | <10 | — |
| Dubinin(1966) | >20 | 过渡孔 2～20 | | | <2 | — |
| IUPAC(1966) | >50 | 中孔 2～50 | | | 2～0.8 | 亚微孔<br>＜0.8 |
| Gan(1972) | 渗流孔 2 960～30 | 扩散孔 1.2～30 | | | <1.2 | |
| 朱之培(1982) | >30 | 过渡孔 12～30 | | | <12 | |
| 抚顺煤研所(1985) | >100 | 过渡孔 8～100 | | | <8 | |
| Girish(1987) | >50 | 中孔 2～50 | | | 0.8～2 | <0.8 |
| 焦作矿业学院(1990) | >100 | 10～100 | — | 10～1.5 | 1～1.5 | <1 |
| 杨思敬(1991) | >750 | 50～750 | | 10～50 | <10 | |
| 吴俊(1991) | 1 000～15 000 | 100～1 000 | | 10～100 | <10 | |
| 俞启香(1992) | 1 000～100 000 | 100～1 000 | 10～100 | — | <10 | |
| 王大曾(1992) | >10 000 | 1 000～10 000 | | — | 1 000～200 | <200 |
| 刘常红(1993) | >750 | 750～100 | | 100～10 | <10 | |
| 秦勇(1995)(高煤级) | >450 | 50～450 | | 15～50 | <15 | |
| 傅雪海(2003)(半径) | 渗流孔 >65(65～325,325～1 000,>1 000) | | | 扩散孔 <65(<8,8～20,20～65) | | |
| 琚宜文(2004) | 5 000～20 000 | 100～5 000 | 过渡孔<br>15～100 | 微孔<br>15～5 | 亚微孔<br>5～2.5 | 极微孔<br><2.5 |
| 桑树勋(2005) | — | 渗流孔 >100 | 凝聚吸附孔 10～100 | | 吸附孔<br>2～10 | 吸收孔<br><2 |

需要指出的是，由于所采取的孔隙测量方法存在差异，不同学者对各级大小孔隙的划分界线各异，目前关于孔径结构划分方案还未取得统一认识，各类方案规定的划分界线之间不可对比，其中国内煤炭界对孔径分类最常用的为霍多特（1961）的十进制分类方案，Dubinin、IUPAC、Gan 等分类方案则在国外煤物理、

煤化学文献中较为常见,为了研究瓦斯在煤层中的赋存与流动,本书也将按照霍多特提出的分类方法进行研究。

（3）煤孔隙形态分类

煤中孔隙形态千变万化,而且十分复杂,总体上可以分为开放孔、半封闭孔、细颈瓶孔和全封闭孔四种类型[218],如图3-1所示。秦勇[103]指出,煤中孔隙类型可分为有效和孤立两大类,其中有效孔隙又可分为开放型或半封闭型孔隙两小类,它们之间空间搭配及连通性可分为串联或并联模式,气体和液体在这两类孔隙中是可以进入的,而孤立型的"死孔"是不能进入的,因此,目前常用的压汞法和低温液氮吸附法仅能测有效孔隙的孔容及比表面积分布等。

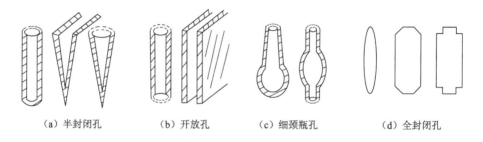

（a）半封闭孔　　　　（b）开放孔　　　　（c）细颈瓶孔　　　　（d）全封闭孔

图 3-1　煤的孔隙形态类型[15]

### 3.1.2　显微裂隙分类

煤基质体中的显微裂隙与孔隙共同构成了瓦斯(煤层气)在煤储层内的储集空间和运移通道。王生维等[219]从煤层气(瓦斯)产出特征角度出发,提出了适用于煤储层岩石物性特征研究和煤层气产出、运移特征分析的煤储层孔隙、裂隙分类与命名方案(表3-2)。霍永忠等[220]提出了煤储层显微孔-裂隙的分类方法(表3-3)。

表 3-2　煤储层孔隙、裂隙系统划分及术语表[219]

| 类型 | 孔隙、裂隙名称 | | 尺度 | 分布位置 |
|---|---|---|---|---|
| 孔隙 | 植物细胞残留孔隙 | | 几微米至零点几毫米 | 煤基质块内 |
| | 基质孔隙 | | | |
| | 次生孔隙(气孔) | | | |
| 裂隙 | 显微裂隙 | | | |
| | 大裂隙 | 内生裂隙(割理) | 几毫米至几厘米 | 煤岩分层内 |
| | | 节理(外生裂隙和气胀裂隙) | 零点几米至几十米 | 整个煤储层 |

表 3-3　煤储层显微孔-裂隙分类表[220]

| 显微孔隙 | | | 显微裂隙 | |
|---|---|---|---|---|
| 生物成因孔隙 | | | 内生裂隙 | 开放型<br>半开放-半封闭型<br>封闭型 |
| 非生物成因孔隙 | 粒间孔隙 | 半封闭-封闭型 | 层面裂隙 | |
| | | | 继承性裂隙 | |
| | 热成因孔隙 | | 构造裂隙 | |

姚彦斌等[221]在显微尺度下识别的显微裂隙按照其延展性和开放性,并从实用角度划分为 A、B、C、D 四种类型(表 3-4),本书将按照此分类开展研究。

表 3-4　煤层显微裂隙实用分类简表[221]

| 显微裂隙类型 | 显微裂隙特征 |
|---|---|
| A 类 | 宽度≥5 $\mu$m 且长度≥10 mm,连续性好,延伸远 |
| B 类 | 宽度≥5 $\mu$m 且长度<10 mm,延续较长 |
| C 类 | 宽度<5 $\mu$m 且长度≥300 $\mu$m,有时时断时续延伸 |
| D 类 | 宽度<5 $\mu$m 且长度<300 $\mu$m,延伸较短 |

## 3.2　压汞法孔隙结构测定

研究煤孔隙分布特征的方法很多,其中压汞法、低温液氮吸附法、扫描电子显微镜法是目前最常用的几种方法[100,112,166,214]。低温液氮吸附法能够测定孔径 1.5~400 nm 范围内的孔隙,对研究小于 100 nm 的微孔和过渡孔分布比较准确[222];而压汞法能够测定大于 5.5 nm 范围的孔隙,对研究大于 100 nm 的中孔、大孔分布比较准确[223]。

### 3.2.1　压汞法实验原理

(1)压汞法计算原理

压汞法实验是基于毛细现象设计的,可用 Laplace 方程进行表征。根据 Laplace 方程,当液态汞与样品的接触夹角 $\theta$>90°时,假如此时没有施加外作用力,液态汞进入煤基质孔隙内部则比较困难;假如此时施加外作用力,则可以克服液态汞与样品之间的毛细管张阻力,液态汞则在高压条件下进入孔隙内部,据此可以建立施加外作用力与孔径值之间的方程关系。假设煤内部孔隙为圆柱形,使汞进入微孔隙的压入压力($p$)与孔隙孔径($r$)之间符合 Washburn 方程,即:

$$p = (-4\gamma\cos\theta/r) \times 10 \tag{3-1}$$

式中　$p$——迫使汞进入的压入力,MPa;

　　　$\theta$——液态汞与样品表面的接触夹角,取值 $140°$;

　　　$r$——孔隙孔径,nm;

　　　$\gamma$——液态汞的表面张阻力,一般取 $480 \times 10^5$ N/cm³。

式(3-1)可简化为:

$$r = 14\,784/p \tag{3-2}$$

由式(3-2)可知汞进入微孔隙的压入力($p$)与孔隙孔径($r$)之间对应关系,将进入孔隙的汞增量 $\Delta V$ 与压力($p$)、孔隙孔径($r$)进行数据变换,即可得到样品的孔径分布曲线。

假设孔径增量 $\Delta r$ 对应的孔容增量为 $\Delta V(\mathrm{d}V)$,设 $D(r)$ 为孔径分布函数,则:

$$\mathrm{d}V = D(r)\mathrm{d}r \tag{3-3}$$

由 $pr = -40\cos\theta, p\mathrm{d}r + r\mathrm{d}p = 0$ 可得:

$$\mathrm{d}r = -r\mathrm{d}p/p \tag{3-4}$$

将式(3-4)代入式(3-3)得:

$$\mathrm{d}V = -D(r)\frac{r}{p}\mathrm{d}p \tag{3-5}$$

压汞测定仪所测定的孔容值为孔隙孔径大于 $r$ 的孔径段体积,即总孔容值($V_0$)减去孔径小于 $r$ 的孔隙孔容值($V_1$),然后作($V_0 - V_1$)与汞进入压力 $p$ 之间的曲线图,即可得到样品压汞曲线。

压汞曲线斜率为 $\mathrm{d}V/\mathrm{d}p = \mathrm{d}(V_0 - V_1)/\mathrm{d}p$,式(3-5)变为:

$$D(r) = \frac{p}{r} \cdot \frac{\mathrm{d}(V_1 - V_0)}{\mathrm{d}p} \tag{3-6}$$

依据式(3-6)作 $D(r)$ 与孔径 $r$ 之间的关系图,即可得到样品的孔隙分布曲线。

假设孔隙形态为规则圆柱形孔,其横截面保持一定,在压汞测试时施加最大压力范围内进行积分,则可获得各个孔径段孔隙的比表面积值 $A$:

$$A = -\frac{1}{r\cos\theta}\int_0^{p_{\max}} p\mathrm{d}V \tag{3-7}$$

依据式(3-6)可计算出不同进汞压力下孔径以及汞压入量的大小,依据式(3-7)可近似计算出其各孔径段的比表面积大小。

(2) 压汞曲线特征与意义

煤基质的孔隙形态可分为有效和孤立两种,其中有效孔分为开放、半封闭和细颈瓶孔等 3 小类。吴俊[102]根据压汞实验结果将孔隙形态分为开放孔、过渡孔和封闭孔等 3 大类 9 小类。秦勇[103]指出煤基质孔隙由有效孔和孤立孔组成,其中有效孔又分为流体可以进入的开放孔和半封闭孔,而流体不能进入的孔隙则为全封闭的"死孔",因此,压汞和液氮吸附法仅能测有效孔的孔容及孔比表面积,并指出根据压汞进退汞曲线形成的"滞后环"大小可对有效孔隙的形态及连通性进行定性评价(图 3-2)。

　　（a）开放孔　　　　　（b）半封闭孔　　　　　（c）细颈瓶孔

图 3-2　孔隙压汞滞后环与孔隙连通性关系[103]

### 3.2.2　实验设备与样品

（1）实验条件

煤基质中微米级孔隙特征主要采用压汞法进行研究,主要研究部分微孔、全部过渡孔、中孔和大孔等扩散空间。压汞实验采用测量仪器为进口 Auto-Pore9505 型压汞仪(图 3-3)。

图 3-3　全自动压汞仪

（2）实验样品

压汞实验样品选自焦作矿区中马村矿无烟煤、潞安矿区屯留矿贫煤和平顶山矿区十二矿肥煤,四类煤煤样各取一份,共计 12 份,实验煤样基础测试参数见表 2-5。选取上述 12 种煤干净煤样,采用小铁锤人工破碎样品粒度至 3～6

mm,然后去除样品中的矿物杂质,同时需要避免人为裂隙产生的影响,以提高和保证测试数据的准确性。测试前煤样需在 70～80 ℃的条件下在恒温箱中干燥至少 12 h,然后将样品放置到膨胀仪内,进行样品抽真空(<6.67 Pa)处理然后进行测试。

### 3.2.3 实验结果分析

本次工作对上述三对矿井中采取的 12 组不同类型构造煤煤样进行了压汞实验,为了对比,也对原生结构煤进行了测试,实验结果见表 3-5、表 3-6。

表 3-5 煤的孔容测定结果

| 煤样编号 | 类型 | 孔容/(mL/g) | | | | 总孔容/(mL/g) | 孔容比/% | | | |
|---|---|---|---|---|---|---|---|---|---|---|
| | | 大孔 | 中孔 | 过渡孔 | 微孔 | | 大孔 | 中孔 | 过渡孔 | 微孔 |
| ZMWY-1 | 原生结构煤 | 0.003 2 | 0.000 6 | 0.007 4 | 0.008 6 | 0.019 8 | 16.66 | 2.54 | 37.37 | 43.43 |
| ZMWY-2 | 碎裂煤 | 0.003 0 | 0.001 0 | 0.008 2 | 0.007 9 | 0.020 1 | 15.14 | 4.56 | 40.93 | 39.38 |
| ZMWY-3 | 碎粒煤 | 0.008 1 | 0.003 4 | 0.009 7 | 0.008 2 | 0.029 4 | 27.35 | 11.48 | 33.12 | 28.05 |
| ZMWY-4 | 糜棱煤 | 0.011 0 | 0.004 8 | 0.009 9 | 0.008 3 | 0.037 6 | 30.22 | 12.32 | 31.25 | 26.19 |
| TLPM-1 | 原生结构煤 | 0.002 2 | 0.001 7 | 0.009 9 | 0.010 4 | 0.024 1 | 9.56 | 6.68 | 40.84 | 42.93 |
| TLPM-2 | 碎裂煤 | 0.004 7 | 0.001 2 | 0.008 7 | 0.010 6 | 0.025 3 | 19.04 | 4.77 | 33.75 | 42.44 |
| TLPM-3 | 碎粒煤 | 0.005 1 | 0.001 4 | 0.010 4 | 0.009 8 | 0.026 9 | 20.28 | 4.91 | 37.98 | 36.85 |
| TLPM-4 | 糜棱煤 | 0.004 7 | 0.002 1 | 0.011 9 | 0.009 8 | 0.028 4 | 19.95 | 6.72 | 40.27 | 36.06 |
| PDSF-1 | 原生结构煤 | 0.008 6 | 0.004 3 | 0.007 6 | 0.006 8 | 0.027 1 | 32.21 | 15.20 | 27.42 | 25.19 |
| PDSF-2 | 碎裂煤 | 0.006 2 | 0.002 2 | 0.010 6 | 0.009 9 | 0.028 9 | 21.45 | 7.61 | 36.68 | 34.26 |
| PDSF-3 | 碎粒煤 | 0.001 0 | 0.004 1 | 0.011 6 | 0.010 3 | 0.036 1 | 27.46 | 11.75 | 32.22 | 28.58 |
| PDSF-4 | 糜棱煤 | 0.015 4 | 0.010 2 | 0.011 0 | 0.009 0 | 0.045 6 | 33.77 | 22.37 | 24.12 | 19.74 |

注:大孔>1 000 nm,中孔 1 000～100 nm,过渡孔 100～10 nm,微孔 10～5.5 nm。

表 3-6 煤的孔比表面积测定结果

| 煤样编号 | 类型 | 孔比表面积/(m²/g) | | | | 总比表面积/(m²/g) | 孔容比/% | | | |
|---|---|---|---|---|---|---|---|---|---|---|
| | | 大孔 | 中孔 | 过渡孔 | 微孔 | | 大孔 | 中孔 | 过渡孔 | 微孔 |
| ZMWY-1 | 原生结构煤 | 0.001 | 0.015 | 1.607 | 4.253 | 5.876 | 0.02 | 0.26 | 27.35 | 72.38 |
| ZMWY-2 | 碎裂煤 | 0.001 | 0.010 | 1.474 | 4.679 | 6.164 | 0.02 | 0.16 | 23.91 | 75.91 |
| ZMWY-3 | 碎粒煤 | 0.005 | 0.052 | 1.739 | 4.548 | 6.344 | 0.08 | 0.82 | 27.41 | 71.69 |
| ZMWY-4 | 糜棱煤 | 0.009 | 0.064 | 2.039 | 5.356 | 7.468 | 0.12 | 0.86 | 27.30 | 71.72 |
| TLPM-1 | 原生结构煤 | 0.003 | 0.022 | 2.012 | 5.361 | 7.398 | 0.04 | 0.30 | 27.20 | 72.47 |
| TLPM-2 | 碎裂煤 | 0.002 | 0.026 | 1.886 | 5.550 | 7.464 | 0.03 | 0.35 | 25.27 | 74.36 |

表 3-6(续)

| 煤样编号 | 类型 | 孔比表面积/(m²/g) | | | | 总比表面积/(m²/g) | 孔容比/% | | | |
|---|---|---|---|---|---|---|---|---|---|---|
| | | 大孔 | 中孔 | 过渡孔 | 微孔 | | 大孔 | 中孔 | 过渡孔 | 微孔 |
| TLPM-3 | 碎粒煤 | 0.001 | 0.019 | 1.710 | 5.816 | 7.546 | 0.01 | 0.25 | 22.66 | 77.07 |
| TLPM-4 | 糜棱煤 | 0.005 | 0.127 | 2.163 | 5.492 | 7.787 | 0.06 | 1.63 | 27.78 | 70.53 |
| PDSF-1 | 原生结构煤 | 0.009 | 0.051 | 1.354 | 3.660 | 5.074 | 0.18 | 1.01 | 26.69 | 72.13 |
| PDSF-2 | 碎裂煤 | 0.017 | 0.126 | 1.875 | 4.886 | 6.904 | 0.25 | 1.83 | 27.16 | 70.77 |
| PDSF-3 | 碎粒煤 | 0.005 | 0.032 | 1.981 | 5.431 | 7.449 | 0.07 | 0.43 | 26.59 | 72.91 |
| PDSF-4 | 糜棱煤 | 0.008 | 0.050 | 2.146 | 5.530 | 7.734 | 0.10 | 0.65 | 27.75 | 71.50 |

注:大孔>1 000 nm,中孔 1 000~100 nm,过渡孔 100~10 nm,微孔 10~5.5 nm。

(1) 压汞回线分析

依据压汞实验测试数据绘制各煤样的压汞回线,如图 3-4、图 3-5、图 3-6 所示。由图可以看出,不同类型原生结构煤与构造煤压汞与进汞曲线不同,表明其孔隙的基本形态与连通性不同。所有煤样的进汞曲线与退汞曲线均不重合,有的滞后现象较为明显,即压汞回线总体上呈现出进汞、退汞体积差的滞后环,说明其孔隙形态多以开放型为主,但退汞回线均呈现下凹状,说明其中包含一定数量的半封闭型孔,但各煤样的压汞曲线具有各自的变化特点。

对于高煤级无烟煤,无论原生结构煤还是构造煤,均表现出下凹型滞后环,说明其均含有一定数量的开放孔和半封闭孔;无烟煤原生结构煤较其他三类构造煤滞后环相对较小,说明以半封闭孔为主。无烟煤碎裂煤在进、退汞压力大于50 MPa 时,进汞曲线与退汞曲线基本重合,说明部分微孔和过渡孔呈现半封闭状。无烟煤碎粒煤与糜棱煤的压汞曲线与退汞曲线相似,均具有较大的下凹型滞后环,说明各孔径段均有一定数量的开放孔和半封闭孔,不同的是无烟煤糜棱煤在退汞压力为 0.8 MPa 时形成突降型滞后环,说明存在特殊的半封闭孔——细颈瓶孔,但仍以开放孔为主。

对于高煤级贫煤原生结构煤与构造煤,其进、退汞曲线形状总体相似,均呈现下凹型滞后环,说明其均包含一定数量的开放孔和半封闭孔,其中贫煤原生结构煤的压汞滞后环相对较小,说明以半封闭孔为主;贫煤糜棱煤压汞回线滞后环相对较大,说明其孔隙结构较复杂,开放孔依然较多,连通性相对较好。

对于中煤级肥煤,其原生结构煤与构造煤进、退汞曲线相差较大,肥煤原生结构煤在进、退汞压力大于 3 MPa 时,其进、退汞曲线基本重合,说明其包含一定数量的半封闭孔;肥煤其他三类构造煤压汞回线较为相似,均呈下凹型滞后环,说明其均包含一定数量的开放孔和半封闭孔,糜棱煤滞后环较大,开放孔依

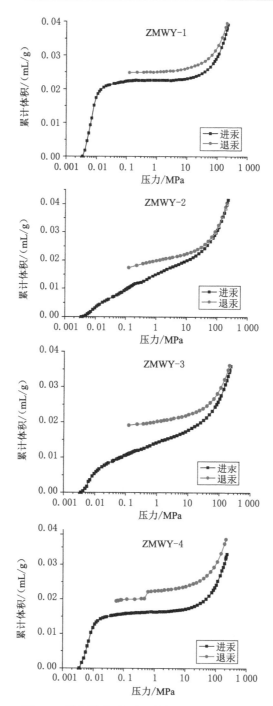

图 3-4　无烟煤进、退汞压力与进、退汞量曲线

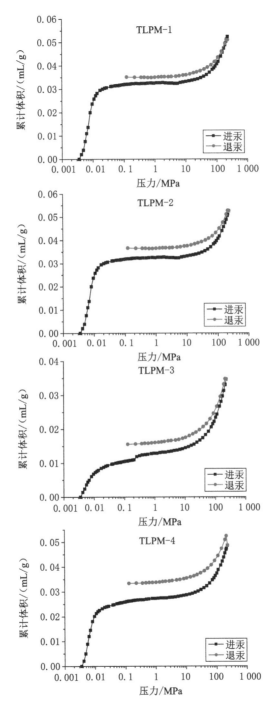

图 3-5　贫煤进、退汞压力与进、退汞量曲线

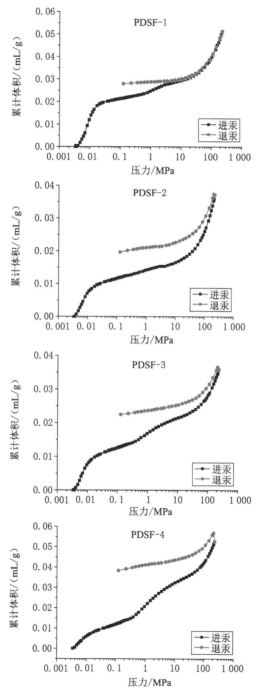

图 3-6　肥煤进、退汞压力与进、退汞量曲线

然较多,连通性相对较好。

（2）孔容分布特征

利用压汞法可求得各煤样中大于 5.5 nm 孔隙分布特征,采用霍多特十进制分类法计算了 12 组煤样各级孔径段的孔容、孔容比(图 3-7～图 3-9)。结果显示:不同类型构造煤和原生结构煤的孔容展布规律显现出差异性,无烟煤原生结构煤孔容主要分布在过渡孔和微孔(各占 43.43％和 37.37％),其次为大孔和中孔。碎裂煤孔容主要分布在过渡孔与微孔(各占 40.93％和 39.38％),其次为大孔和中孔,与原生结构煤分布特征相似。碎粒煤孔容主要分布在过渡孔、微孔和大孔,依次占 33.12％、28.05％和 27.35％,中孔所占比例最小。糜棱煤与碎粒煤孔容分布特征相似,其孔容主要集中在过渡孔、大孔和微孔,占 31.25％、30.22％和 26.19％,中孔所占比例最小。由此可见,无烟煤碎裂煤与原生结构煤相比,过渡孔和中孔所占比例增加,大孔和微孔所占比例减少;碎粒煤与碎裂煤相比,过渡孔与中孔所占比例减少,大孔和微孔所占比例增加;糜棱煤与碎粒煤相比,各孔径段比例相差不大。可见对于无烟煤四类煤,中孔所占比例是最少的,总体以过渡孔和微孔占主体,所占比例超过了 60％。

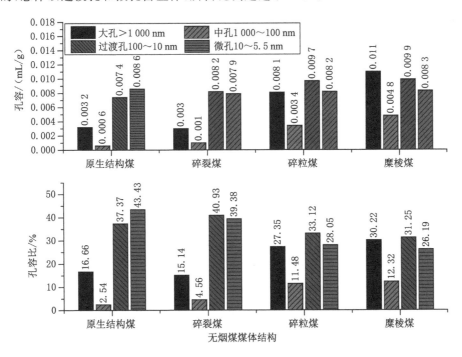

图 3-7　无烟煤四类煤孔容(孔容比)分布图

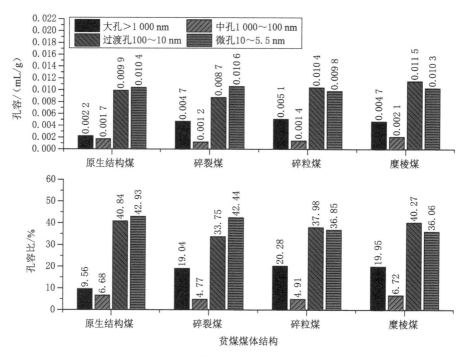

图 3-8　贫煤四类煤孔容(孔容比)分布图

　　贫煤原生结构煤的孔容主要集中在微孔和过渡孔(各占 42.93% 和 40.84%),其次为大孔和中孔(均小于 10%),过渡孔与微孔相差不大。碎裂煤孔容同样主要集中在微孔和过渡孔(各占 42.44% 和 33.75%),其次为大孔(占 19.04%),与原生结构煤相比,微孔比例基本保持不变,过渡孔稍有减少,与无烟煤相似,大孔比例增加。碎粒煤孔容主要分布在微孔和过渡孔(各占 37.98% 和 36.85%),其次为大孔(占 20.28%),与碎裂煤相比,碎裂煤过渡孔孔容所占比例进一步增加,与无烟煤相似,大孔也出现增长,但增幅不大。糜棱煤孔容也主要集中在过渡孔与微孔(各占 40.27% 和 36.06%),过渡孔所占比例进一步增大,微孔基本保持不变,其次为大孔和中孔。可见贫煤四类煤孔容占比此消彼长但主要仍以微孔和过渡孔为主,两者之和所占比例超过了 75%,大孔和中孔不发育,这一点与无烟煤相似,体现了高煤级煤孔隙分布所具有的显著特点[103]。

　　对于中煤级肥煤,与高煤级无烟煤和贫煤相比出现差异性,肥煤原生结构煤孔容主要集中在大孔、过渡孔和微孔(各占 32.21%、27.42% 和 25.19%),其次为中孔(占 15.20%)。碎裂煤的孔容表现在过渡孔、微孔和大孔,相对应的比例是 36.68%、34.26%、21.45%,相比肥煤的原生结构煤,大孔和中孔所占比例相对减少。碎粒煤的孔容主要集中在过渡孔、微孔和大孔,所占比例为 32.22%、

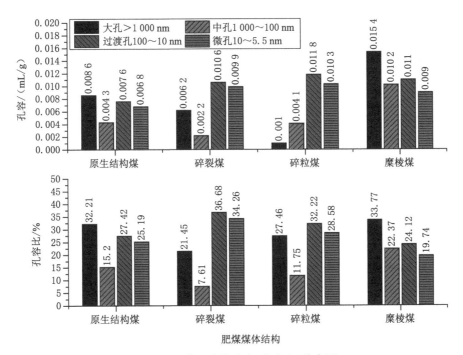

图 3-9　肥煤四类煤孔容(孔容比)分布图

28.58％和 27.46％,而中孔所占的比例是最少的,与碎裂煤相比,碎粒煤的大孔所占比例增大,而过渡孔和微孔的比例则稍微减少。糜棱煤的孔容主要聚集在大孔和过渡孔,两者所占的比例为 33.77％、24.12％,其次为中孔和微孔。可见中煤级肥煤与高煤级无烟煤、贫煤相比,显著不同是大孔和中孔所占比例的增大,大孔所占比例的增加导致了中煤级肥煤总孔隙率的减少,使其保持有中煤级煤的特点[103]。

　　无论对于高煤级无烟煤、贫煤,还是中煤级肥煤,其随着破坏程度的增加,碎粒煤与糜棱煤孔容中微孔所占比例均出现减少现象,分析认为这主要由两方面原因造成:一是压汞法只能测到 5.5 nm 以上的孔,对于 5.5 nm 以下的孔隙体积无法准确测出;二是由于碎粒煤与糜棱煤硬度较低,而汞进入煤的微孔内需要较高的压力(120~230 MPa)以上,如此高的压力可能导致煤的部分孔隙被压碎,煤的结构被破坏,部分微孔和过渡孔被打通变为大孔,致使测试结果出现偏差。

　　(3) 孔比表面积分布特征

　　煤的孔比表面积大小与孔容、孔径分布息息相关。一般情况下,孔容相同则孔比表面积与孔径的大小呈负相关关系,即孔隙的孔径越小则煤的总比表面积越大,煤吸附瓦斯的能力就越强;反之,煤吸附能力越弱[224]。

由表 3-6、图 3-10～图 3-12 可以看出,12 组实验煤样孔比表面积介于 5.074～7.787 m²/g,随着煤破坏程度的增加,其总比表面积也随之增大。不论高煤级无烟煤、贫煤,还是中煤级肥煤,其微孔和过渡孔的比表面积比均占到 70% 和 25% 以上,而中孔和大孔的比表面积比却不到 2%,由此可见,微孔是组成各类煤体总比表面积的主要贡献者。尽管微孔的孔容比介于 30%～45% 之间,但是由于微孔的孔径较小,比表面积对吸附能力起到决定作用;尤其对于高煤级无烟煤和贫煤,微孔和过渡孔在孔容中所占比例也较大,更使得吸附能力得到大幅提高。对比 12 组不同煤体结构煤的比表面积,可以看出大孔、中孔的比表面积比随破坏程度增大呈波动状;对于无烟煤,伴随着煤体破坏程度加大,大孔的比表面积比出现缓慢增长趋势,中孔的比表面积比则表现为先减小后增大;对于贫煤,随着破坏程度的加大,大孔的比表面积比呈现先减小后增大,而中孔的比表面积比则呈现先增大后减小再增大;对于肥煤,随着破坏程度的加大,大孔的比表面积比呈现先增后减,而中孔的比表面积比表现为先增大后减小再增大。可见,大孔和中孔呈现规律变得复杂,呈现波动状,这可能与压汞实验中较高压力导致煤中部分孔隙被压碎,煤的结构被破坏,部分微孔和过渡孔被打通成为大孔,致使测试结果出现偏差有关。但是,大孔和中孔对比表面积的贡献依然较小,均小于 2%,过渡孔和微孔比表面积的大小决定了煤体吸附瓦斯性能的高低。

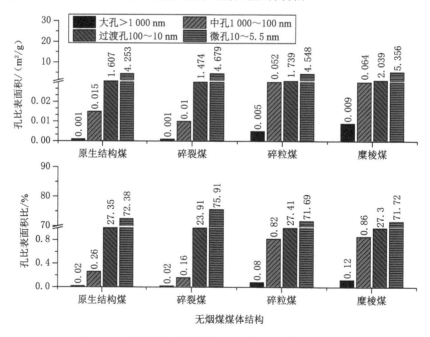

图 3-10  无烟煤孔比表面积(表面积比)与孔径分布图

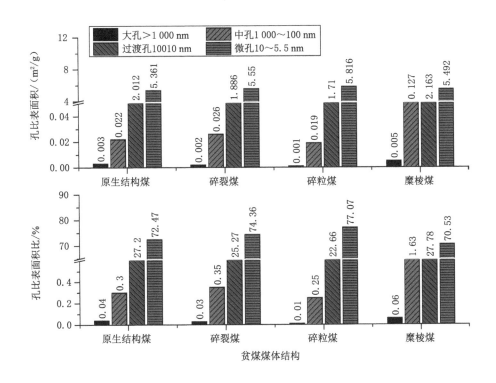

图 3-11　贫煤孔表比面积(表面积比)与孔径分布图

研究表明,孔比表面积越大则煤吸附瓦斯能力越强,孔容越大则煤储集瓦斯的空间就越大,煤的瓦斯含气量特性等受控于两者之间的配置比例,而煤的瓦斯扩散、渗透性能一定程度上受控于各种类型孔隙的形状及连通性[225]。

(4)其他参数分析

如图 3-13 所示,对比不同煤体结构的煤总孔容和总比表面积变化曲线图,可以发现两者随煤体破坏程度增强呈现相似变化规律,即总孔容与总比表面积均随着破坏程度的增强而增大,同时总比表面积与总孔容之间也呈现正比例增大,但是在不同煤体破坏阶段,不同煤级煤的增大速率却不一致,高煤级无烟煤和贫煤,其Ⅱ类煤向Ⅲ类煤过渡阶段,总孔容增加较快,而总比表面积却相对缓慢;中煤级肥煤,Ⅰ类煤向Ⅱ类煤过渡阶段,总孔容增加较慢,而总比表面积则增大较快,这可能与高煤级煤原生孔减少和中煤级外生孔增加有关。

压汞法测试的其他参数(包括体积中值孔径、比表面积中值孔径、退汞效率和排驱压力)见表 3-7。压汞法中的中值孔径是指累计的孔体积或者比表面积为 50% 时取得的孔径值。无烟煤四类煤的体积中值孔径介于 29.0～58.5 nm

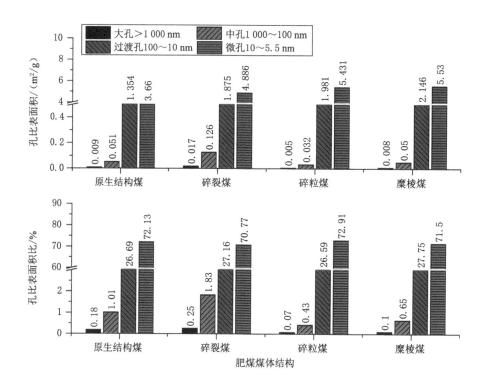

图 3-12　肥煤孔比表面积(表面积比)与孔径分布图

之间,比表面积中值孔径介于 7.9～8.2 nm 之间;贫煤四类煤的体积中值孔径介于 40.5～55.5 nm 之间,比表面积中值孔径介于 8.1～8.4 nm 之间;肥煤四类煤的体积中值孔径介于 40.0～60.8 nm 之间,比表面积中值孔径介于 7.9～8.6 nm 之间。总体来看,随着破坏程度的增加,无烟煤、贫煤、肥煤中值孔径均呈现减小趋势,即中值孔径随着破坏程度的增加而减少,代表着不同孔径段孔隙贡献的不同。体积中值孔径普遍要比孔比表面积中值孔径大,这是由于微孔在总比表面积中占有较大的比例,甚至高于 70%,而总孔容是由微孔和过渡孔共同控制,从而导致体积中值孔径较面积中值孔径要大。退汞效率的变化范围介于 31.27%～61.85% 之间,且随着破坏程度的增大,退汞效率逐渐增大。研究表明,通常情况下退汞效率越高,意味其孔隙系统的连通性越好[226]。排驱压力又称排替压力,表示压汞测试中液态泵准备开始大量注入样品时的压力。排驱压力与煤的孔径分布、喉道大小、孔隙度及渗透率等均有关系,是反映煤岩中流体驱替物理过程最直观、最重要的参数。由表 3-7 可知,无烟煤四类煤的排驱压

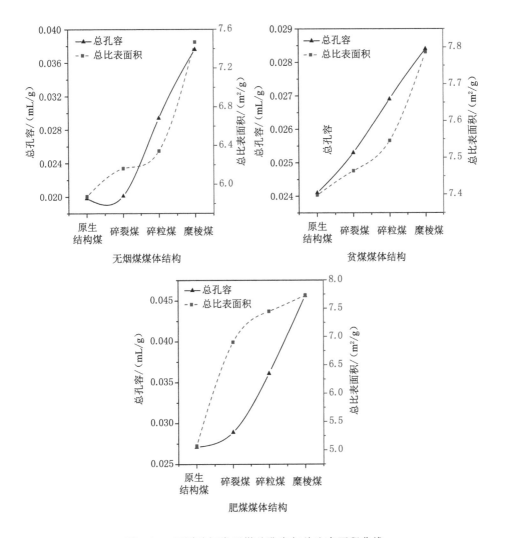

图 3-13　不同破坏类型煤总孔容与总比表面积曲线

力介于 5.80~10.33 MPa 之间,贫煤四类煤的排驱压力介于 5.48~9.18 MPa 之间,肥煤四类煤的排驱压力介于 5.39~9.26 MPa 之间,其中各煤级原生结构煤的排驱压力最大,随着破坏程度的增大,排驱压力呈现较为明显的减小趋势。一般来说,排驱压力越小,意味着大量存在的孔喉越粗,孔隙结构也就越有利;反之,孔隙结构就越差。吴俊等[58]分析认为,原生结构煤较构造煤的排驱压力更高,不利于瓦斯突出。

表 3-7　不同破坏类型煤的中值孔径、退汞效率、排驱压力测试结果

| 煤样编号 | 类型 | 体积中值孔径 /nm | 比表面积中值 孔径/nm | 退汞效率 /% | 排驱压力 /MPa |
|---|---|---|---|---|---|
| ZMWY-1 | 原生结构煤 | 58.5 | 8.2 | 33.84 | 10.33 |
| ZMWY-2 | 碎裂煤 | 48.3 | 8.0 | 36.83 | 7.81 |
| ZMWY-3 | 碎粒煤 | 34.5 | 7.9 | 47.08 | 6.50 |
| ZMWY-4 | 糜棱煤 | 29.0 | 7.9 | 58.55 | 5.80 |
| TLPM-1 | 原生结构煤 | 55.5 | 8.4 | 37.53 | 9.18 |
| TLPM-2 | 碎裂煤 | 50.3 | 8.4 | 45.79 | 7.32 |
| TLPM-3 | 碎粒煤 | 44.2 | 8.1 | 47.30 | 6.80 |
| TLPM-4 | 糜棱煤 | 40.5 | 8.1 | 60.90 | 5.48 |
| PDSF-1 | 原生结构煤 | 60.8 | 8.6 | 31.27 | 9.26 |
| PDSF-2 | 碎裂煤 | 49.5 | 8.1 | 36.20 | 7.71 |
| PDSF-3 | 碎粒煤 | 48.3 | 8.1 | 55.20 | 6.01 |
| PDSF-4 | 糜棱煤 | 40.0 | 7.9 | 61.85 | 5.39 |

## 3.3　液氮吸附法孔隙结构测定

### 3.3.1　液氮吸附法实验原理

（1）比表面积测试原理

根据 BET 等温吸附理论模型（图 3-14），首先可以计算出气体多分子层吸附量，从而求得试样的比表面积[225]。

$$\frac{p/p_0}{V[1-(p/p_0)]} = \frac{C-1}{V_mC} \times p/p_0 + \frac{1}{V_mC} \quad (3-8)$$

式中　$V$——气体吸附量，mL；

　　　$V_m$——多分子层吸附量，mL；

　　　$p$——吸附质压力，Pa；

　　　$p_0$——吸附质饱和蒸气压，Pa；

　　　$C$——常数。

由式（3-8）可求出气体多分子层的吸附量，进而得到所测煤样比表面积值。

令 $Y = \frac{p/p_0}{V[1-(p/p_0)]}$，$X = p/p_0$，$A = \frac{C-1}{V_mC}$，$B = \frac{1}{V_mC}$，即：

$$Y = AX + B \quad (3-9)$$

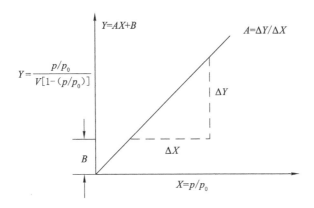

图 3-14　BET 图[225]

因此可得：

$$V_{\mathrm{m}} = \frac{1}{A+B} \qquad (3\text{-}10)$$

Langmuir 单分子吸附层的比表面积方程为：

$$S_{\mathrm{g}} = \frac{4.36V_{\mathrm{m}}}{W} \qquad (3\text{-}11)$$

式中　$S_{\mathrm{g}}$——孔比表面积，$\mathrm{m^2/g}$；

　　　$V_{\mathrm{m}}$——饱和吸附量，$\mathrm{mL}$；

　　　$W$——样品质量，$\mathrm{g}$。

将式(3-10)代入式(3-11)即可计算得到所测煤样的比表面积值：

$$S_{\mathrm{g}} = \frac{4.36}{W(A+B)} \qquad (3\text{-}12)$$

（2）孔径分布测试原理

最常用的方法是利用 BJH（Barrrtt-Joyner-Halenda）经典理论来计算得到孔容、孔径分布以及孔比表面积。BJH 法是基于圆筒孔模型和改进 Kelvin 方法（M-K）的一种孔径表征方法，现已成为分析孔分布的经典方法。BJH 法在圆筒孔计算通则的基础上，在液膜厚度变化时校正了孔腔半径及液膜面积，因此计算出的结果更接近实际。其计算公式如下：

$$\Delta V_{pi} = R_i \left[ \Delta V_{ci} - \Delta t_i \sum_{j=1}^{i-1} C_j S_{pj} \right] \qquad (3\text{-}13)$$

式中　$R_i = \left[ (r_{pi}/r_{ki}) + \Delta t_i \right]^2$；

　　　$\Delta t_i = t_i - t_{i-1}$；

　　　$C_i = \dfrac{\overline{r}_{pi} - t_i}{\overline{r}_{pi}}$；

$\Delta V_{pi}$——第 $i$ 组毛细孔的体积；

$\Delta V_{ci}$——第 $i$ 组毛细孔的实测脱附量。

孔半径计算公式为：

$$R = - 2r_0 V_m / [RT \ln(p/p_0)] + 0.354 [-5/\ln(p/p_0)]^{1/3} \qquad (3\text{-}14)$$

（3）液氮吸附等温线特征及意义

戚玲玲[227]研究了固体材料的吸附特性，将其产生的等温吸附曲线的类型划分为五种（图 3-15）。国内学者通过大量的液氮吸附实验验证认为，煤吸附等温曲线与戚玲玲分类中的Ⅱ类和Ⅲ类比较吻合，个别吻合Ⅳ类。

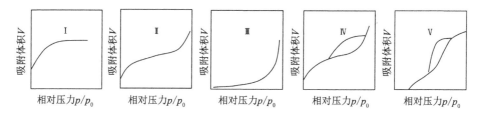

图 3-15　吸附等温线类型[227]

大量实验证明，滞后环的形状很多，且与毛细孔的形状有关，陈萍等[62]通过研究把吸附回线归类为 $L_1$、$L_2$ 和 $L_3$ 型，并依据孔形构造（图 3-16）及是否会出现吸附回线，将煤中的孔隙分为开放透气性孔隙、一端封闭的不透气性孔、细颈瓶孔。降文萍等[64]基于低温液氮实验把构造煤的低温液氮回线总结为 $H_1$、$H_2$、$H_3$ 三类，与陈萍等[62]结论相似，但把构造煤的孔隙具体归为四类：两端都开口的孔隙、只有一端开口的孔隙、"墨水瓶"形的孔隙以及狭缝形的孔隙。

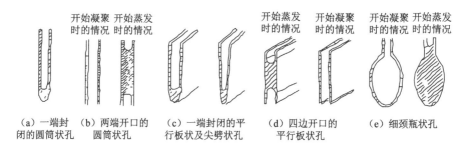

图 3-16　不同孔形吸附实验时的气-液界面状况[62]

因此，依据众多学者的研究[225,227]，煤中孔隙形态分布通常与三类吸附-脱附曲线相对应（图 3-17）。其中，A 类等温吸附回线表明孔隙形态以一端呈封闭状态的不透气性孔隙为主，B 类等温吸附回线表明孔隙形态以开放透气性孔隙为主,C 类等温吸附回线表明孔隙形态含有一种特殊形态的孔——细颈瓶孔。

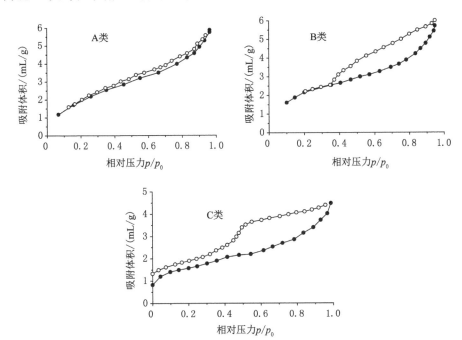

图 3-17　煤的典型吸附等温回线[225]

### 3.3.2　实验设备与样品

　　液氮吸附实验样品选自中马村矿无烟煤、屯留矿贫煤和平煤十二矿肥煤,四类煤样各取一份,共计 12 组,分别进行液氮吸附实验,基础参数见表 2-5。

　　低温液氮吸附实验采用美国麦克公司生产的 ASAP2020M 型比表面积及孔径分析仪,该仪器是在饱和液氮温度(-196 ℃)条件下,基于静态吸附容量法来测试样品的吸附性能,依据吸附数据最终计算得到样品的微孔比表面积和容积、中孔比表面积和容积、总比表面积和总容积、孔径分布等。实验样品粉碎至 60~80 目(直径为 0.17 ～ 0.25 mm),放入分析仪内进行测试(图 3-18)。

### 3.3.3　实验结果分析

　　(1)吸附回线对比分析

　　原生结构煤和构造煤的孔隙形态复杂多变,吸附回线是对煤中一定的孔形构造的总体表征,依据低温液氮吸附的实验结果,分别对 12 组不同类型构造煤、原生结构煤样绘制了液氮吸附回线,如图 3-19～图 3-21 所示。

　　通过分析无烟煤、贫煤、肥煤不同类型煤的液氮等温吸附回线特征可知:

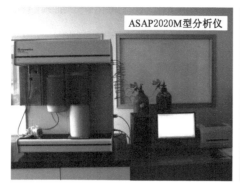

图 3-18　ASAP2020M 型比表面积及孔径分析仪

① 纵观无烟煤、贫煤、肥煤煤样的吸附等温回线形态,可以发现所有煤样的回线形态均属于Ⅱ类型,表明煤中含有相当数量的微孔隙,同时也包含有一定数量的过渡孔和中孔;对照图 3-19～图 3-21,各煤级四类煤的吸附等温线总体形态基本一致,在较低压和较高压下气体吸附量增加趋势基本一致,压力达到最高的情况下会因为发生毛细凝聚而导致气体吸附量急剧增加。

② 由吸附曲线纵轴可知,同一煤层四类煤吸附量差异较大,均呈现糜棱煤＞碎粒煤＞碎裂煤＞原生结构煤,表明构造软煤(糜棱煤、碎粒煤)的吸附能力比硬煤(碎裂煤、原生结构煤)强得多,软的微孔隙比硬煤丰富得多,但是硬煤比软煤更容易达到饱和,气体吸附量和孔隙比表面积有关。

③ 当吸附过程完成后,开始发生脱附,相同煤级的碎粒煤、糜棱煤产生的"滞后环"较碎裂煤和原生结构煤显著,说明碎粒煤和糜棱煤中开放型孔相对较多,同时各煤样"滞后环"均呈现下凹状,表明不同煤样孔隙中均存在一定量的半封闭孔隙。不同的是中煤级肥煤脱附曲线在相对压力($p/p_0$)为 0.3 以下发生闭合,而高煤级无烟煤和贫煤的脱附曲线在更低相对压力下也不闭合,说明无烟煤、贫煤孔隙中残余吸附量要比肥煤多,微孔更发育,不易脱附。

④ 无烟煤、贫煤和肥煤的糜棱煤,在相对压力($p/p_0$)为 0.5 左右,脱附曲线均出现了一个拐点,证实了糜棱煤中存在细颈瓶状孔隙,当压力降低至低于瓶颈处孔径对应压力时,瓦斯会突然从细颈瓶孔内涌出,易诱发突出。

(2) 孔隙容积与孔径分布特征

本次实验测出煤的有效孔径范围为 2.0～400.0 nm,按照霍多特十进制孔径分类方案,包含有微孔、过渡孔和部分中孔。不同类型煤的孔容参数特征见表 3-8、图 3-22～图 3-24。

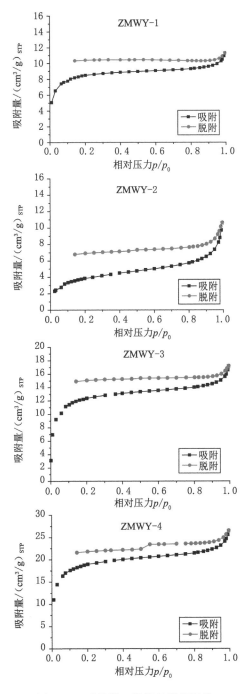

图 3-19　无烟煤四类煤吸附等温线

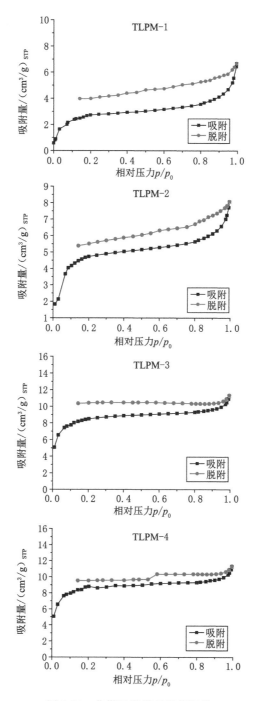

图 3-20  贫煤四类煤吸附等温线

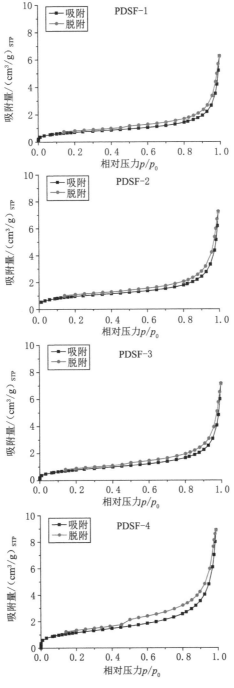

图 3-21　肥煤四类煤吸附等温线

表 3-8  吸附法孔容测定结果

| 煤样编号 | 类型 | BJH 孔容/(mL/g) | | | BJH 总孔容/(mL/g) | 孔容比/% | | | 总孔体积/(mL/g) |
|---|---|---|---|---|---|---|---|---|---|
| | | 中孔 | 过渡孔 | 微孔 | | 中孔 | 过渡孔 | 微孔 | |
| ZMWY-1 | 原生结构煤 | 0.001 3 | 0.002 1 | 0.003 7 | 0.007 1 | 17.95 | 29.56 | 52.49 | 0.017 4 |
| ZMWY-2 | 碎裂煤 | 0.001 9 | 0.003 5 | 0.006 7 | 0.012 1 | 15.60 | 28.62 | 55.78 | 0.026 5 |
| ZMWY-3 | 碎粒煤 | 0.002 9 | 0.005 5 | 0.005 8 | 0.014 2 | 20.31 | 38.55 | 41.14 | 0.036 3 |
| ZMWY-4 | 糜棱煤 | 0.003 0 | 0.005 7 | 0.010 2 | 0.018 9 | 15.64 | 30.11 | 54.25 | 0.041 0 |
| TLPM-1 | 原生结构煤 | 0.001 1 | 0.003 3 | 0.003 2 | 0.007 6 | 22.23 | 40.28 | 37.50 | 0.010 3 |
| TLPM-2 | 碎裂煤 | 0.001 3 | 0.002 8 | 0.003 5 | 0.007 9 | 17.52 | 37.96 | 44.52 | 0.012 5 |
| TLPM-3 | 碎粒煤 | 0.001 2 | 0.002 5 | 0.004 0 | 0.008 0 | 16.19 | 33.42 | 50.40 | 0.025 7 |
| TLPM-4 | 糜棱煤 | 0.001 3 | 0.002 2 | 0.004 6 | 0.008 3 | 17.94 | 29.57 | 52.49 | 0.027 3 |
| PDSF-1 | 原生结构煤 | 0.003 2 | 0.004 8 | 0.001 5 | 0.009 6 | 34.89 | 50.02 | 15.09 | 0.009 7 |
| PDSF-2 | 碎裂煤 | 0.003 4 | 0.005 8 | 0.001 7 | 0.010 9 | 30.77 | 53.37 | 15.86 | 0.011 2 |
| PDSF-3 | 碎粒煤 | 0.003 8 | 0.005 5 | 0.002 0 | 0.011 2 | 33.57 | 48.69 | 17.74 | 0.011 3 |
| PDSF-4 | 糜棱煤 | 0.003 1 | 0.007 9 | 0.003 0 | 0.014 0 | 22.35 | 56.12 | 21.53 | 0.013 8 |

注：中孔 400~100 nm，过渡孔 100~10 nm，微孔 10~2.0 nm。

如表 3-8、图 3-22 所示，无烟煤原生结构煤总孔容为 0.007 1 mL/g，其中微孔占总孔容的 52.49%，其次为过渡孔和中孔，分别占 29.56% 和 17.95%；碎裂煤总孔容为 0.012 1 mL/g，其中微孔所占比例为 55.78%，过渡孔和中孔依次占 28.62%、15.6%；碎粒煤总孔容为 0.014 2 mL/g，其中微孔、过渡孔、中孔所占比例分别为 41.14%、38.55%、20.31%；糜棱煤的总孔容为 0.018 9 mL/g，其中微孔占总孔容的 54.25%，接下来是过渡孔和中孔，各占 30.11% 和 15.64%。可见，无烟煤孔容主要集中在微孔和过渡孔，两者之和超过了 80%，其中又以微孔贡献率最大。

贫煤四类煤的各孔径段孔容分布特征与无烟煤相似，如图 3-23 所示，孔容同样集中在微孔和过渡孔。实验结果表明，对于高煤级无烟煤、贫煤四类煤体的孔隙均以微孔为主，其次为过渡孔和中孔。

如表 3-8、图 3-24 所示，对于中煤级肥煤，与高煤级无烟煤和贫煤相比出现差异，肥煤原生结构煤的总孔容为 0.009 6 mL/g，其中过渡孔占总孔容的 50.02%，其次为中孔和微孔，分别占 34.89% 和 15.09%；碎裂煤总孔容为 0.010 9 mL/g，其中过渡孔所占比例为 53.37%，然后是中孔、微孔，依次占 30.77%、15.86%；碎粒煤总孔容为 0.011 2 mL/g，其中过渡孔占总孔容的 48.69%，然后是中孔和微孔，各占 33.57% 和 17.74%；糜棱煤总孔容为 0.014 0 mL/g，其中过渡孔占到了总

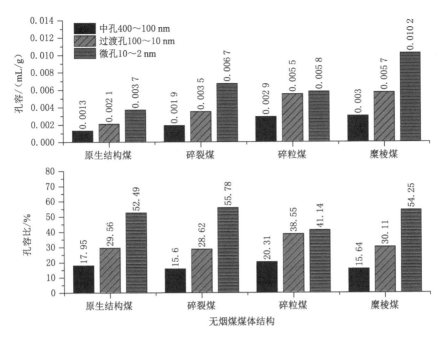

图 3-22　无烟煤孔容(孔容比)与孔径分布图

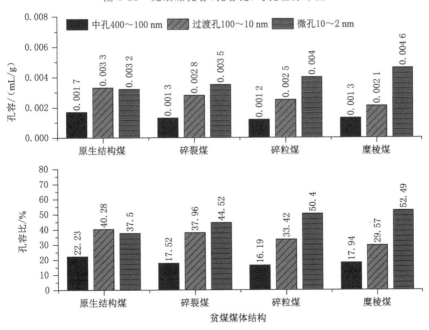

图 3-23　贫煤孔容(孔容比)与孔径分布图

孔容的 56.12%,而中孔和微孔只占了 22.35% 和 21.53%。可见,肥煤孔容主要集中在过渡孔和中孔,两者之和接近 80%,其中又以过渡孔贡献率最大。

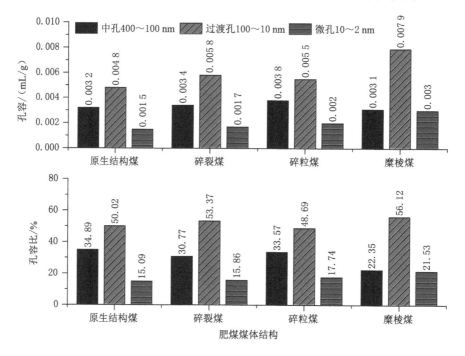

图 3-24 肥煤孔容(孔容比)与孔径分布图

需要说明的是,吸附总孔体积与 BJH 累计总孔体积之间的区别为 BJH 吸(脱)附累计总孔体积是采用 BJH 理论在等温吸附或者解吸步骤中逐步得到的各个孔径段孔隙体积累计而获到的总的孔隙体积,其孔径有鲜明的上、下限,通常来说,下限为 2 nm 左右,而上限则在 200~400 nm 之间;而吸附总孔体积是指当氮气的相对压力达到最高时($p/p_0=0.995$)的吸附量被完全吸附且填充在孔隙中时计算得到的总孔体积,如果没有规定孔的下限尺寸,则必须明确孔径段上限,如直径 390 nm 以下($p/p_0=0.993$)所有孔隙的体积。对不同孔径范围的总孔体积进行比较是没有意义的,因为孔容和孔隙直径的三次方呈正比关系,针对大孔较多的吸附材料,孔径上限的微小变化都会导致总孔体积的很大变化,所以在比较各种数据时要予以区分。

(3) 孔比表面积和孔径分布特征

液氮吸附法孔比表面积测试结果如表 3-9、图 3-25~图 3-27 所示。总体来看,各阶段孔比表面积均有分布,其中微孔占绝大多数,构成了孔比表面积的主要部分,但具体到各类煤又有差别。

表 3-9　吸附法孔比表面积测试结果

| 煤样编号 | 类型 | BJH 孔比表面积/(m²/g) | | | BJH 总孔比表面积/(m²/g) | BJH 孔比表面积比/% | | | BET 总孔比表面积/(m²/g) |
|---|---|---|---|---|---|---|---|---|---|
| | | 中孔 | 过渡孔 | 微孔 | | 中孔 | 过渡孔 | 微孔 | |
| ZMWY-1 | 原生结构煤 | 0.033 | 0.315 | 5.637 | 5.985 | 0.55 | 5.26 | 94.19 | 14.231 |
| ZMWY-2 | 碎裂煤 | 0.047 | 0.820 | 7.282 | 8.149 | 0.94 | 5.06 | 94.23 | 29.462 |
| ZMWY-3 | 碎粒煤 | 0.050 | 0.526 | 9.613 | 10.189 | 0.49 | 5.16 | 94.35 | 43.547 |
| ZMWY-4 | 糜棱煤 | 0.060 | 0.852 | 14.484 | 15.396 | 0.47 | 5.53 | 94.44 | 65.742 |
| TLPM-1 | 原生结构煤 | 0.058 | 0.480 | 3.919 | 4.457 | 1.30 | 10.75 | 87.95 | 10.201 |
| TLPM-2 | 碎裂煤 | 0.033 | 0.467 | 4.689 | 5.189 | 0.65 | 8.99 | 90.37 | 17.263 |
| TLPM-3 | 碎粒煤 | 0.032 | 0.411 | 5.169 | 5.612 | 0.57 | 7.32 | 92.11 | 19.974 |
| TLPM-4 | 糜棱煤 | 0.030 | 0.399 | 5.432 | 5.861 | 0.51 | 6.82 | 92.68 | 22.835 |
| PDSF-1 | 原生结构煤 | 0.076 | 0.612 | 1.445 | 2.133 | 3.56 | 28.69 | 67.74 | 2.578 |
| PDSF-2 | 碎裂煤 | 0.079 | 0.749 | 1.814 | 2.642 | 2.99 | 28.35 | 68.66 | 2.902 |
| PDSF-3 | 碎粒煤 | 0.084 | 0.691 | 2.017 | 2.792 | 3.01 | 24.75 | 72.24 | 3.504 |
| PDSF-4 | 糜棱煤 | 0.102 | 1.107 | 2.923 | 4.132 | 2.47 | 26.79 | 70.74 | 4.257 |

注:中孔 400～100 nm,过渡孔 100～10 nm,微孔 10～2.0 nm。

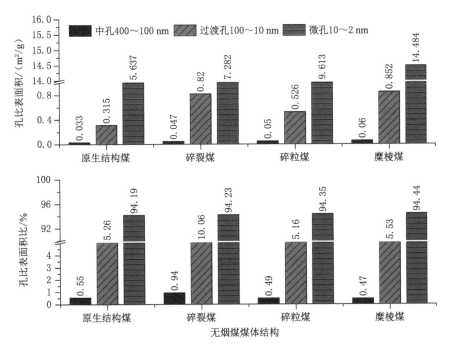

图 3-25　无烟煤孔比表面积(比)与孔径分布图

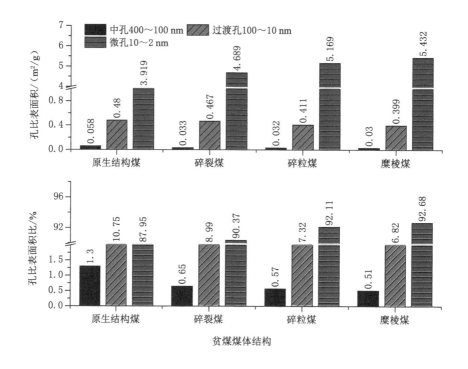

图 3-26 贫煤孔比表面积(比)与孔径分布图

无烟煤四类煤 BJH 总孔比表面积介于 $5.985 \sim 15.396$ m²/g 之间,孔比表面积主要集中在微孔,其比表面积百分比均超过了 90%,其次为过渡孔、中孔,比表面积比均小于 6%,说明无烟煤四类煤体中微孔是总孔比表面积的主要组成者;无烟煤从原生结构煤到糜棱煤,随着煤体结构由简单到复杂,虽然微孔的比表面积比只轻微增长,但 BJH 总孔比表面积逐步增大,在糜棱煤中其所占面积达到了原生结构煤的 2.6 倍,进一步证实无烟煤中微孔是吸附瓦斯的重要场所。

贫煤四类煤 BJH 总孔比表面积介于 $4.457 \sim 5.861$ m²/g 之间,与无烟煤相似,孔比表面积主要集中在微孔阶段,虽然与无烟煤相比有所降低,但仍超过了 85% 以上,其次为过渡孔和中孔,过渡孔所占百分比无烟煤有所增大,最高达到 10.75%;同样,随着贫煤煤体破坏强度的不断加大,总孔比表面积和微孔的比表面积均增大,到糜棱煤达到最高值。

肥煤四类煤 BJH 总孔比表面积介于 $2.133 \sim 4.132$ m²/g 之间,与无烟煤和贫煤差异明显,孔比表面积同样主要集中在微孔阶段,但较无烟煤和贫煤相比有

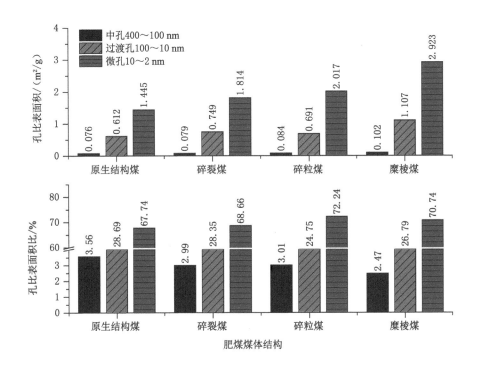

图 3-27　肥煤孔比表面积(比)与孔径分布图

所降低,其次为过渡孔和中孔,过渡孔所占百分比较无烟煤、贫煤增幅较大,最高达到 28.69%。相同的是,随着肥煤煤体破坏强度的不断加大,总孔比表面积和微孔比表面积仍然呈增大的趋势,到糜棱煤达到最高值。这说明同一煤层,随着破坏强度的增大,对纳米孔隙改造趋势相同,最终结果有所差异。

(4) 总孔容与总孔比表面积特征

如图 3-28~图 3-30 所示,无烟煤、贫煤、肥煤原生结构煤和构造煤的总孔容、BJH 总孔比表面积以及 BET 总孔比表面积的整体变化趋势基本相似,即随着煤体破坏程度增强,总孔容、BJH 总孔比表面积和 BET 总孔比表面积均呈增大趋势,但三者增大趋势不同,无烟煤、贫煤由碎裂煤向碎粒煤、糜棱煤过渡阶段,总孔容、BJH 总孔比表面积、BET 总孔比表面积增大较为迅速,而肥煤由碎裂煤向碎粒煤过渡阶段,其总孔容、BJH 总孔比表面积却缓慢增长,但是最终到达糜棱煤破坏阶段均达到了最大值。

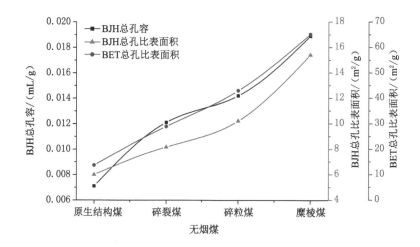

图 3-28    无烟煤总孔容与总孔比表面积曲线图

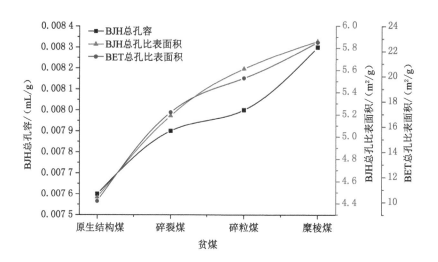

图 3-29    贫煤总孔容与总孔比表面积曲线图

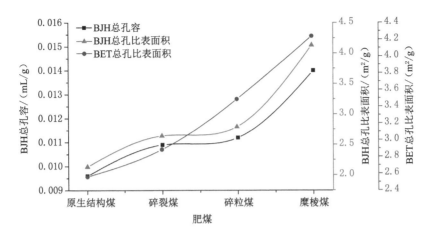

图 3-30　肥煤总孔容与总孔比表面积曲线图

# 3.4　小角 X 射线散射法孔隙结构测定

小角 X 射线散射（SAXS）是一种应用于微观结构测试的先进手段,通过反演物质内部一定尺度内由于不均匀相系结构所引起的电子密度起伏,进而产生不同的散射强度得出散射结构的形状、大小及分布等信息,广泛应用于多孔体系物质结构研究[228]。在采用 SAXS 测定多孔煤体结构时,微观孔隙是引起散射的主体,X 射线与流体侵入法不同,具有穿透样品的优势,因此采用 SAXS 测试煤的孔隙结构具有的优势是能够获取有效孔和封闭孔的全部孔隙分布特征[81,229]。

## 3.4.1　小角 X 射线散射实验原理

小角 X 射线散射是利用 X 射线测定材料物品时,在入射光线接触部位发生的小角度散射现象。通常把散射角 $2\theta > 5°$ 的散射称为广角 X 射线散射（WAXD）;把散射角 $2\theta < 5°$ 的散射称为小角 X 射线散射（SAXS）,但是 5° 并不是划分两者的绝对界限。SAXS 法与 WAXD 法不仅在测试装置和方法上有很大区别,而且在理论原理上也有很大不同,除了计算微区结构的周期性排列以外,几乎用不到 Bregg 公式。WAXD 实验主要研究晶体结构在原子尺寸上的排列,而 SAXS 实验主要研究微观结构和形态分布特征,其研究对象可以远远大于原子尺寸,涉及范围更广,如粒子尺寸和形状、非均匀长度、体积分数和孔比表面积等常用统计参数[79]。

SAXS 实验在应用中比较理想的状态是散射体存在两种不同电子密度散射

区,如经过脱矿处理的煤基质,可视为由"固相"和"孔相"组成的理想两相体系,孔隙内空气和煤基质构成两种电子密度区。如图 3-31 中散射区 1 和散射区 2 属于存在两种电子密度的两相体系,会产生散射现象;而散射区 3 内属于电子密度均匀的单相,不会产生散射现象[79]。

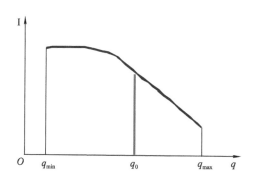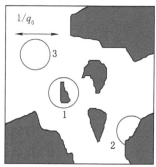

图 3-31    电子密度变化产生散射强度示意图[230]

SAXS 曲线通常以散射矢量 $q$ 值为标量,以散射强度 $I(q)$ 为变量,作两者之间的关系图进行表示。$q$ 值反映的是散射尺度 $d$ 下的散射角度信息($d=2\pi/q$),根据 Bragg 公式 $d=\lambda/(2\sin\theta)$,$q=4\pi\sin\theta/\lambda$,其中 $2\theta$ 是散射角度,$\lambda$ 为 X 射线波长。通过分析被测样品的 $q$ 与 $I(q)$ 之间的 SAXS 曲线图即可获得其微观结构信息[230]。

SAXS 技术之所以能受到广泛应用是由于其有理论研究支撑。研究者根据测试对象不同提出的许多 SAXS 理论模型,如 Guinier 适用于稀疏体系[79]、Porod 适用于界面清晰的两相散射体[79]、Debye 适用于不规则的两相散射体[230]、Bale 和 Schmidt 适用于表面分形的散射体[230]、Sinha 和 Teixeira 适用于质量分形散射体[79]等,当然还有综合了 Guinier、Porod 以及分形幂律关系而提出的 Beaucage 模型,以及近些年出现的 Guinier-Porod 模型等[79,230]。

### 3.4.2    实验设备与样品

（1）实验设备

SAXS 实验仪器设备为 Anton Paar-SAXSess mc² 型测试仪（图 3-32）,使用封闭 Cu 接收靶,电压及电流为 30 kV、50 mA,采用 X 射线光束,$\lambda=0.154$ nm,测试信息采用影像板记录,散射矢量 $q$ 为 $0.06\sim1.21$ nm$^{-1}$,测试孔径为 $0.5\sim100$ nm,测试时间为 5 min,样品及检测环境为真空。散射强度 $I(q)$ 需进行背景修正以及狭缝模糊校正处理。

（2）实验样品

图 3-32　Anton Paar-SAXSess mc² 型小角 X 射线散射仪

SAXS 测试样品制备,第一步需将原始煤样进行磨碎筛分,粒度要求小于 200 目,然后采用 HCl 和 HF 对待测煤样进行脱矿物杂质(含量≤1%)处理,尽可能减少对测试结果的影响,采用铝箔包裹薄片状煤样的方法来进行测试(图 3-33)。

图 3-33　小角 X 射线散射样品制备

### 3.4.3　实验结果分析

煤基质中的孔隙和矿物质均可成为 SAXS 的非均质性散射体,而煤样经脱矿物处理后可视为由基质(固体相)和孔隙(空气相)构成的理想化两相散射体系,即可看作遵守 Porod 定律散射体系。12 组样品实验结果如图 3-34~图 3-36 所示。

$I(q)$ 和 $q$ 是解读 SAXS 信息的两个重要参数,$q$ 符合下式:

$$q = \frac{4\pi \sin 2\theta}{\lambda} \tag{3-15}$$

式中　$\lambda$——X 射线波长;

　　　$q$——散射矢量,$nm^{-1}$;

　　　$\theta$——散射角,(°)。

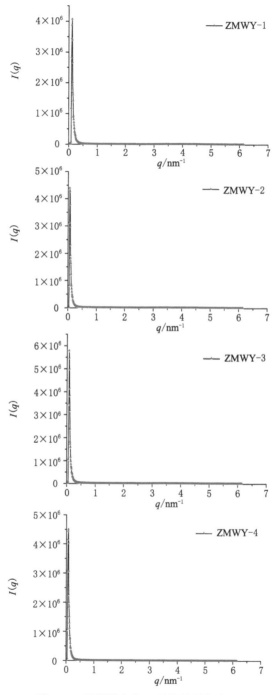

图 3-34 无烟煤小角 X 射线散射曲线图

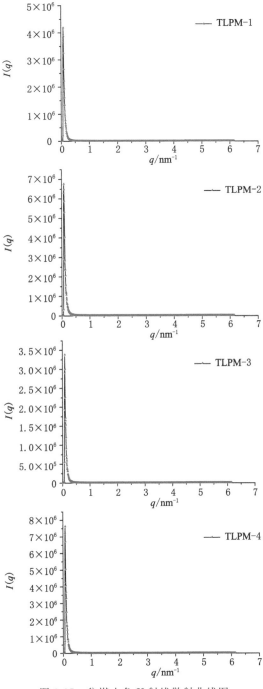

图 3-35　贫煤小角 X 射线散射曲线图

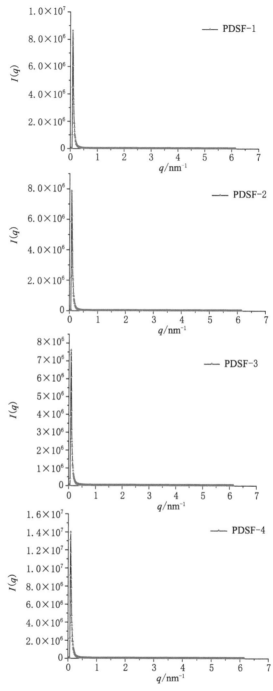

图 3-36　肥煤小角 X 射线散射曲线图

由前文可知,当 $q \cong 0$ 时,具有明锐界面的两相散射体的 $q\text{-}I(q)$ 散射曲线尾端走向遵守 Porod 定律,即:

$$\lim_{q \to \infty} q^4 I(q) = K \tag{3-16}$$

其中,$K$ 为 Porod 常数,用来计算比表面积。由此,孔隙比表面积可表示为:

$$S_{SAXS} = \frac{\pi \varphi \lim_{q \to \infty} \{q^4 I(q)\}}{\rho \int_0^\infty q^2 I(q) \mathrm{d}q} \tag{3-17}$$

式中　$\varphi$——样品的孔隙度,%;

$\rho$——样品真密度,g/cm³。

研究认为,煤中孔隙变化符合 Maxwellian 分布,可采用 Shull-Roess 方法[81]计算出煤的孔径分布,其相关函数为:

$$V(R_g) = V_0 \frac{2}{r_0^{n+1} \Gamma\left(\dfrac{n+1}{2}\right)} R_g^n \exp\left(-\frac{R_g^2}{r_0^2}\right) \tag{3-18}$$

式中　$R_g$——旋转半径(对于球形孔,$R_g = 0.77R$,$R$ 为孔半径);

$V(R_g)$——旋转半径 $R_g$ 的孔隙总体积;

$V_0$——样品的孔隙总体积;

$n$ 和 $r_0$——函数的参数,由实验数据确定。

运用式(3-18)可得到样品的孔径分布规律。

当煤基质(固相)内存在电子密度分布不均区,或者煤基质(固相)与孔隙(空气相)之间弥散界面层明显时,多孔散射体会出现偏离 Porod 定律的现象,即表现出在高矢量区斜率为负和正值,分别称为负和正偏离,进而会影响孔隙散射结果。因此,在解读煤样纯孔隙的散射结果时,需要对正、负偏离进行校正[230]。

(1) Porod 曲线与 Guinier 曲线

图 3-37～图 3-39 所示为 12 组煤样的 Porod 曲线。由图可知,无烟煤、贫煤和肥煤四类煤的 Porod 曲线在高散射矢量区均为一近似正斜率的直线,即产生了一定的正偏离,且相同煤级煤随着破坏程度的增强,正偏离程度偏小;相同破坏程度,高变质程度的无烟煤正偏离程度最小,贫煤次之,中等变质程度肥煤直线偏离程度最大,反映出碳化不完全或晶核不完整造成的电子密度不均匀偏离现象随变质变形程度的变化规律。因为所有样品均产生或多或少的偏离现象,造成纯孔散射结果出现失真,所以应该对其进行校正,这样才能解读出纯孔的净散射信息。

SAXS 中 Porod 正偏离的校正方法采用文献[231]中提出的方法:作出

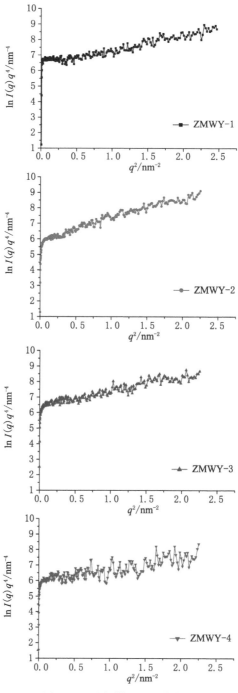

图 3-37　无烟煤 Porod 曲线图

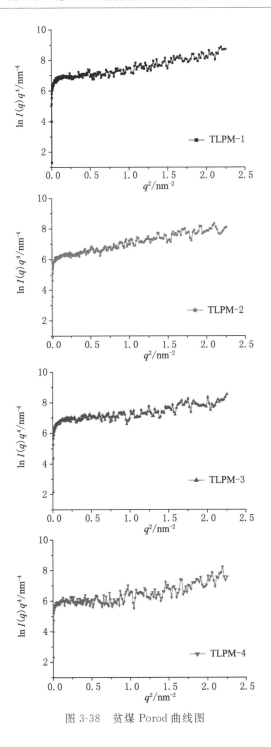

图 3-38　贫煤 Porod 曲线图

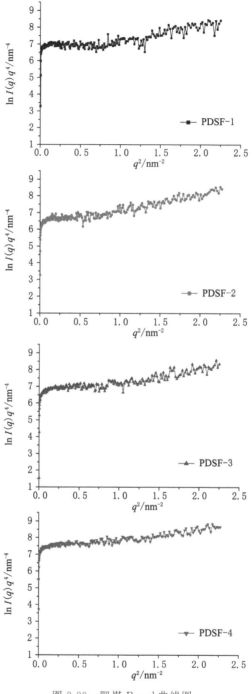

图 3-39　肥煤 Porod 曲线图

$\ln[q^3(I(q)+x)]-q^2$ 曲线，用公式 $\ln(q^3I(q))=\ln K+\sigma^2q^2$ 拟合出高散射区直线，求出斜率 $\sigma^2$，作出 $\ln[q^3(I(q)+x)]-\sigma^2q^2-q^2$ 无偏离曲线，由此曲线再还原出无偏离的散射强度，得出 $\ln(q^3I'(q))=\ln[q^3(I(q)+x)]-\sigma^2q^2$，即 $I'(q)=\exp\{\ln[q^3(I(q)+x)]-\sigma^2q^2\}/q^3$，最终得出校正后的 Guinier 曲线。

图 3-40～图 3-42 所示为 Porod 校正前、后散射曲线变化情况。由图可见，散射数据经 Porod 偏离校正后相关性变化，拟合精度变高，误差变小。

图 3-43～图 3-45 所示为 12 组煤样校正后的 Guinier 曲线，反映出散射强度 $I(q)$ 随变质程度、破坏程度的增强而增大。煤中孔隙是产生散射的主体，孔隙发育程度越高，其散射强度 $I(q)$ 越大。由此说明，从中煤级肥煤到高煤级无烟煤，其原生结构煤、构造煤孔隙结构存在差异，相同破坏程度煤样随着变质程度的增加，孔隙数量增加；相同煤级煤随着破坏程度增强，孔隙数量增加，可见强烈的变质作用和破坏变形作用增加了孔隙数量。

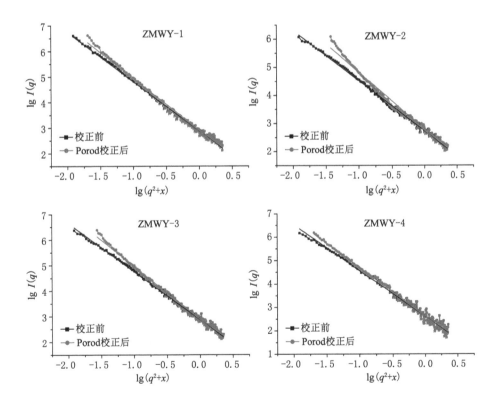

图 3-40　无烟煤 Porod 校正前、后散射曲线变化图

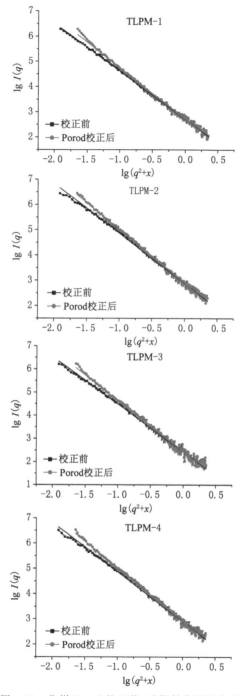

图 3-41　贫煤 Porod 校正前、后散射曲线变化图

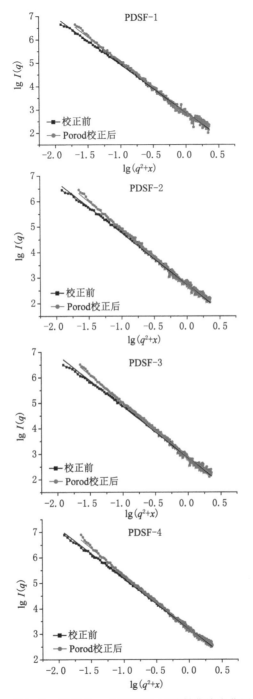

图 3-42　肥煤 Porod 校正前、后散射曲线变化图

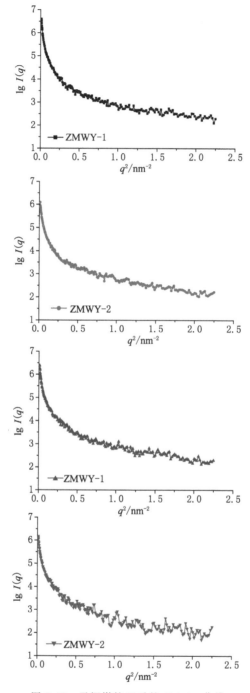

图 3-43　无烟煤校正后的 Guinier 曲线

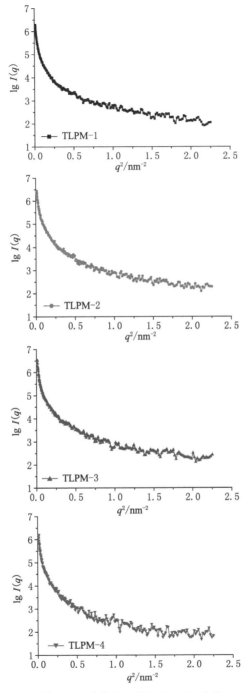

图 3-44　贫煤校正后的 Guinier 曲线

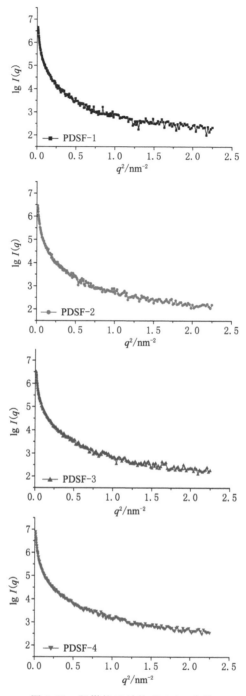

图 3-45 肥煤校正后的 Guinier 曲线

（2）孔径、孔比表面积分布

根据式（3-17）和式（3-18），依据 SAXS 实验数据，通过改变积分不变量的 $\int_0^\infty q^2 I(q)\mathrm{d}q$ 积分上、下限求出不同孔径段的比表面积，采用 Shull-Roess 分析方法进行 SAXS 构造煤、原生结构煤孔径分布计算，计算结果见表 3-10。为了与低温液氮吸附数据进行对比，所计算统一孔径为 2～100 nm。

表 3-10　SAXS 和 $N_2$ 吸附比表面积测试结果

| 煤样编号 | 真密度 /(g/cm³) | $N_2$孔比表面积 /(m²/g) | | $N_2$总孔比表面积 /(m²/g) | SAXS孔比表面积/(m²/g) | | SAXS总孔比表面积 /(m²/g) | 最概然孔径 /nm | |
|---|---|---|---|---|---|---|---|---|---|
| | | 过渡孔 | 微孔 | | 过渡孔 | 微孔 | | $N_2$ | SAXS |
| ZMWY-1 | 1.60 | 0.315 | 5.637 | 5.952 | 0.715 | 22.745 | 23.460 | 8.90 | 13.17 |
| ZMWY-2 | 1.60 | 0.820 | 7.282 | 8.102 | 2.331 | 36.252 | 38.583 | 8.10 | 9.14 |
| ZMWY-3 | 1.54 | 0.526 | 9.613 | 10.139 | 2.085 | 72.065 | 74.151 | 7.30 | 8.86 |
| ZMWY-4 | 1.52 | 0.852 | 14.484 | 15.336 | 7.624 | 127.363 | 134.987 | 6.10 | 6.65 |
| TLPM-1 | 1.45 | 0.480 | 3.919 | 4.399 | 0.898 | 11.019 | 11.917 | 9.00 | 18.72 |
| TLPM-2 | 1.46 | 0.467 | 4.689 | 5.156 | 0.952 | 17.279 | 18.231 | 8.40 | 14.98 |
| TLPM-3 | 1.46 | 0.411 | 5.169 | 5.580 | 1.399 | 27.852 | 29.252 | 8.10 | 13.09 |
| TLPM-4 | 1.47 | 0.399 | 5.432 | 5.831 | 2.641 | 39.418 | 42.060 | 7.40 | 7.82 |
| PDSF-1 | 1.41 | 0.612 | 1.445 | 2.057 | 0.698 | 2.818 | 3.515 | 9.40 | 19.86 |
| PDSF-2 | 1.43 | 0.749 | 1.814 | 2.563 | 1.277 | 4.305 | 5.582 | 8.90 | 17.58 |
| PDSF-3 | 1.40 | 0.691 | 2.017 | 2.708 | 2.710 | 8.155 | 10.866 | 8.30 | 17.04 |
| PDSF-4 | 1.39 | 1.107 | 2.923 | 4.030 | 4.969 | 14.985 | 19.954 | 8.20 | 14.51 |

注：微孔 2～10 nm，过渡孔 10～100 nm。

液氮吸附和 SAXS 实验测定的样品孔径分布结果如图 3-46～图 3-51 所示。低温液氮吸附结果显示，煤的孔体积和孔径分布范围较广，不同类型构造煤的阶段孔容-孔径曲线形态各有特点，无烟煤和贫煤的阶段孔容-孔径曲线较为相似，在小于 20 nm 的孔径段，阶段孔容-孔径曲线呈下凸状，在孔径小于 10 nm 阶段，左侧曲线上扬较陡，其中糜棱煤和碎粒煤较碎裂煤和原生结构煤更为严重，说明高煤级无烟煤和贫煤微孔分布较多，随着破坏程度的增大，微孔更发育。肥煤较贫煤、无烟煤而言，微孔变化较为轻缓，在孔径小于 10 nm 的孔径段，孔容随孔径呈现缓慢增长趋势，过渡孔阶段增长较快。SAXS 实验结果显示：相同煤级，随着破坏程度的增大，微孔体积比上升，其中无烟煤和贫煤较肥煤上升速率要大。SAXS 实验中回旋半径 $R_g$ 可作为散射体大小的统计尺度，适用于任何形状散射体。

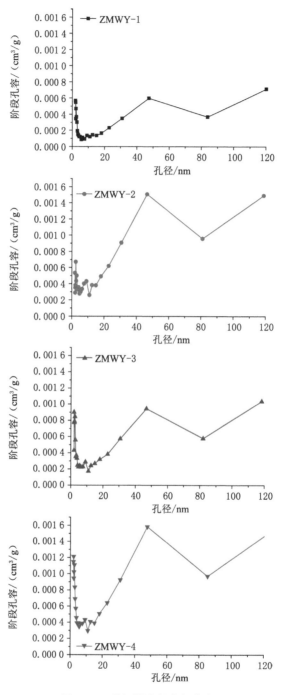

图 3-46　无烟煤液氮孔径分布

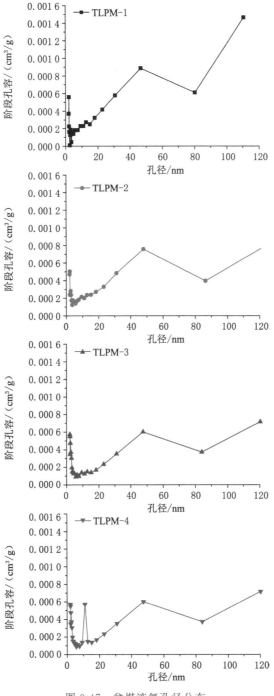

图 3-47　贫煤液氮孔径分布

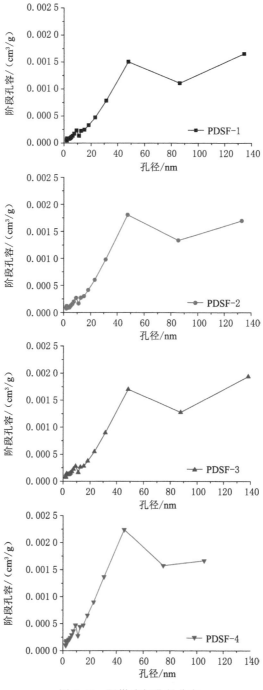

图 3-48　肥煤液氮孔径分布

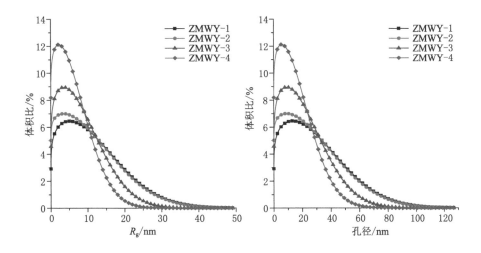

图 3-49   无烟煤 SAXS 孔径分布

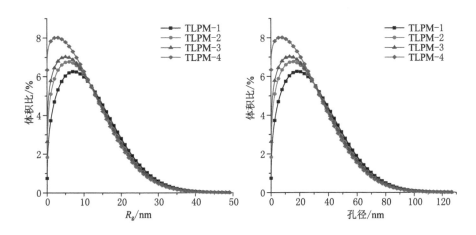

图 3-50   贫煤 SAXS 孔径分布

图 3-49～图 3-51 表明,不同类型构造煤、原生结构煤的旋转半径 $R_g$ 与体积比的关系曲线和孔径与体积比曲线变化一致,说明小角 X 射线散射中球形孔模型可作为不同类型构造煤、原生结构煤的孔径分布优选模型。由表 3-10 可知,相同变质程度煤随变形程度增大,小角 X 射线散射最概然孔径减小,这与低温吸附测得孔径变化趋势一致。SAXS 最概然孔径大于液氮吸附数值,这与两者采用的数学模型(前者为球形孔模型、后者为圆柱孔模型)与部分较大封闭孔隙存在有关。需要说明的是,Shull-Roess 方法中参数 $k$ 的选取与 $x$ 取值有关,$x$ 值越小,$k$ 值越小;用 Shull-Roess 拟合煤样孔径分布时,参数 $k$ 值需要大于 2,若

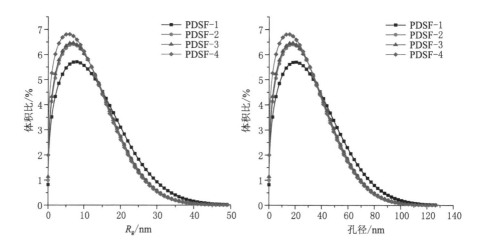

图 3-51　肥煤 SAXS 孔径分布

$k$ 值小于 2,则拟合的孔径分布曲线呈单调下降。

　　相同孔径段(2～100 nm)采用 SAXS 法和液氮吸附法两种方法测定。SAXS 测定结果显示:在不同类型构造煤中微孔比表面积比最大,且随着破坏程度的增大,微孔比表面积和总孔比表面积均呈现增大趋势,其中强变形程度糜棱煤、碎粒煤较弱变形程度的碎裂煤、原生结构煤显著增加。在不同类型构造煤中过渡孔比表面积比较小。SAXS 比表面积明显大于低温液氮吸附实验结果,前者为后者的 1.7～8.8 倍,其中以高变质程度无烟煤增幅最大。分析原因为:其一是低温液氮吸附只能获取有效孔隙(开放孔和半开放孔)的比表面积,SAXS则能测得全部孔隙的比表面积,包含封闭孔。Alexeev 等[232]研究表明,煤中封闭孔隙孔比表面积比超过了 60%,封闭孔的存在增加了总孔比表面积,并且在突出煤中封闭孔含量更多。其二是液氮吸附时会产生分子筛效应,阻碍了微孔对氮气的吸附,而 SAXS 则不受分子筛效应影响。

# 3.5　全孔径孔隙分形表征

　　煤具有表面和结构的非均匀性,主要表现为孔隙表面的不均匀以及煤孔隙结构具有不同尺寸和形状的孔,而这种非均匀性在吸附、解吸过程中起决定性作用,进而影响构造煤中瓦斯扩散性能[181]。在研究煤的孔隙结构时,需要对其多方面进行表征,除了孔容、比表面积和孔径分布外,还包括煤的非均质性。已有研究认为,煤基质的表面形貌、孔隙分布具有天然的非均匀性,很难用欧氏几何来表征,具有明显统计分形特征,更适于用分形几何来表征[126-129]。采用有效孔隙的分形维数来对煤非均质性进行定义的时候,通常采用压汞法和低温液氮吸附法分别计算得到各自实验范围内孔隙的分形维数,两者通常在孔径 3.6～350 nm 的范围内有重合,压汞法用于研究微米级(100～20 000 nm)精确度较高,而低温液氮吸附法用于研究纳米级(2～100 nm)精确度较高[18,117,137]。只是两种方法依据的原理不同,得到的实验结果也有所差别。那么,要得到煤有效孔隙全孔径的分形维数,以及实现数据的统一且计算得到煤的全孔径分形维数,需要寻求合理的方法来加以实现。

### 3.5.1　微米级孔隙分形表征

（1）基本原理

构造煤微米级孔隙(100～20 000 nm)分形特征使用压汞法所测孔隙结构实验数据进行获取。煤的孔隙系统非常复杂,可以用 Menger 海绵来模拟煤（岩）体的孔隙结构特性并研究其分形特征[226]。设想有一个初始立方体,在第一级情况下,单位立方体分成 $r_1 = 1/3$ 的 27 个立方体,保留其中的 20 个,$N_1 = 20$。在第二级再把保留下的立方体分成 $r_2 = 1/9$ 的立方体,对总共 729 个立方体保留其中 400 个,$N_2 = 400$。由此不断操作,最后得到的图形为 Menger 海绵图形。如果令原始立方体的边长为 $L$,接着将其划分为 $N$ 个相同形状的小型立方体,再按照某种规则(如去掉各面中心的 6 个立方体和体积中心的那个立方体)去掉一些符合的小立方体,此时剩下的立方体个数为 $A_1$ 个。由此不停操作,那么经过第 $k$ 次操作以后,得到其他剩下的立方体边长为：

$$r_k = \frac{L}{(\sqrt[3]{N})^k} = \frac{L}{N^{k/3}} \tag{3-19}$$

其总数为：

$$A_k = A_1^k \quad 或 \quad A_k = \left(\frac{L}{r_k}\right)^{D_b} = L^{D_b} r_k^{-D_b} \tag{3-20}$$

式中,$D_b = \dfrac{\ln(A_{k+1}/A_k)}{\ln(r_k/r_{k+1})}$,表示孔隙体积的分形维数。

根据式(3-20)可以推算出煤的孔隙体积为：

$$V_h = L^3 - A_k r_k^3 \tag{3-21}$$

将 $A_k = \left(\dfrac{L}{r_k}\right)^{D_b} = L^{D_b} r_k^{-D_b}$ 代入式(3-21)可得：

$$V_h = L^3 - L^{D_b} r_k^{3-D_b} \tag{3-22}$$

因为 $L$ 和 $D_b$ 均为常数,则有：

$$\frac{dV_h}{dr} \propto r_k^{2-D_b} \tag{3-23}$$

在压汞过程中,为消除液态汞与固体之间的内表面张力,把水银填入尺寸为 $r$ 的孔隙以前,需要施加压力 $p_{(r)}$。对于圆柱形孔隙,$p_{(r)}$ 和 $r$ 满足 WashBurn 方程,即:

$$p_{(r)} = \frac{-4\sigma\cos\theta}{r} \times 10^2 \qquad (3\text{-}24)$$

式中　$p_{(r)}$——外加压力,MPa;

　　　$r$——孔隙孔径,nm;

　　　$\sigma$——金属汞表面张力,$\sigma = 480$ mN/cm;

　　　$\theta$——汞蒸气和固体表面接触角度,$\theta = 140°$。

类似地可得到其他充注物实验计算结果。整理式(3-24)得:

$$p_{(r)} \times r = 1.5 \times 10^7 \quad \text{或} \quad r = 1.5 \times 10^7 / p_{(r)} \qquad (3\text{-}25)$$

对式(3-25)两边求导可得:

$$\mathrm{d}r = -[r/p_{(r)}]\mathrm{d}p_{(r)} \qquad (3\text{-}26)$$

压汞实验中,设定压力下的总孔隙体积就是注进孔隙中的液态汞体积:

$$\mathrm{d}V_\mathrm{h} = \mathrm{d}V_{p(r)} \qquad (3\text{-}27)$$

各式代入式(3-27)并整理可得:

$$\mathrm{d}V_{p(r)}/\mathrm{d}p_{(r)} \propto r^{4-D_\mathrm{b}} \qquad (3\text{-}28)$$

对式(3-28)两边取对数且把 $\lg r = -\lg p_{(r)}$ 代入可得:

$$\lg[\mathrm{d}V_{p(r)}/\mathrm{d}p_{(r)}] \propto (D_\mathrm{b}-4)\lg p_{(r)} \qquad (3\text{-}29)$$

式(3-29)即为压汞法得到的煤孔隙体系的分形数学模型。实际应用中,由 $\lg[\mathrm{d}V_{p(r)}/\mathrm{d}p_{(r)}]$ 与 $\lg[p_{(r)}]$ 作图,就可以计算斜率 $k$,而 $D_\mathrm{b} = 4 + k$。

(2) 分形维数求解与分析

根据压汞法实验数据可以得到 12 组煤样的 $\lg[\mathrm{d}V_{p(r)}/\mathrm{d}p_{(r)}]$ 和 $\lg[p_{(r)}]$ 的统计关系图,如图 3-52~图 3-54 所示。

压汞法计算的孔隙分形维数结果(表 3-11)显示,在其所测定的孔径段 5.5~20 000 nm,$\lg[\mathrm{d}V_{p(r)}/\mathrm{d}p_{(r)}]$ 和 $\lg p_{(r)}$ 的统计关系明显可分为两条拟合直线。其中,无烟煤四类煤在微米级(100~20 000 nm)孔径阶段,$\lg[\mathrm{d}V_{p(r)}/\mathrm{d}p_{(r)}]$ 和 $\lg p_{(r)}$ 的统计关系相关性显著,4 个煤样的拟合判定指数均大于 97%,说明无烟煤四类煤在微米级孔径阶段具有明显的分形特征,且四类煤的分形维数介于 2.817 83~2.822 10 之间,无烟煤四类煤随着破坏程度的增强分形维数增大,微米级孔隙非均匀性也不断增强。而无烟煤四类煤在孔径段 5.5~100 nm,$\lg[\mathrm{d}V_{p(r)}/\mathrm{d}p_{(r)}]$ 和 $\lg p_{(r)}$ 的统计关系相关性不显著,4 个煤样的判定指数都较低,且全部小于 75%,表明其不具有显著的分形特征。

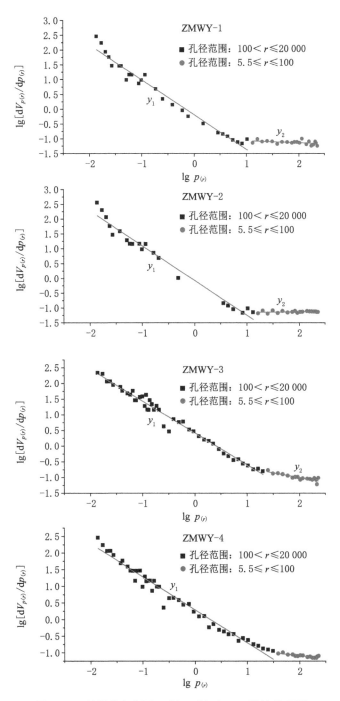

图 3-52　无烟煤 $\lg[\mathrm{d}V_{p(r)}/\mathrm{d}p_{(r)}]$ 与 $\lg\,p_{(r)}$ 统计关系图

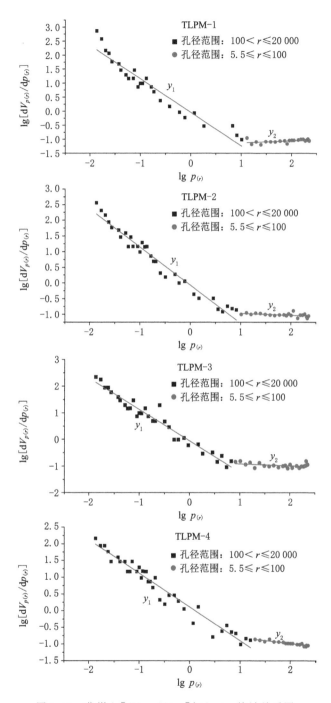

图 3-53  贫煤 $\lg[\mathrm{d}V_{p(r)}/\mathrm{d}p_{(r)}]$ 与 $\lg p_{(r)}$ 统计关系图

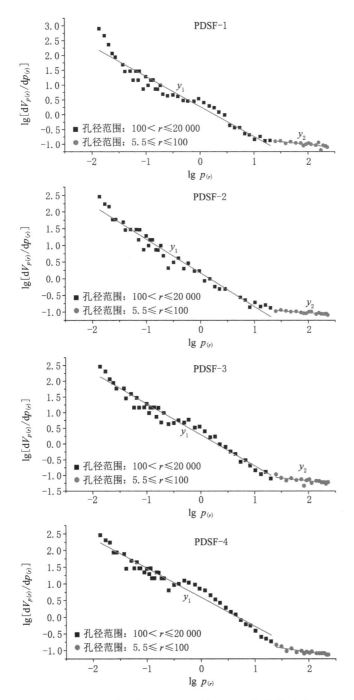

图 3-54　肥煤 $\lg[\mathrm{d}V_{p(r)}/\mathrm{d}p_{(r)}]$ 与 $\lg p_{(r)}$ 统计关系图

表 3-11　煤样压汞法分形维数计算结果

| 煤样编号 | 孔径范围/nm | 不同孔径段线性拟合方程 | $R^2$ | $K$ | $d_{mi}$ |
|---|---|---|---|---|---|
| ZMWY-1 | $100 \leqslant r \leqslant 20\,000$ | $y_1 = -1.182\,17x - 0.183\,00$ | 0.972 34 | $-1.182\,17$ | 2.817 83 |
| | $5.5 \leqslant r < 100$ | $y_2 = -0.066\,26x - 1.001\,78$ | 0.134 35 | / | / |
| ZMWY-2 | $100 \leqslant r \leqslant 20\,000$ | $y_1 = -1.177\,90x - 0.079\,54$ | 0.973 00 | $-1.177\,90$ | 2.822 10 |
| | $5.5 \leqslant r < 100$ | $y_2 = -0.024\,88x - 1.185\,35$ | 0.032 12 | / | / |
| ZMWY-3 | $100 \leqslant r \leqslant 20\,000$ | $y_1 = -1.017\,82x + 0.404\,13$ | 0.979 98 | $-1.017\,82$ | 2.982 18 |
| | $5.5 \leqslant r < 100$ | $y_2 = -0.299\,53x - 0.417\,91$ | 0.755 37 | / | / |
| ZMWY-4 | $100 \leqslant r \leqslant 20\,000$ | $y_1 = -1.001\,23x + 0.280\,31$ | 0.974 36 | $-0.993\,00$ | 2.998 77 |
| | $5.5 \leqslant r < 100$ | $y_2 = -0.160\,12x - 0.773\,38$ | 0.695 47 | / | / |
| TLPM-1 | $100 \leqslant r \leqslant 20\,000$ | $y_1 = -1.225\,59x - 0.042\,62$ | 0.922 94 | $-1.225\,59$ | 2.774 41 |
| | $5.5 \leqslant r < 100$ | $y_2 = -0.074\,56x - 1.207\,96$ | 0.171 03 | / | / |
| TLPM-2 | $100 \leqslant r \leqslant 20\,000$ | $y_1 = -1.217\,32x - 0.074\,20$ | 0.964 34 | $-1.217\,32$ | 2.782 68 |
| | $5.5 \leqslant r < 100$ | $y_2 = -0.059\,57x - 0.919\,52$ | 0.178 02 | / | / |
| TLPM-3 | $100 \leqslant r \leqslant 20\,000$ | $y_1 = -1.179\,66x - 0.070\,77$ | 0.955 36 | $-1.179\,66$ | 2.820 34 |
| | $5.5 \leqslant r < 100$ | $y_2 = -0.070\,29x - 0.867\,05$ | 0.110 68 | / | / |
| TLPM-4 | $100 \leqslant r \leqslant 20\,000$ | $y_1 = -1.008\,49x + 0.094\,45$ | 0.956 26 | $-1.008\,49$ | 2.991 51 |
| | $5.5 \leqslant r < 100$ | $y_2 = -0.181\,57x - 0.639\,78$ | 0.876 93 | $-0.181\,57$ | / |
| PDSF-1 | $100 \leqslant r \leqslant 20\,000$ | $y_1 = -1.116\,40x + 0.278\,01$ | 0.939 73 | $-1.116\,40$ | 2.883 60 |
| | $5.5 \leqslant r < 100$ | $y_2 = -0.191\,11x - 0.624\,13$ | 0.528 89 | / | / |
| PDSF-2 | $100 \leqslant r \leqslant 20\,000$ | $y_1 = -1.102\,61x + 0.167\,12$ | 0.963 95 | $-1.102\,61$ | 2.897 39 |
| | $5.5 \leqslant r < 100$ | $y_2 = -0.115\,95x - 0.798\,39$ | 0.726 62 | / | / |
| PDSF-3 | $100 \leqslant r \leqslant 20\,000$ | $y_1 = -1.042\,01x + 0.278\,96$ | 0.968 21 | $-1.042\,01$ | 2.957 99 |
| | $5.5 \leqslant r < 100$ | $y_2 = -0.195\,56x - 0.802\,75$ | 0.474 12 | / | / |
| PDSF-4 | $100 \leqslant r \leqslant 20\,000$ | $y_1 = -1.012\,47x + 0.585\,75$ | 0.956 80 | $-1.012\,47$ | 2.987 53 |
| | $5.5 \leqslant r < 100$ | $y_2 = -0.241\,41x - 0.573\,97$ | 0.747 95 | / | / |

　　贫煤四类煤在微米级(100~20 000 nm)孔径阶段,$\lg[\mathrm{d}V_{p(r)}/\mathrm{d}p_{(r)}]$和$\lg p_{(r)}$的统计关系相关性显著,4 个煤样的拟合判定指数均大于 92%,说明贫煤四类煤在微米级孔径阶段具有明显的分形特征,且四类煤的分形维数介于 2.774 41~2.991 51之间,贫煤四类煤随着破坏程度的增强分形维数增大,微米级孔隙非均匀性特征也不断增强。而贫煤四类煤在孔径段 5.5~100 nm,$\lg[\mathrm{d}V_{p(r)}/\mathrm{d}p_{(r)}]$和$\lg p_{(r)}$的统计关系相关性不显著,4 个煤样的判定指数均较低,均小于 20%(除TLPM-4),说明其不具有明显的分形特征。TLPM-4 按照 $\lg[\mathrm{d}V_{p(r)}/\mathrm{d}p_{(r)}]$和$\lg p_{(r)}$的统计关系得到的分形维数大于 3,不符合其大小介于 2~3 之间,也不具有分形特征。这可能是由于贫煤糜棱煤在压汞实验中高压所造成的压缩性所导

致的。说明煤孔隙表面急剧弯曲,以致可以认为孔隙被压实。肥煤四类煤在微米级(100~20 000 nm)孔径阶段,$\lg[dV_{p(r)}/dp_{(r)}]$和 $\lg p_{(r)}$ 的统计关系相关性显著,4 个煤样的拟合判定指数均大于 93%,说明肥煤四类煤在微米级孔径阶段同样具有明显的分形特征,且四类煤的分形维数介于 2.883 60~2.987 53 之间,肥煤四类煤随着破坏程度的增强分形维数增大,微米级孔隙非均匀性增强。而肥煤四类煤在孔径段 5.5~100 nm,$\lg[dV_{p(r)}/dp_{(r)}]$和 $\lg p_{(r)}$ 的统计关系相关性不显著,4 个煤样的判定指数均较低,均小于 74%,说明其不具有明显分形特征,且肥煤四类煤按照 $\lg[dV_{p(r)}/dp_{(r)}]$ 和 $\lg p_{(r)}$ 的统计关系计算的分形维数大于3,不符合分形维数介于 2~3 之间,也不具有分形特征。由此说明对于不同类型构造煤,微米级(100~20 000 nm)孔径段的分形特征可用压汞法进行获取,而纳米级(0.1~100 nm)孔径段的分形特征用压汞法无法准确获取,压汞法中分形维数的计算结果可以反映出相同煤级煤的受破坏程度大小。

### 3.5.2　纳米级孔隙分形表征

由于采用压汞法测定微孔孔径下限范围是有限的,得到的实验数据下限范围较小,造成过渡孔与微孔不具有明显的分形特征,因此,需要用液氮吸附法研究构造煤纳米级孔隙(2~100 nm,包括过渡孔和微孔)的分形特征。

(1)计算原理

液氮吸附法分形模型中共有三种关于分形维数 $d$ 值的计算办法[59,129,131]:

① 基于一种吸附质,同类固体材料比表面积与分形维数之间满足如下关系:

$$\log A = 常数 + (d-3)\log d \tag{3-30}$$

② 基于相同吸附剂,吸附质的饱和吸附量和气体分子横截面积间满足如下关系:

$$\log V_m = 常数 - (d-2)\log \delta \tag{3-31}$$

③ 采用液氮吸附测定数据,不管吸附剂与吸附质属于何种类型,在初期低压多层吸附阶段,气-界面主要受范德瓦耳斯力影响,气-固界面反映了表面的粗糙程度(本书采取此方法),满足下式:

$$\ln(V/V_m) = 常数 + [(d-3)/3]\{\ln[\ln(p_0/p)]\} \tag{3-32}$$

当吸附质被高度覆盖时,受气-固界面表面张力作用影响,界面脱离表面,满足下式:

$$\ln(V/V_m) = 常数 + (d-3)\{\ln[\ln(p_0/p)]\} \tag{3-33}$$

(2)分形维数求解与分析

依据 12 组煤样液氮吸附取得的实验数据,计算出 $\ln V$ 和 $\ln[\ln(p_0/p)]$。在直角坐标系中,以 $\ln V$ 为纵坐标,以 $\ln[\ln(p_0/p)]$ 为横坐标,作出散点图进行线性回归(图 3-55~图 3-57),算出斜率,再根据式(3-32)、式(3-33)可分别计算出各样品的分形维数(表 3-12)。

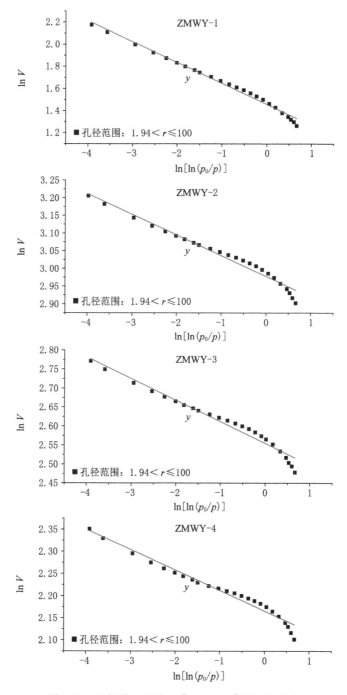

图 3-55　无烟煤 ln $V$ 与 ln[ln($p_0/p$)]的统计关系

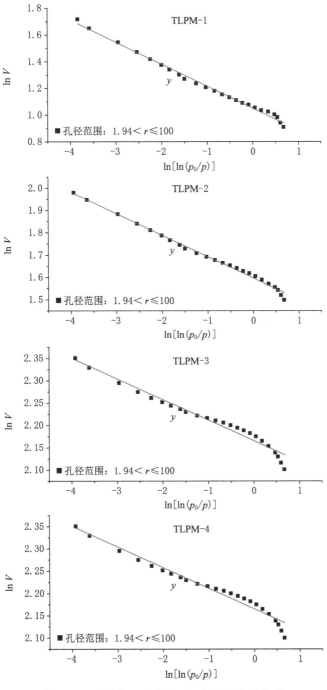

图 3-56　贫煤 $\ln V$ 与 $\ln[\ln(p_0/p)]$ 的统计关系

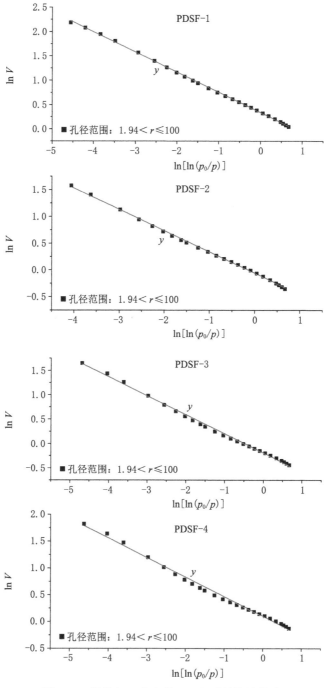

图 3-57　肥煤 $\ln V$ 与 $\ln[\ln(p_0/p)]$ 的统计关系

表 3-12　煤样液氮吸附法分形维数计算结果

| 煤样编号 | 孔径范围/nm | 不同孔径段线性拟合方程 | $R^2$ | $K$ | $d_{ni}$ |
|---|---|---|---|---|---|
| ZMWY-1 | $1.94 < r \leqslant 100$ | $y = -0.188\ 82x + 1.455\ 91$ | 0.989 40 | $-0.188\ 82$ | 2.811 18 |
| ZMWY-2 | $1.94 < r \leqslant 100$ | $y = -0.068\ 58x + 2.977\ 39$ | 0.971 31 | $-0.068\ 58$ | 2.931 42 |
| ZMWY-3 | $1.94 < r \leqslant 100$ | $y = -0.056\ 94x + 2.553\ 75$ | 0.965 33 | $-0.056\ 94$ | 2.943 06 |
| ZMWY-4 | $1.94 < r \leqslant 100$ | $y = -0.046\ 33x + 2.164\ 09$ | 0.966 95 | $-0.046\ 33$ | 2.953 67 |
| TLPM-1 | $1.94 < r \leqslant 100$ | $y = -0.164\ 77x + 1.051\ 66$ | 0.993 42 | $-0.164\ 77$ | 2.835 23 |
| TLPM-2 | $1.94 < r \leqslant 100$ | $y = -0.096\ 51x + 1.595\ 28$ | 0.993 45 | $-0.096\ 51$ | 2.903 49 |
| TLPM-3 | $1.94 < r \leqslant 100$ | $y = -0.046\ 39x + 2.164\ 09$ | 0.966 95 | $-0.046\ 39$ | 2.953 61 |
| TLPM-4 | $1.94 < r \leqslant 100$ | $y = -0.046\ 33x + 2.163\ 98$ | 0.956 32 | $-0.046\ 33$ | 2.953 67 |
| PDSF-1 | $1.94 < r \leqslant 100$ | $y = -0.413\ 37x + 0.336\ 98$ | 0.999 47 | $-0.413\ 37$ | 2.586 63 |
| PDSF-2 | $1.94 < r \leqslant 100$ | $y = -0.396\ 79x - 0.064\ 55$ | 0.998 69 | $-0.396\ 79$ | 2.603 21 |
| PDSF-3 | $1.94 < r \leqslant 100$ | $y = -0.379\ 55x - 0.196\ 76$ | 0.997 18 | $-0.379\ 55$ | 2.620 45 |
| PDSF-4 | $1.94 < r \leqslant 100$ | $y = -0.365\ 15x + 0.092\ 93$ | 0.993 88 | $-0.365\ 15$ | 2.634 85 |

　　结果显示:无论是高变质程度无烟煤、贫煤,还是中等变质程度肥煤,其四类煤在纳米级孔径范围 1.94~100 nm 之间,$\ln V$ 和 $\ln[\ln(p_0/p)]$ 的相关性显著,12 个煤样的判定指数均大于 95%,表明 12 个煤样在纳米级孔隙具有明显的分形特征,且无烟煤、贫煤、肥煤随破坏强度的加大分形维数也增大,其纳米级孔隙非均质性也不断增大。相同破坏程度,高变质程度无烟煤和贫煤的分形维数整体要大于肥煤,说明液氮纳米级分形维数不仅能反映出一定的破坏程度大小,还能反映出变质程度的高低。在液氮吸附数据测试结果大于 100 nm 孔径阶段,由于数据点偏少,$\ln V$ 和 $\ln[\ln(p_0/p)]$ 拟合缺少实际意义。由此可见,不同类型构造煤纳米级孔隙分形特征用液氮吸附法获取精度更高,而微米级孔隙分形特征用压汞法获取精度更高,那么面临的问题就是如何实现两种不同实验方法所得不同孔径段数据的合理统一,最终计算构造煤全孔径孔隙分形维数,需要合理的方法加以实现。

### 3.5.3　全孔径孔隙分形表征

　　由 3.5.1 小节和 3.5.2 小节可知,分形维数可以定量表征和描述煤基质内部复杂孔隙结构分布和能量不均匀性,近乎全部具有高比表面积值的多孔介质的分形维数都介于 2~3 之间,煤的孔隙分形维数与其非均匀表面和复杂的孔隙结构分布有着重要的联系。构造煤全孔径孔隙的分形维数包含微米级孔隙分形维数和纳米级孔隙分形维数两部分[233],要实现两种实验方法所得数据的合理统一及计算构造煤全孔径孔隙分形维数,需要合理的方法加以实现。

（1）构造煤全孔径孔隙分形维数定义

在此，我们把构造煤的纳米级孔隙不同孔径分布段对应的分形维数和微米级孔隙不同孔径分布段对应的分形维数，按照各孔径分布段孔比表面积比加权平均求和，称为构造煤的全孔径孔隙分形维数，记为 $d_{ft}$，利用下式进行计算：

$$d_{ft} = \sum_{mi=1}^{m} d_{mi} \times B_{mi} + \sum_{ni=1}^{n} d_{ni} \times B_{ni} \qquad (3\text{-}34)$$

式中   $d_{ft}$——构造煤的全孔径孔隙分形维数；

       $d_{mi}$——微米级孔阶段第 $i$ 个孔径分布段对应的煤分形维数；

       $B_{mi}$——微米级孔阶段第 $i$ 个孔径分布段对应的孔比表面积比；

       $mi$——微米级孔阶段第 $i$ 个孔径分布段，为正整数；

       $m$——微米级孔阶段孔径分布段的个数，为正整数；

       $d_{ni}$——纳米级孔阶段第 $i$ 个孔径分布段对应的煤分形维数；

       $B_{ni}$——纳米级孔阶段第 $i$ 个孔径分布段对应的孔比表面积比；

       $ni$——纳米级孔阶段第 $i$ 个孔径分布段，为正整数；

       $n$——纳米级孔阶段孔径分布段的个数，为正整数。

（2）构造煤全孔径孔隙分形表征

压汞法可以有效测定煤中大孔、中孔和过渡孔的孔隙参数，而液氮吸附法可以有效测定煤中部分中孔、全部过渡孔和微孔的孔隙参数。对比表 3-11 和表 3-12 的数据，在计算纳米级孔隙分形维数时，液氮吸附法测试孔径下限较低且分形精度高，而在计算微米级孔隙分形维数时，压汞法测试的孔径上限较高且分形精度高。因此，计算大于 100 nm 孔径时采用压汞法计算的分形维数，计算孔径大于 2 nm 且小于等于 100 nm 时采用液氮吸附法计算的分形维数，最后按照式(3-34)计算得到构造煤全孔径分形维数，结果见表 3-13。

表 3-13　煤样全孔径分形维数求取结果

| 煤样编号 | 孔径范围/nm | $d_{mi}$ | $d_{ni}$ | 比表面积 /(m²/g) | 比表面积比 /% | $d_{ft}$ |
|---|---|---|---|---|---|---|
| ZMWY-1 | 100<$r$≤20 000 | 2.817 83 | / | 0.016 | 0.27 | 2.811 20 |
| | 1.94<$r$≤100 | / | 2.811 18 | 5.952 | 99.73 | |
| ZMWY-2 | 100<$r$≤20 000 | 2.822 1 | / | 0.011 | 0.14 | 2.931 27 |
| | 1.94<$r$≤100 | / | 2.931 42 | 8.102 | 99.86 | |
| ZMWY-3 | 100<$r$≤20 000 | 2.982 18 | / | 0.057 | 0.56 | 2.943 28 |
| | 1.94<$r$≤100 | / | 2.943 06 | 10.139 | 99.44 | |

表 3-13(续)

| 煤样编号 | 孔径范围/nm | $d_{mi}$ | $d_{ni}$ | 比表面积 /(m²/g) | 比表面积比 /% | $d_{ft}$ |
|---|---|---|---|---|---|---|
| ZMWY-4 | 100<r≤20 000 | 2.998 77 | / | 0.073 | 0.47 | 2.953 88 |
| | 1.94<r≤100 | / | 2.953 67 | 15.336 | 99.53 | |
| TLPM-1 | 100<r≤20 000 | 2.774 41 | / | 0.025 | 0.57 | 2.834 89 |
| | 1.94<r≤100 | / | 2.835 23 | 4.399 | 99.43 | |
| TLPM-2 | 100<r≤20 000 | 2.782 68 | / | 0.028 | 0.54 | 2.902 84 |
| | 1.94<r≤100 | / | 2.903 49 | 5.156 | 99.46 | |
| TLPM-3 | 100<r≤20 000 | 2.820 34 | / | 0.02 | 0.36 | 2.953 13 |
| | 1.94<r≤100 | / | 2.953 61 | 5.58 | 99.64 | |
| TLPM-4 | 100<r≤20 000 | 2.991 51 | / | 0.132 | 2.21 | 2.954 51 |
| | 1.94<r≤100 | / | 2.953 67 | 5.831 | 97.79 | |
| PDSF-1 | 100<r≤20 000 | 2.883 60 | / | 0.06 | 2.83 | 2.595 05 |
| | 1.94<r≤100 | / | 2.586 63 | 2.057 | 97.17 | |
| PDSF-2 | 100<r≤20 000 | 2.897 39 | / | 0.143 | 5.28 | 2.618 76 |
| | 1.94<r≤100 | / | 2.603 21 | 2.563 | 94.72 | |
| PDSF-3 | 100<r≤20 000 | 2.957 99 | / | 0.037 | 1.35 | 2.625 00 |
| | 1.94<r≤100 | / | 2.620 45 | 2.708 | 98.65 | |
| PDSF-4 | 100<r≤20 000 | 2.987 53 | / | 0.058 | 1.42 | 2.639 85 |
| | 1.94<r≤100 | / | 2.634 85 | 4.030 | 98.58 | |

结果显示:无烟煤、贫煤、肥煤的全孔径孔隙分形维数随着破坏程度的增大,全孔径分形维数增大,煤样的全孔径非均质性增强。按照此方法可以实现构造煤全孔径孔隙分形维数的有效统一,便于对煤的全孔径孔隙非均质性进行定量表征。

# 3.6　显微裂隙观测分析

曾有学者指出煤储层是一种由孔隙和裂隙共同构成的双孔隙系统;Gamson等[234]通过对 Bowen 盆地煤层孔-裂隙系统的分析,认为在微观孔隙与宏观裂隙之间存在着一种过渡型裂隙;傅雪海[17]和刘世奇等[235]分析认为,煤层可视为由宏观裂隙、显微裂隙、微孔隙一起组成的三元体系,其中微孔隙是煤层气(瓦斯)的重要吸附及储存场所,宏观裂隙是煤层气(瓦斯)运移、产出的通道,而显微裂隙则是通向两者之间的桥梁,它的发育程度将影响储物层的扩散、渗透特性。

### 3.6.1 显微裂隙观测方法

对煤中显微裂隙的发育程度研究可用偏光显微镜和扫描电镜进行。偏光显微镜研究方法：将上述 12 组煤样分别通过煮胶、粗磨、细磨以及抛光等流程做成满足实验标准的煤光片，将待观测光片平放在偏光显微镜下，将偏光显微镜放大一定倍数并保持一致，一般采用放大 100 倍或 50 倍。然后把 30 mm×30 mm的煤样光片均分为 10 mm×10 mm 的 9 个小微区，按照各个小区内裂隙的长度和宽度将显微裂隙划分为 A、B、C、D 四种类型进行统计[221]。其中，A 类显微裂隙 $W$（宽度）>5 $\mu$m 且 $L$（长度）>10 mm，B 类显微裂隙 $W$>5 $\mu$m 且 1 mm≤$L$≤10 mm，C 类显微裂隙 $W$<5 $\mu$m 且 300 $\mu$m<$L$<1 mm，D 类显微裂隙 $W$<5 $\mu$m且 $L$<300 $\mu$m。偏光显微镜观测在河南省煤矿清洁开发与资源利用工程技术中心进行。

扫描电子显微镜实验设备为捷克 FEI 公司 Quanta250 钨灯丝扫描电镜（图 3-58），同时配备 EDAX 能谱仪，其分辨率为：3 nm/30 kV(SE)，4 nm/30 kV(BSE)，10 nm/3 kV(SE)，满足显微裂隙观察精度。样品制作步骤为：从大块煤岩样品上采用小锤子或徒手敲（拿）出 1~2 cm³ 的小样，选择较为平整的自然断面 1~3 cm² 作为实验观察面，首先用吸气球吹掉表面的一层附着物，然后进行导电处理，一般情况下是镀金膜。需要注意的是，对于煤体结构遭到严重破坏的松散性煤（岩）样，要用锡纸或者其他可用于包裹的材料把选好的小样先固定，然后再镀金导电层。样品在实验过程中每一步操作都应轻拿轻放。

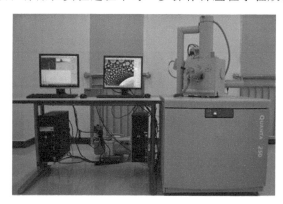

图 3-58　Quanta250 钨灯丝扫描电镜

### 3.6.2 显微裂隙特征分析

煤中显微裂隙是通向微观孔隙和宏观裂隙两者之间的重要桥梁，它的发育程度影响着储物层的扩散、渗透特性。把采集的 12 组样品按照各个微区内出现的显微裂隙根据其尺寸大小划分为 4 类并依次进行了统计，得出本次煤样品的显微裂隙发育情况(表 3-14)。无烟煤显微裂隙以 D 型最为发育,C 型次之,无烟煤原生结构煤和碎裂煤发育有少量 B 型显微裂隙,A 型显微裂隙不发育。贫煤显微裂隙以 D 型最为发育,C 型次之,贫煤原生结构煤和碎裂煤发育少量的 B型和 A 型显微裂隙,贫煤与无烟煤的显微裂隙发育规律基本类似。肥煤显微裂隙以 D 型和 C 型最为发育,肥煤原生结构煤和碎裂煤发育少量 B 型显微裂隙,A 型显微裂隙基本不发育。12 组不同变质变形煤显微裂隙发育规律为:随着变形程度的增大,显微裂隙合计总数先增大后减小,以碎裂煤最为发育。

表 3-14 不同破坏类型煤的显微裂隙统计表

| 煤样编号 | 各类裂隙密度/(条/9 cm²) | | | | | 各类裂隙所占比例/% | | | |
|---|---|---|---|---|---|---|---|---|---|
| | A 型 | B 型 | C 型 | D 型 | 合计 | A 型 | B 型 | C 型 | D 型 |
| ZMWY-1 | 0 | 2 | 9 | 13 | 24 | 0 | 8.33 | 37.50 | 54.17 |
| ZMWY-2 | 0 | 3 | 14 | 19 | 36 | 0 | 8.33 | 38.89 | 52.78 |
| ZMWY-3 | 0 | 0 | 7 | 10 | 17 | 0 | 0.00 | 41.18 | 58.82 |
| ZMWY-4 | 0 | 0 | 2 | 8 | 10 | 0 | 0.00 | 20.00 | 80.00 |
| TLPM-1 | 0 | 3 | 10 | 16 | 29 | 0 | 10.34 | 34.48 | 55.17 |
| TLPM-2 | 1 | 2 | 15 | 29 | 47 | 2.13 | 4.26 | 31.91 | 61.70 |
| TLPM-3 | 0 | 0 | 9 | 12 | 21 | 0 | 0.00 | 42.86 | 57.14 |
| TLPM-4 | 0 | 0 | 3 | 8 | 11 | 0 | 0.00 | 27.27 | 72.73 |
| PDSF-1 | 0 | 1 | 7 | 10 | 18 | 0 | 5.56 | 38.89 | 55.56 |
| PDSF-2 | 0 | 1 | 10 | 14 | 25 | 0 | 4.00 | 40.00 | 56.00 |
| PDSF-3 | 0 | 0 | 6 | 8 | 14 | 0 | 0.00 | 42.86 | 57.14 |
| PDSF-4 | 0 | 0 | 5 | 8 | 13 | 0 | 0.00 | 38.46 | 61.54 |

注:A 型 $W>5$ $\mu m$ 且 $L>10$ mm,B 型 $W>5$ $\mu m$ 且 1 mm$\leqslant L\leqslant 10$ mm,C 型 $W<5$ $\mu m$ 且 300 $\mu m<L<1$ mm,D 型 $W<5$ $\mu m$ 且 $L<300$ $\mu m$;$W$ 为显微裂隙宽度,$L$ 为显微裂隙长度。

由扫描电镜照片观测可以发现,以无烟煤碎裂煤为例(图 3-59),煤基质表面呈阶梯状、锯齿状显微裂隙发育[图 3-59(a)、(b)],在相对较大规模显微裂隙周围通常发育有次级显微裂隙[图 3-59(c)、(d)],裂隙之间有的相互连通[图 3-59(e)、(f)]。显微裂隙除了裂隙间相互连通外,还可与大孔进行连通[图 3-59(g)],并且存在大量孤立孔隙[图 3-59(h)]。黏土矿物多呈散点状、条带状分布在煤基质表面、显微裂隙边缘及孔隙周围[图 3-59(i)、(j)],瓦斯(煤层气)在解吸-扩散过程中可能会带动部分黏土矿物流动而堵塞显微裂隙和孔隙,加之 A 型、B 型显微裂隙欠发育,与内生裂隙连通不畅,这在一定程度上均不利于瓦斯抽采和煤层气开发。

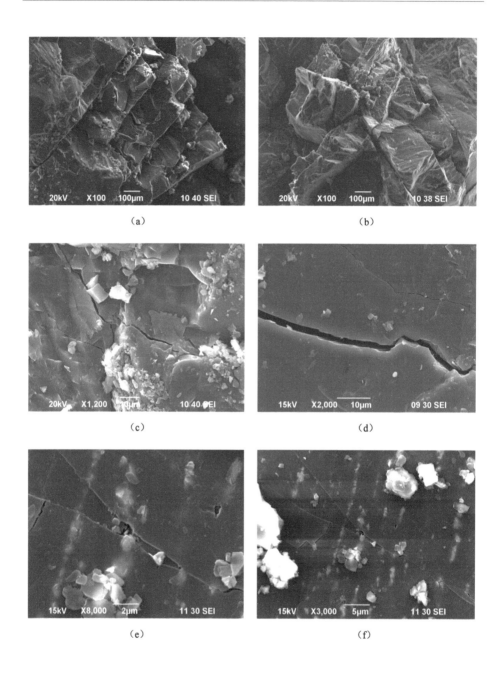

图 3-59　扫描电镜照片

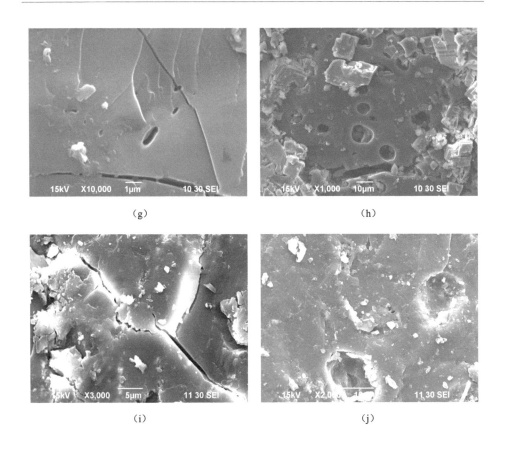

图 3-59 　（续）

## 3.7　本章小结

　　本章选取中马村矿无烟煤、屯留矿贫煤、平煤十二矿肥煤的四类煤样,采用压汞、液氮吸附、SAXS、偏光显微镜和扫描电镜测试分析了不同类型原生结构煤、构造煤的微观孔-裂隙结构特征,借助多孔介质分形手段,实现了压汞法、液氮吸附法联合使用下构造煤全孔径孔隙分形特征定量表征,主要结论如下:

　　（1）压汞法实验表明:无烟煤、贫煤、肥煤四类煤压汞回线显现不同,进汞与退汞曲线均不重合,有的滞后较为明显,退汞曲线均呈现下凹状,说明其孔隙形态多以开放孔为主,包含一定数量的半封闭孔,滞后环大小反映了孔隙连通性。中煤级肥煤较高煤级无烟煤与贫煤,大孔和中孔所占的比例显著增大。无烟煤、贫煤、肥煤四类煤的微孔和过渡孔对总比表面积的贡献占到 70% 和 25% 以上,微孔是各类煤总比表面积的主要贡献者,决定了煤吸附瓦斯特性的高低。无烟煤、贫煤、肥煤的总比表面积与总孔容均随着破坏程度的增大而增大,总比表面积随着总孔容的增加而增大,但在不同破坏阶段增加速率不相同。无烟煤、贫煤、肥煤的体积中值孔径和比表面积中值孔径均随着破坏程度的增加而减少,体积中值孔径普遍要比孔比表面积中值孔径大。无烟煤、贫煤、肥煤四类煤退汞效率介于 31.27%～61.85% 之间,且随着破坏程度的增大,退汞效率逐渐减大。无烟煤、贫煤、肥煤随着破坏程度的增大,排驱压力呈逐渐减小趋势,其中原生结构煤的排驱压力最大。

(2) 液氮吸附实验表明:无烟煤、贫煤、肥煤四类煤吸附等温线均属于 II 型,说明存在大量微孔,吸附等温线总体形态基本一致,较高压力下均发生毛细凝聚而导致吸附量急剧增加,呈现糜棱煤＞碎粒煤＞碎裂煤＞原生结构煤规律。碎粒煤、糜棱煤产生的滞后环较显著,均呈现下凹状,说明其中开放孔相对较多,并含有一定数量半封闭孔;高煤级无烟煤、贫煤较中煤级肥煤难脱附;证实了不同煤级糜棱煤中存在细颈瓶孔隙。无烟煤、贫煤、肥煤四类煤的孔容、比表面积分布规律表现出差异性,高煤级无烟煤、贫煤孔容主要集中在微孔和过渡孔,两者之和超过了 80%,其中又以微孔贡献率最大。中煤级肥煤孔容主要集中在过渡孔和中孔,两者之和超过了 80%,其中又以过渡孔贡献率最大。无烟煤、贫煤、肥煤四类煤的孔比表面积主要集中在微孔,随着破坏程度增强,总孔比表面积呈增大趋势,到糜棱煤达到最高值。无烟煤、贫煤、肥煤四类煤的总孔隙容积、BJH 总孔隙比表面积、BET 总孔隙比表面积随着煤破坏程度增高均呈增大趋势,但不同阶段增加趋势出现差异。分析时应联合采用压汞法和低温氮吸附法更准确反映完整的有效孔隙系统分布特征。

(3) 小角 X 射线散射实验表明:无烟煤、贫煤、肥煤四类煤的 Porod 曲线在高散射矢量区均产生了一定的正偏离,且随着变质程度和破坏程度的增强,正偏离程度变小。校正后的 Guinier 曲线反映出散射强度随变质程度、破坏程度的增强而增大。无烟煤、贫煤、肥煤四类煤孔隙结构存在差异,随着变质程度、破坏程度增强,孔隙数量增加,可见强烈的变质作用和破坏作用加大了煤中孔隙数量。相同煤级煤随着破坏程度的增大,微孔体积、微孔比表面积和总比表面积均呈现增大趋势,其中强变形程度糜棱煤、碎粒煤较弱变形程度的碎裂煤、原生结构煤显著增加。小角 X 射线散射中球形孔模型可作为不同变质变形煤孔径分布的优选模型。无烟煤、贫煤、肥煤随着破坏程度增大,SAXS 最概然孔径减小,与液氮吸附测得孔径变化趋势一致。采用的 Shull-Roess 方法中参数 $k$ 的选取与 $x$ 取值有关,$x$ 值越小,$k$ 值越小。SAXS 测定的孔比表面积明显大于低温液氮吸附实验结果,高出 1.7～8.8 倍,其中以高变质程度无烟煤增幅最大,可能由封闭孔含量增多所导致。

(4) 显微裂隙特征分析表明：无烟煤显微裂隙以 D 型最为发育，C 型次之，无烟煤原生结构煤和碎裂煤发育有少量 B 型显微裂隙，A 型显微裂隙不发育。贫煤显微裂隙发育规律与无烟煤基本类似。肥煤显微裂隙以 D 型和 C 型最为发育，肥煤原生结构煤和碎裂煤发育少量 B 型显微裂隙，A 型显微裂隙基本不发育。无烟煤、贫煤、肥煤显微裂隙发育随着破坏程度的增大，显微裂隙合计总数呈现先增大后减小，以碎裂煤最为发育。

(5) 压汞法和液氮吸附法孔隙分形特征表明：压汞法在微米级(100～20 000 nm)孔径段具有明显的分形特征，液氮吸附法在纳米级(1.94～100 nm)孔径段具有明显的分形特征，不同类型构造煤纳米级孔隙分形特征用液氮吸附法获取精度更高，而微米级孔隙分形特征用压汞法获取精度更高。分形维数反映煤的非均匀质大小。

(6) 定义并提出了构造煤全孔径孔隙分形维数计算方法：构造煤全孔径孔隙分形维数包含微米级孔隙分形维数和纳米级孔隙分形维数两部分，全孔径分形维数增大，构造煤的全孔径孔隙非均匀性增强。按照此方法可以实现全孔径孔隙分形维数的有效统一，便于对全孔径孔隙非均质性进行定量表征。

# 第4章　构造煤瓦斯扩散实验及规律研究

煤储层是由孔隙、显微裂隙、宏观裂隙组成的三重结构系统[11]，常被视为由一系列内生裂隙（割理）切割成规则的含微孔隙的煤基质块体。对于煤层扩散介质而言，现实中又分为柱状煤样扩散和颗粒煤样扩散过程[181]；对于扩散状态而言，一定温压条件下，未受采动影响前的基质块内部三态气体处于相对平衡状态。如果储层压力降低，扩散向解吸方向发展，如卸压抽采、落煤瓦斯涌出等；如果储层压力升高，扩散又向吸附方向发展，如 $N_2/CO_2$ 趋替技术[181]。因此，自然状态下存在两类扩散介质、三类扩散过程，并且不同扩散过程可以相互转换与并存。

## 4.1　构造煤瓦斯扩散实验方法选择

目前，煤中扩散系数 $D$ 的测定方法主要有颗粒煤解吸-扩散法（间接方法）和柱状煤结合气相色谱法（直接方法）两种。两种实验手段从实验过程分析，描述的扩散过程有所不同[236-237]，其中解吸-扩散法描述的是煤屑（颗粒煤）解吸-扩散过程，没有施加围压的影响，采用颗粒煤样进行测试，主要应用于瓦斯含量测定、落煤瓦斯涌出量预测等，实验过程较为简单，所需周期短。柱状煤样结合气相色谱法是引进石油系统天然气扩散系数测定方法，可以同时施加围压和气压，采用柱状煤样进行测试，主要应用于原煤煤层扩散速率预测与评价，与岩芯测试过程不同，煤样测定过程中会产生吸附作用，气相色谱法测定岩样扩散系数相对容易，但测试煤样尤其是构造煤样比较困难，其中碎粒煤、糜棱煤原煤制样问题就是一大难题。因此，目前关于构造煤的扩散系数大多采用间接方法进行测定，而采用直接方法进行测定的研究鲜见报道[182-183]。

采用解吸-扩散法模拟瓦斯在颗粒煤中的流动过程，实际上就是解吸-扩散过程，通常采用 Fick 扩散定律进行描述，这点已经被大多数学者所认可[160]，但也有部分学者认为含有渗流过程[147]。由于解吸主要发生在煤的孔隙及其表面，依据气体分子运动学观点，吸附是固体表面与气体分子之间作用力的外在表现形式，气体分子的吸附和解吸过程是瞬间完成的，部分学者尝试用实验测定吸附热，并运用量子化学从头计算法分析数据，认为甲烷在煤层中发生的吸附-解

吸可在 $10^{-10} \sim 10^{-15}$ s 瞬间完成,属于物理吸附-解吸过程[238-239],相对于扩散运移时间,可忽略不计。扩散过程是指气体分子从高浓度向低浓度转移的一种浓度再平衡运动,浓度梯度越大,扩散的速率就越快,扩散运动就越剧烈,整个扩散过程就是气体分子热运动引起的质量迁移过程[23,191,240]。而瓦斯在煤中的渗流过程指在压力梯度的作用下,瓦斯流发生定向运动的现象,且该过程一般都发生在煤的中孔和大孔中,适用于 Darcy 定律,其流速与孔-裂隙中压力梯度呈线性关系。目前,在煤层中存在宏观裂隙且具有瓦斯运移启动压力梯度条件下存在线性渗流争议不大,而在煤粒中是否存在渗流仍有争议,因此中孔、大孔以及显微裂隙中是否存在瓦斯压力梯度直接决定了煤粒中产生渗流与否。在进行煤粒瓦斯常压解吸-扩散法扩散实验中,压力表自始至终显示为 0 MPa,这说明在大孔和中孔间几乎没有压力差,因此也很难在其中形成瓦斯压力梯度[148,160,241-242]。另外周世宁[243]对煤层中瓦斯的扩散-渗透和低渗透现象进行了研究,并分别计算了低渗透和扩散的流量准数,发现二者的计算结果十分相近,所以即使存在低速非线性渗流(雷诺数 $Re < 10^{-4}$),也可等同视为扩散过程[148]。

从柱状煤样结合气相色谱法测试方法和过程来看,扩散系数测试仪左、右气室的气体压力始终保持恒定、相等,即煤样两侧扩散气室的气体成分只存在浓度梯度,不具备发生渗流的力学条件,因此瓦斯在其中流动也是以扩散方式进行。本书分析认为,煤层(煤粒)中是否产生渗流,不仅与煤层(煤粒)扩散通道大小有关,而且关键要看瓦斯在煤层(煤粒)中的运动是否具备了发生渗流的力学条件。也就是说,即使在大孔和显微裂隙中,煤层(煤粒)内外不存在发生渗流的力学条件(启动压力梯度)或者显微裂隙被部分充填,残留空隙不足以使煤层甲烷渗流流动,煤层甲烷则仍以扩散的运动形式经过显微裂隙。

因此本书对构造煤瓦斯扩散规律研究将采用柱状煤样结合气相色谱法(直接方法)和颗粒煤样解吸-扩散法(间接方法)相结合的方法开展研究,深入探讨不同条件下构造煤瓦斯扩散规律,研究两种方法瓦斯扩散规律的差异性和适用性。

为了方便,后续章节中将"构造煤柱状煤样结合气相色谱法瓦斯扩散实验"(直接方法)简称为"气相色谱法瓦斯扩散实验",将"构造煤颗粒煤瓦斯解吸-扩散法扩散实验"(间接方法)简称为"解吸-扩散法瓦斯扩散实验",以示区分。

## 4.2　气相色谱法瓦斯扩散实验

本节将采用"柱状煤样结合气相色谱法"模拟地层条件对构造煤柱状煤样中瓦斯气体的扩散特征展开系统的物理模拟实验研究。

### 4.2.1 实验平台搭建

煤层(页岩)气扩散系数测试仪能够模拟地层条件,设定一定温度和压力条件下原始煤(岩)层的气体扩散系数,基于本章研究内容和目的,需要在实验室设计新的实验平台进行不同温压条件下构造煤柱状煤样扩散规律实验研究。新设计的扩散系数测定仪主要装置包括:QGK-Ⅲ型扩散系数测试装置主体系统、N2000气相色谱分析仪、实验辅助设备(取气瓶等),如图 4-1 所示。其中,QGK-Ⅲ型扩散系数测试装置主体系统是本实验的核心部分,分别是由岩芯夹持器、环压系统、供气系统、抽真空和恒温控制系统共同组成。岩芯夹持器用来为被测煤芯提供一个模拟地层环境的场所,环压系统为实验提供煤芯需要的压力,恒温控制系统为实验提供煤芯需要的温度,供气系统为天然气扩散系数测量的两个气体室分别提供 $CH_4$ 和 $N_2$,抽真空系统为两个气体室在未通入气体时提供真空环境。

(a) QGK-Ⅲ型扩散系数测试装置主体系统

(b) N2000气相色谱分析仪

(c) 温度、压力控制系统

(d) 取气瓶

图 4-1　扩散实验设备实物图

实验原理:依据气体在浓度梯度下经过煤样自由扩散的原理,分别在煤样夹持器两端的扩散室内,一端注入 $CH_4$,另一端注入 $N_2$,始终保持两端气体没有压力差,在额定的温压条件下,气体浓度随时间而发生变化,然后测定不同时间段两端扩散室内各个组分气体的浓度值,依据 Fick 定律计算出构造煤的瓦斯扩散系数。

### 4.2.2 实验步骤与样品

实验步骤:将待测柱状煤样装入恒定温度下的岩芯夹持器中,安装和固定好两端气体室和相应管线,然后施加给定的环境压力。用抽真空机对两个气体室进行抽真空,完全抽真空后,将等压力的高纯 $CH_4$、$N_2$ 同时分别注入煤芯两侧的气体室内,调节两个气体室内气体的压力到设计压力,然后关闭气体室上的出、入高压阀门,气体扩散开始进行。一定的时间后,对两个气体室内的气体采用排气取气法取样,送至气相色谱仪进行分析。待检测出气体已经扩散,则排空气体室,改变实验条件设置,进行新条件下扩散系数测定;否则,继续进行气体扩散。

原煤柱状煤样制备:实验采用无烟煤、贫煤和肥煤四类煤体结构的原煤柱状煤样作为煤样,四类煤体结构根据其软硬度不同,分别采取不同的制样方式,具体制样方法及步骤见第 2 章 2.2 节原始煤样制作,煤样规格:$\phi25$ mm×50 mm,制样过程中应尽可能规避因样品内部构造不同与加工失误对测试结果造成的不良影响,同时对在同一煤块加工制成的样品要通过统计分类与表面裂纹的拍照观察办法,优选出完整的、密实的且无明显外生裂隙的作为实验样品,样品制备完成后还需要在干燥箱中进行 24 h 的干燥处理,四类煤柱状煤样原煤试样如图 4-2 所示。

(a)原生结构煤试样　　(b)碎裂煤试样　　(c)碎粒煤试样　　(d)糜棱煤试样

图 4-2 扩散实验四类煤原煤试样

### 4.2.3 实验条件与数据处理方法

除煤层自身具有组织、结构、化学成分等特性外,外界因素中,煤层的温度、储层压力和气压也是影响煤层 $CH_4$ 扩散性能的关键因素。在此次实验中,围压、温度、气压可以近似模拟实际煤储层所处的储层压力、温度、瓦斯压力条件。

(1)煤层温度、压力预测

一般来说,在地热和上覆地层压力的共同作用下,煤层的温度和压力与埋深呈线性正相关关系,地热梯度和压力梯度就是来反映这种规律性变化的重要参数。刘高峰[137]、李冰[182]、吕闰生[225]统计了我国主要含煤地层地温梯度和储层压力梯度,其中包括华北板块焦作矿区、平顶山矿区和潞安矿区,其中地温梯度最大为 4.49 ℃/100 m,最小为 0.40 ℃/100 m,平均为 2.12 ℃/100 m;储层压力梯度最大为 1.293 MPa/100 m,最小为 0.402 MPa/100 m,平均为 0.862 MPa/100 m。中马村矿、屯留矿、平煤十二矿的地温梯度和压力梯度均不存在地温和地压的异常现象,正常情况下都处于华北板块的平均水平,因此,本次实验方案将以华北板块的平均水平来预测实验区不同埋深的温度和压力。据此根据华北板块煤系地层平均地温梯度和平均储层压力梯度预测了埋深介于 600~1 300 m 之间的煤层温度和压力(表 4-1)。

表 4-1　煤层温度和压力预测结果

| 煤层埋深/m | 预测煤层温度/℃ 最小/最大 | 平均值/℃ | 预测煤层压力/MPa 最小/最大 | 平均值/MPa |
|---|---|---|---|---|
| 600 | 22/32 | 27 | 2.4/7.7 | 5.0 |
| 700 | 24/34 | 29 | 2.8/9.0 | 5.9 |
| 800 | 26/36 | 31 | 3.2/10.3 | 6.7 |
| 900 | 28/38 | 33 | 3.6/11.6 | 7.6 |
| 1 000 | 30/40 | 35 | 4.0/12.9 | 8.6 |
| 1 100 | 32/43 | 37.5 | 4.4/14.2 | 9.5 |
| 1 200 | 34/46 | 40 | 4.8/15.5 | 10.3 |
| 1 300 | 36/49 | 42.5 | 5.2/16.8 | 11.0 |

依据中马村矿、屯留矿和平煤十二矿二₁(3 号)煤层所处的温度、储层压力和瓦斯压力等实际地层条件,结合本次研究实验目的和煤样的耐压情况,最终确定的模拟埋深 600~1 300 m 煤层温度、压力实验条件,见表 4-2。后续章节再以表 4-2 数据为依据,围绕以下各章节实验目的,根据单一变量(如变围压、变温度)对柱状煤样 $CH_4$ 扩散规律的影响设计正交实验方案(具体实验条件见 4.3 节),先进行影响扩散规律的单一影响因素分析,最后进行综合分析。

表 4-2　柱状煤样 CH₄ 扩散实验方案表

| 模拟埋深/m | 围压/MPa | 气压/MPa | 温度/℃ | 备注 |
|---|---|---|---|---|
| 600 | 5.0 | 0.5 | 27 | |
| 800 | 6.7 | 1.0 | 31 | 据此设计 |
| 1 000 | 8.6 | 1.5 | 35 | 正交实验 |
| 1 200 | 10.3 | 2.0 | 40 | |

（2）数据处理方法

衡量煤中瓦斯扩散能力和速度的主要指标是扩散系数 $D(cm^2/s)$,如果单位时间里通过单位面积的扩散速度和浓度梯度呈正比关系,则扩散的速度仅取决于距离,与时间无关,则称为(准)稳态型扩散,遵从于 Fick 第一定律。但是当煤层瓦斯的扩散量同时随时间和距离变化,则称作非稳态扩散,可以用 Fick 第二定律来描述[182]。因此,实验中瓦斯气体扩散系数选用 Fick 第二定律[式(4-1)]进行计算:

$$D = \frac{\ln(\Delta C_0/\Delta C_i)}{B(t_i - t_0)} \qquad (4-1)$$

式中　$D$——瓦斯气体在煤样内的扩散系数,$cm^2/s$;

$\Delta C_0$——初始阶段瓦斯气体在两端扩散室内的浓度差,%;

$\Delta C_i$——第 $i$ 时刻瓦斯气体在两端扩散室内的浓度差,%;

$t_i$——$i$ 时刻,s;

$t_0$——初始时刻,s。

$$\Delta C_i = C_{1i} - C_{2i}$$
$$B = A(1/V_1 + 1/V_2)/L$$

式中　$C_{1i}$——在 $i$ 时刻瓦斯气体在甲烷扩散室内的浓度值,%;

$C_{2i}$——在 $i$ 时刻瓦斯气体在氮气扩散室内的浓度值,%;

$A$——煤样的截面积,$cm^2$;

$L$——煤样的长度,cm;

$V_1$、$V_2$——甲烷扩散室与氮气扩散室的容积,$cm^3$。

# 4.3　气相色谱法瓦斯扩散规律

## 4.3.1　变围压瓦斯扩散规律

煤储层为储存于地下一定深度的三维地质体,其储层物性特征尤其是扩散和渗透性都与围压关系十分密切。自然界地应力场对煤层中的孔隙产生作用,形成对煤层孔隙的围压,这势必会对煤层中的孔-裂隙系统造成影响,进而对煤储层中的气体运移规律形成影响。本节变围压构造煤瓦斯扩散实验模拟测试以 ZMWY-1、ZMWY-2、ZMWY-3、ZMWY-4、TLPM-1、TLPM-2、PDSF-1、PDSF-2 共 8 个构造煤原煤柱状煤样为实验样品,设定围压分别为 5.0 MPa、6.7 MPa、8.6 MPa、10.3 MPa,温度为 31 ℃,气压为 1.0 MPa,进行实验并探讨围压变化对构造煤瓦斯扩散规律的影响,实验条件与结果见表 4-3。

表 4-3  变围压实验条件与结果

| 煤样编号 | 实验条件 | | | CH₄扩散系数 $D$ /(cm²/s) | 煤样编号 | 实验条件 | | | CH₄扩散系数 $D$ /(cm²/s) |
| --- | --- | --- | --- | --- | --- | --- | --- | --- | --- |
| | 围压 /MPa | 温度 /℃ | 气压 /MPa | | | 围压 /MPa | 温度 /℃ | 气压 /MPa | |
| ZMWY-1 | 5.0 | 31 | 1.0 | $7.44 \times 10^{-8}$ | TLPM-1 | 5.0 | 31 | 1.0 | $7.87 \times 10^{-8}$ |
| | 6.7 | | | $5.67 \times 10^{-8}$ | | 6.7 | | | $6.17 \times 10^{-8}$ |
| | 8.6 | | | $3.86 \times 10^{-8}$ | | 8.6 | | | $4.04 \times 10^{-8}$ |
| | 10.3 | | | $3.32 \times 10^{-8}$ | | 10.3 | | | $3.36 \times 10^{-8}$ |
| ZMWY-2 | 5.0 | 31 | 1.0 | $9.12 \times 10^{-8}$ | TLPM-2 | 5.0 | 31 | 1.0 | $9.14 \times 10^{-8}$ |
| | 6.7 | | | $6.85 \times 10^{-8}$ | | 6.7 | | | $7.17 \times 10^{-8}$ |
| | 8.6 | | | $4.86 \times 10^{-8}$ | | 8.6 | | | $4.92 \times 10^{-8}$ |
| | 10.3 | | | $4.32 \times 10^{-8}$ | | 10.3 | | | $4.57 \times 10^{-8}$ |
| ZMWY-3 | 5.0 | 31 | 1.0 | $5.34 \times 10^{-8}$ | PDSF-1 | 5.0 | 31 | 1.0 | $6.98 \times 10^{-8}$ |
| | 6.7 | | | $4.12 \times 10^{-8}$ | | 6.7 | | | $5.57 \times 10^{-8}$ |
| | 8.6 | | | $2.33 \times 10^{-8}$ | | 8.6 | | | $3.75 \times 10^{-8}$ |
| | 10.3 | | | $1.84 \times 10^{-8}$ | | 10.3 | | | $3.01 \times 10^{-8}$ |
| ZMWY-4 | 5.0 | 31 | 1.0 | $4.53 \times 10^{-8}$ | PDSF-2 | 5.0 | 31 | 1.0 | $7.12 \times 10^{-8}$ |
| | 6.7 | | | $3.51 \times 10^{-8}$ | | 6.7 | | | $5.65 \times 10^{-8}$ |
| | 8.6 | | | $2.23 \times 10^{-8}$ | | 8.6 | | | $3.82 \times 10^{-8}$ |
| | 10.3 | | | $1.82 \times 10^{-8}$ | | 10.3 | | | $3.09 \times 10^{-8}$ |

根据表 4-3 中的实验测定结果,绘制了无烟煤、贫煤、肥煤扩散系数与围压之间的关系图(图 4-3、图 4-4)。由图可知,在相同的温度和气压条件下,无烟煤、贫煤、肥煤共 32 组原煤柱状煤样中瓦斯扩散系数均随着围压的增大呈指数关系减小,而且随围压的不断升高,减小的速度略微变缓。在实验煤样不破坏的情况下,此次变围压构造煤瓦斯扩散实验的围压进行到极限 10.3MPa,未出现下降速度明显变缓的拐点。因此可推测,当围压继续升高,扩散系数将趋向稳定,不再减小。

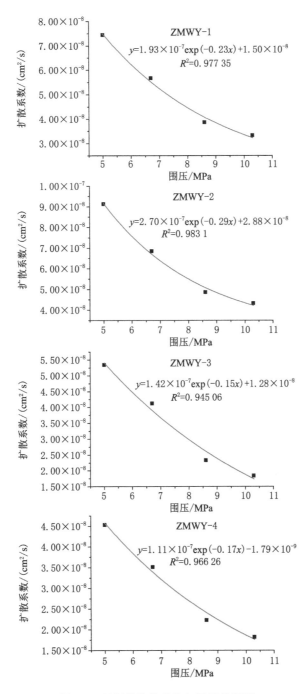

图 4-3　无烟煤扩散系数与围压关系图

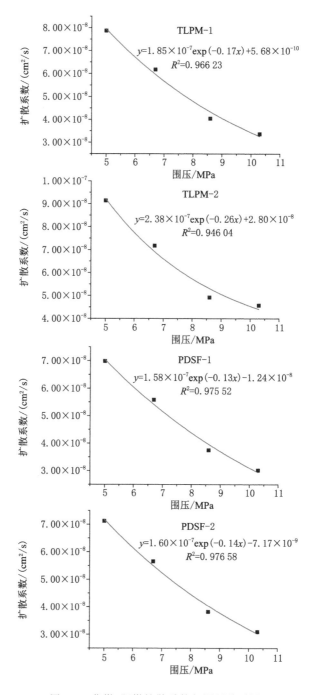

图 4-4　贫煤、肥煤扩散系数与围压关系图

## 4.3.2　变气压瓦斯扩散规律

为研究气压变化对构造煤瓦斯扩散规律的影响,模拟实验选取 ZMWY-1、ZMWY-2、ZMWY-3、ZMWY-4、TLPM-1、TLPM-2、PDSF-1、PDSF-2 共 8 个原煤柱状煤样为实验样品,根据表 4-2 设定气压分别为 0.5 MPa、1.0 MPa、1.5 MPa、2.0 MPa,温度为 31 ℃,围压为 6.7 MPa,进行扩散实验,实验步骤参照 4.2.2小节内容进行,变气压实验条件和测定结果见表 4-4。

表 4-4　变气压实验条件与结果

| 煤样编号 | 实验条件 | | | $CH_4$扩散系数 $D$ /(cm²/s) | 煤样编号 | 实验条件 | | | $CH_4$扩散系数 $D$ /(cm²/s) |
| --- | --- | --- | --- | --- | --- | --- | --- | --- | --- |
| | 气压 /MPa | 温度 /℃ | 围压 /MPa | | | 气压 /MPa | 温度 /℃ | 围压 /MPa | |
| ZMWY-1 | 0.5 | 31 | 6.7 | $3.34 \times 10^{-8}$ | TLPM-1 | 0.5 | 31 | 6.7 | $3.56 \times 10^{-8}$ |
| | 1.0 | | | $5.67 \times 10^{-8}$ | | 1.0 | | | $6.17 \times 10^{-8}$ |
| | 1.5 | | | $7.87 \times 10^{-8}$ | | 1.5 | | | $8.18 \times 10^{-8}$ |
| | 2.0 | | | $8.46 \times 10^{-8}$ | | 2.0 | | | $8.67 \times 10^{-8}$ |
| ZMWY-2 | 0.5 | 31 | 6.7 | $4.23 \times 10^{-8}$ | TLPM-2 | 0.5 | 31 | 6.7 | $4.76 \times 10^{-8}$ |
| | 1.0 | | | $6.85 \times 10^{-8}$ | | 1.0 | | | $7.17 \times 10^{-8}$ |
| | 1.5 | | | $8.12 \times 10^{-8}$ | | 1.5 | | | $8.56 \times 10^{-8}$ |
| | 2.0 | | | $8.65 \times 10^{-8}$ | | 2.0 | | | $9.11 \times 10^{-8}$ |
| ZMWY-3 | 0.5 | 31 | 6.7 | $3.01 \times 10^{-8}$ | PDSF-1 | 0.5 | 31 | 6.7 | $3.14 \times 10^{-8}$ |
| | 1.0 | | | $4.12 \times 10^{-8}$ | | 1.0 | | | $5.57 \times 10^{-8}$ |
| | 1.5 | | | $6.12 \times 10^{-8}$ | | 1.5 | | | $7.35 \times 10^{-8}$ |
| | 2.0 | | | $6.46 \times 10^{-8}$ | | 2.0 | | | $7.67 \times 10^{-8}$ |
| ZMWY-4 | 0.5 | 31 | 6.7 | $2.87 \times 10^{-8}$ | PDSF-2 | 0.5 | 31 | 6.7 | $3.35 \times 10^{-8}$ |
| | 1.0 | | | $3.51 \times 10^{-8}$ | | 1.0 | | | $5.65 \times 10^{-8}$ |
| | 1.5 | | | $5.67 \times 10^{-8}$ | | 1.5 | | | $7.67 \times 10^{-8}$ |
| | 2.0 | | | $5.98 \times 10^{-8}$ | | 2.0 | | | $8.41 \times 10^{-8}$ |

根据表 4-4 中的实验结果,绘制了无烟煤、贫煤、肥煤四类煤变气压与扩散系数之间变化关系图。如图 4-5、图 4-6 所示,在相同的温度和围压条件下,随着气压从 0.5 MPa 增加到 2.0 MPa,所测 32 组无烟煤、贫煤、肥煤四类煤 $CH_4$ 扩散系数的变化规律与围压的变化规律相反,呈指数关系逐渐增大,并且随着气压(即吸附平衡压力)的升高,增大的速度变缓。据此可推测,当气压继续升高,扩散系数将趋于稳定,不再增加,因此在围压条件下构造煤扩散系数存在极限扩散系数。

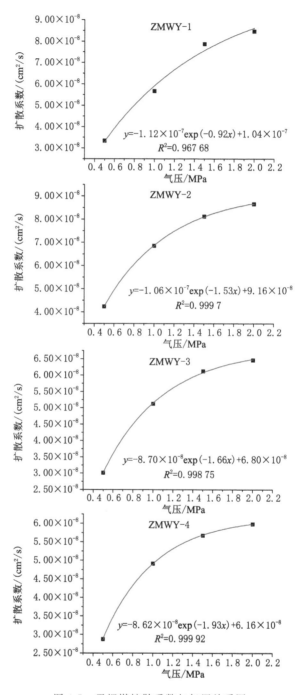

图 4-5　无烟煤扩散系数与气压关系图

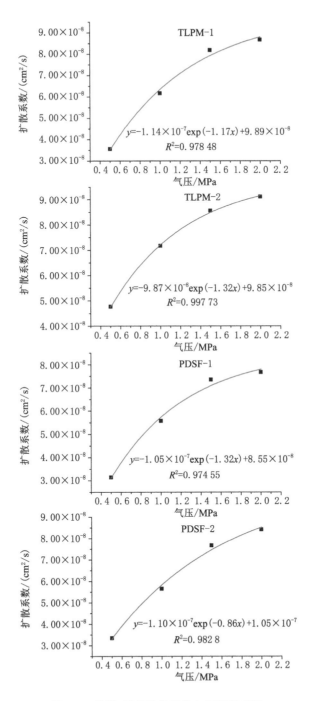

图 4-6　贫煤、肥煤扩散系数与气压关系图

### 4.3.3　变温度瓦斯扩散规律

为探讨温度变化对构造煤瓦斯扩散规律的作用,变温度扩散模拟测试以
ZMWY-1、ZMWY-2、ZMWY-3、ZMWY-4、TLPM-1、TLPM-2、PDSF-1、PDSF-2
共 8 个原煤煤样为实验样品,设定温度分别为 27 ℃、31 ℃、35 ℃、40 ℃、45 ℃、
50 ℃,围压为 6.7 MPa,气压为 1.0 MPa,进行扩散实验,实验步骤参照 4.2.2
小节内容进行,实验条件和结果见表 4-5。根据表 4-5 中的数据,绘制了无烟煤、
贫煤、肥煤扩散系数与温度之间关系图(图 4-7、图 4-8)。

表 4-5　变温度实验条件与结果

| 煤样编号 | 实验条件 | | | CH$_4$扩散系数 $D$ /(cm$^2$/s) | 煤样编号 | 实验条件 | | | CH$_4$扩散系数 $D$ /(cm$^2$/s) |
|---|---|---|---|---|---|---|---|---|---|
| | 温度 /℃ | 围压 /MPa | 气压 /MPa | | | 温度 /℃ | 围压 /MPa | 气压 /MPa | |
| ZMWY-1 | 27 | 6.7 | 1.0 | $5.62\times10^{-8}$ | TLPM-1 | 27 | 6.7 | 1.0 | $6.14\times10^{-8}$ |
| | 31 | | | $5.67\times10^{-8}$ | | 31 | | | $6.17\times10^{-8}$ |
| | 35 | | | $5.73\times10^{-8}$ | | 35 | | | $6.21\times10^{-8}$ |
| | 40 | | | $5.83\times10^{-8}$ | | 40 | | | $6.28\times10^{-8}$ |
| | 45 | | | $5.97\times10^{-8}$ | | 45 | | | $6.36\times10^{-8}$ |
| | 50 | | | $6.19\times10^{-8}$ | | 50 | | | $6.46\times10^{-8}$ |
| ZMWY-2 | 27 | 6.7 | 1.0 | $6.81\times10^{-8}$ | TLPM-2 | 27 | 6.7 | 1.0 | $7.14\times10^{-8}$ |
| | 31 | | | $6.85\times10^{-8}$ | | 31 | | | $7.17\times10^{-8}$ |
| | 35 | | | $6.91\times10^{-8}$ | | 35 | | | $7.22\times10^{-8}$ |
| | 40 | | | $7.03\times10^{-8}$ | | 40 | | | $7.28\times10^{-8}$ |
| | 45 | | | $7.16\times10^{-8}$ | | 45 | | | $7.37\times10^{-8}$ |
| | 50 | | | $7.34\times10^{-8}$ | | 50 | | | $7.49\times10^{-8}$ |
| ZMWY-3 | 27 | 6.7 | 1.0 | $4.07\times10^{-8}$ | PDSF-1 | 27 | 6.7 | 1.0 | $5.54\times10^{-8}$ |
| | 31 | | | $4.12\times10^{-8}$ | | 31 | | | $5.57\times10^{-8}$ |
| | 35 | | | $4.18\times10^{-8}$ | | 35 | | | $5.63\times10^{-8}$ |
| | 40 | | | $4.27\times10^{-8}$ | | 40 | | | $5.69\times10^{-8}$ |
| | 45 | | | $4.43\times10^{-8}$ | | 45 | | | $5.76\times10^{-8}$ |
| | 50 | | | $4.56\times10^{-8}$ | | 50 | | | $5.86\times10^{-8}$ |
| ZMWY-4 | 27 | 6.7 | 1.0 | $3.46\times10^{-8}$ | PDSF-2 | 27 | 6.7 | 1.0 | $5.62\times10^{-8}$ |
| | 31 | | | $3.51\times10^{-8}$ | | 31 | | | $5.65\times10^{-8}$ |
| | 35 | | | $3.55\times10^{-8}$ | | 35 | | | $5.72\times10^{-8}$ |
| | 40 | | | $3.62\times10^{-8}$ | | 40 | | | $5.78\times10^{-8}$ |
| | 45 | | | $3.70\times10^{-8}$ | | 45 | | | $5.85\times10^{-8}$ |
| | 50 | | | $3.81\times10^{-8}$ | | 50 | | | $5.96\times10^{-8}$ |

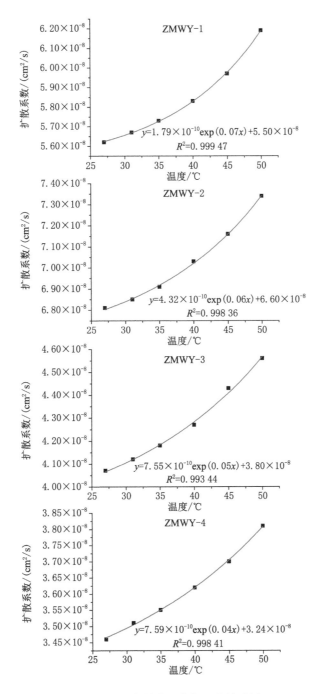

图 4-7　无烟煤扩散系数与温度关系图

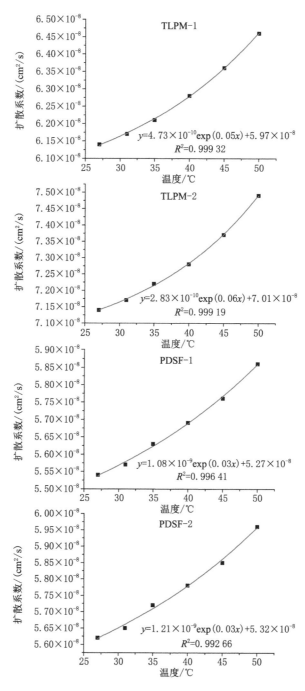

图 4-8 贫煤、肥煤扩散系数与温度关系图

　　由图 4-7、图 4-8 可以看出,在同样的气压和围压条件下,随着温度从 27 ℃ 增加到 50 ℃,所测 8 个柱状煤样中 $CH_4$ 扩散系数的变化规律呈指数关系逐渐 上升,且伴随温度的升高,上升的速度略有提高。

**4.3.4　不同类型构造煤瓦斯扩散规律**

　　为探讨变质程度和破坏程度对构造煤瓦斯扩散规律的影响,不同类型构造 煤瓦斯扩散模拟测试以 ZMWY-1、ZMWY-2、ZMWY-3、ZMWY-4、TLPM-1、 TLPM-2、TLPM-3、TLPM-4、PDSF-1、PDSF-2、PDSF-3、PDSF-4 共 12 个原煤 煤样为样品,设定围压为 6.7 MPa、温度为 31 ℃、气压为 1.0 MPa,以及围压为 8.6 MPa、温度为 35 ℃、气压为 1.5 MPa 两种情况进行扩散实验,实验步骤参照 4.2.2 小节内容进行,实验结果见表 4-6。

表 4-6　不同类型煤样实验条件与结果

| 煤类 | 煤样编号 | $f$ 值 | 实验条件 | | | $CH_4$扩散系数 $D$ /(cm²/s) | 备注 |
|---|---|---|---|---|---|---|---|
| | | | 围压/MPa | 温度/℃ | 气压/MPa | | |
| 无烟煤 | ZMWY-1 | 1.19 | 6.7 | 31 | 1.0 | $5.67×10^{-8}$ | 800 m |
| | ZMWY-2 | 0.85 | 6.7 | 31 | 1.0 | $6.85×10^{-8}$ | |
| | ZMWY-3 | 0.41 | 6.7 | 31 | 1.0 | $4.12×10^{-8}$ | |
| | ZMWY-4 | 0.15 | 6.7 | 31 | 1.0 | $3.51×10^{-8}$ | |
| 贫煤 | TLPM-1 | 1.33 | 6.7 | 31 | 1.0 | $6.17×10^{-8}$ | |
| | TLPM-2 | 1.09 | 6.7 | 31 | 1.0 | $7.17×10^{-8}$ | |
| | TLPM-3 | 0.50 | 6.7 | 31 | 1.0 | $4.65×10^{-8}$ | |
| | TLPM-4 | 0.28 | 6.7 | 31 | 1.0 | $4.14×10^{-8}$ | |
| 肥煤 | PDSF-1 | 0.81 | 6.7 | 31 | 1.0 | $5.57×10^{-8}$ | |
| | PDSF-2 | 0.64 | 6.7 | 31 | 1.0 | $5.65×10^{-8}$ | |
| | PDSF-3 | 0.31 | 6.7 | 31 | 1.0 | $3.78×10^{-8}$ | |
| | PDSF-4 | 0.15 | 6.7 | 31 | 1.0 | $3.24×10^{-8}$ | |
| 无烟煤 | ZMWY-1 | 1.19 | 8.6 | 35 | 1.5 | $4.38×10^{-8}$ | 1 000 m |
| | ZMWY-2 | 0.85 | 8.6 | 35 | 1.5 | $5.46×10^{-8}$ | |
| | ZMWY-3 | 0.41 | 8.6 | 35 | 1.5 | $2.83×10^{-8}$ | |
| | ZMWY-4 | 0.15 | 8.6 | 35 | 1.5 | $2.53×10^{-8}$ | |
| 贫煤 | TLPM-1 | 1.33 | 8.6 | 35 | 1.5 | $4.82×10^{-8}$ | |
| | TLPM-2 | 1.09 | 8.6 | 35 | 1.5 | $5.81×10^{-8}$ | |
| | TLPM-3 | 0.50 | 8.6 | 35 | 1.5 | $3.37×10^{-8}$ | |
| | TLPM-4 | 0.28 | 8.6 | 35 | 1.5 | $2.85×10^{-8}$ | |

表 4-6(续)

| 煤类 | 煤样编号 | $f$ 值 | 实验条件 | | | CH₄扩散系数 $D$ /(cm²/s) | 备注 |
|---|---|---|---|---|---|---|---|
| | | | 围压/MPa | 温度/℃ | 气压/MPa | | |
| 肥煤 | PDSF-1 | 0.81 | 8.6 | 35 | 1.5 | $4.25×10^{-8}$ | 1 000 m |
| | PDSF-2 | 0.64 | 8.6 | 35 | 1.5 | $4.73×10^{-8}$ | |
| | PDSF-3 | 0.31 | 8.6 | 35 | 1.5 | $2.56×10^{-8}$ | |
| | PDSF-4 | 0.15 | 8.6 | 35 | 1.5 | $2.14×10^{-8}$ | |

根据表 4-6 中的数据,绘制了扩散系数与不同变质程度和破坏程度之间关系图(图 4-9)。如图 4-9 所示,在相同的围压、温度、气压条件下,相同煤级煤随着破坏程度增加呈现先增大后减小的变化趋势,碎裂煤的扩散系数最大;相近变形(破坏)程度煤,伴随变质程度(煤级)的增大呈现先增大后减小的变化趋势,也就是相近变形程度条件下贫煤扩散系数>无烟煤扩散系数>肥煤扩散系数。

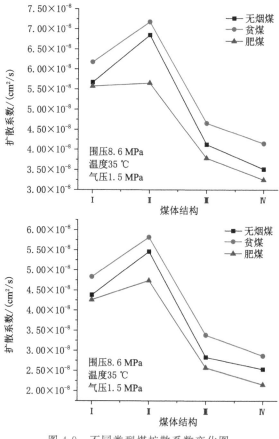

图 4-9  不同类型煤扩散系数变化图

煤的坚固性系数($f$值)是用来表征煤体坚固性的重要指标,国内常用落锤法来测定,工作原理是建立在脆性材料被破碎时遵从"面积力能学说"的前提下,指出破碎煤所消耗的功 $A$ 与破碎物料的表面积 $S$ 呈正比关系,表面积与颗粒直径呈反比关系,煤体的坚固性可以用破碎比来表征,煤体越硬,其强度也就越高,$f$ 值越大,反之则越小。

煤的坚固性系数($f$值)是衡量煤体抵御外力破坏能力大小的指标,不同煤体结构煤的 $f$ 值具有相对固定的常见值域,因此,煤的坚固性系数 $f$ 值可以作为划分煤体结构的一个参照指标[35,225]。对照表 4-6,对不同煤体结构煤的扩散系数 $D$ 与平均坚固性系数 $f$ 值关系进行曲线拟合。

由图 4-10 和表 4-7 可知,二者的定量变化可以用扩散系数 $D$ 与 $f$ 值的函数关系来表示:

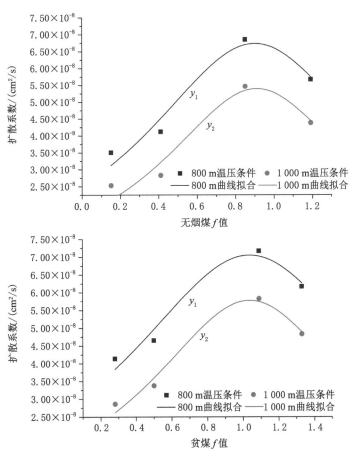

图 4-10　不同类型煤扩散系数与 $f$ 值关系图

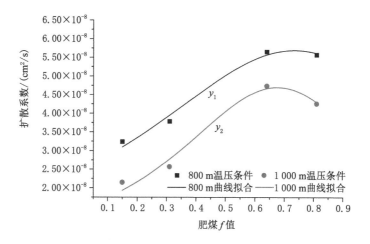

图 4-10 （续）

表 4-7 不同类型煤扩散系数与 $f$ 值拟合关系

| 煤类 | Holliday 非线性拟合方程 | 相关系数 $R^2$ |
|---|---|---|
| ZMWY | $y_1 = 2.530\ 57 \times 10^{-8}/(2.530\ 57 \times 10^{-8} - 1.386\ 28x + 0.769\ 68x^2)$ | 0.856 32 |
| | $y_2 = 1.663\ 52 \times 10^{-8}/(1.663\ 52 \times 10^{-8} - 1.520\ 32x + 0.835\ 66x^2)$ | 0.874 09 |
| TLPM | $y_1 = 2.745\ 11 \times 10^{-8}/(2.745\ 11 \times 10^{-8} - 1.177\ 18x + 0.567\ 25x^2)$ | 0.886 92 |
| | $y_2 = 1.766\ 73 \times 10^{-8}/(1.766\ 73 \times 10^{-8} - 1.337\ 76x + 1.766\ 73x^2)$ | 0.937 91 |
| PDSF | $y_1 = 2.452\ 58 \times 10^{-8}/(2.452\ 58 \times 10^{-8} - 1.549\ 91x + 1.055\ 69x^2)$ | 0.962 66 |
| | $y_2 = 1.389\ 20 \times 10^{-8}/(1.389\ 20 \times 10^{-8} - 2.082\ 96x + 1.540\ 93x^2)$ | 0.940 13 |

$$D = a/(a + b \cdot f + c \cdot f^2) \qquad (4\text{-}2)$$

式中　$D$——扩散系数，$cm^2/s$；

　　　$f$——煤的坚固性系数，无量纲；

　　　$a$、$b$、$c$——待定系数，无量纲。

　　由此说明扩散系数 $D$ 和 $f$ 值的相关性较好，相关系数 $R^2$ 均大于 85%，可以近似用煤的坚固性系数 $f$ 值来表征煤体的扩散系数，煤体结构由简单到复杂，扩散系数先增大后减小，呈现 Holliday 非线性函数变化关系。

## 4.4　解吸-扩散法瓦斯扩散实验

本节主要阐述构造煤解吸-扩散法扩散实验装置的组成、工作原理、实验步骤与样品、实验方案设计和实验数据的处理方法。

### 4.4.1　实验装置

构造煤瓦斯解吸-扩散法扩散实验主要依据《煤的高压等温吸附试验方法》(GB/T 19560—2008)、《钻屑瓦斯解吸指标测定方法》(AQ/T 1065—2008)等相关标准进行。实验装置主要由四部分构成,分别是瓦斯吸附/解吸-扩散单元、解吸-扩散仪、真空脱气单元以及高压甲烷气瓶(图 4-11)。整个实验系统的气密性很关键,因此,在做每一组煤样前,均需对装置的气密性进行检查,检查方法是在扩散实验开始之前对整个实验装置充入一定量 6 MPa 的高压氮气,经过 24 h 的观察,看相关压力表的压力值是否变化,若压力值一直保持不变即可证明气密性是良好的。除此之外,还要对参与实验的煤样罐、充气罐和系统管路进行标定,以增加测试结果的可靠性和准确性,具体的标定方法见文献[148]和[152]。

图 4-11　构造煤解吸-扩散法瓦斯扩散实验装置

### 4.4.2　实验步骤与样品

(1) 实验步骤

构造煤解吸-扩散法瓦斯扩散测试步骤[242,244]:首先将制备好的颗粒煤样装入罐中,然后利用真空脱气泵对罐中煤样进行脱气,脱气时间 2 h 或真空计读数小于 10 Pa,真空脱气在 75 ℃恒温水浴中进行;脱气后再向煤样罐中充入指定压力的 $CH_4$ 气体,经过一定时间的吸附平衡,当煤样罐的压力表读数在 2 h 后保持不变,可以视为煤样达到吸附平衡状态;在给定的温度条件下,当煤样罐中压力达到预定的吸附平衡压力时,颗粒煤会发生常压定容扩散,测定吸附平衡后定容瓦斯解吸-扩散累计量,即可得到瓦斯扩散累计量与扩散时间的关系。

（2）实验样品

该实验所用煤样与4.2节所用煤样为同一大块煤样中同时采集、制备和保存。

① 吸附常数测试煤样:按照GB/T 19560—2008,对所采集的1.0 kg煤样做粉碎处理,用0.17～0.25 mm规格大小的标准筛,挑选出符合要求的颗粒煤煤样分类密封保存,同时对每个煤样进行备份,质量均不少于200 g,测试结果见表4-8。

表4-8　煤样吸附常数测试结果

| 硬煤编号 | 吸附常数 | | 软煤编号 | 吸附常数 | |
|---|---|---|---|---|---|
| | $a/(cm^3/g)$ | $b/MPa^{-1}$ | | $a/(cm^3/g)$ | $b/MPa^{-1}$ |
| ZMWY-1 | 36.90 | 0.83 | ZMWY-3 | 43.35 | 1.34 |
| ZMWY-2 | 38.37 | 1.12 | ZMWY-4 | 46.15 | 1.53 |
| TLPM-1 | 32.65 | 0.54 | TLPM-3 | 39.87 | 0.87 |
| TLPM-2 | 34.34 | 0.65 | TLPM-4 | 40.16 | 0.95 |
| PDSF-1 | 19.74 | 0.27 | PDSF-3 | 21.85 | 0.73 |
| PDSF-2 | 20.35 | 0.36 | PDSF-4 | 23.02 | 0.85 |

② 构造煤解吸-扩散法瓦斯扩散实验煤样:按照颗粒煤对甲烷吸附量测定方法[148],把煤样粉碎成小于6 mm的颗粒;按照AQ/T 1065—2008的要求,解吸-扩散法扩散实验采用的煤样粒度为1.0～3.0 mm,本次实验采用1.0～3.0 mm标准组合筛,选取出符合实验标准的粒度为1.0～3.0 mm间的颗粒煤煤样,同时要求每类煤样的质量不少于2.0 kg,通过干燥箱(100 ℃)处理后装入玻璃干燥容器密封保存。

### 4.4.3　实验条件与数据处理方法

（1）实验条件

在构造煤瓦斯解吸-扩散实验中,考虑采集煤样在原有煤层中测定的实际温度和瓦斯压力值(表4-1、表4-2),并结合本次实验目的,选取不同的解吸-扩散环境温度(20 ℃、30 ℃、40 ℃)、不同吸附平衡压力(0.5 MPa、1.0 MPa、2.0 MPa)条件下,以粒度为1.0～3.0 mm的煤样进行解吸-扩散法构造煤瓦斯扩散实验研究。

（2）数据处理方法

首先,需要按照相关换算公式将不同煤样实测的瓦斯解吸-扩散量换算成标准状态下的瓦斯解吸-扩散量,以便于数据的统一和对比,见下式[152,245]:

$$Q_t = \frac{273.2}{1.013\ 25 \times 10^5 (237.2 + t_w)} (p_a - 9.81 h_w - p_s) \times Q_t' \qquad (4\text{-}3)$$

式中　$Q_t$——瓦斯在标态下的解吸-扩散总量，$cm^3$；

　　　$t_w$——玻璃量筒中水的温度，℃；

　　　$h_w$——每次测定时量管内水位，mm；

　　　$Q_t'$——瓦斯在设定温度下的解吸-扩散总量，$cm^3$；

　　　$p_a$——解吸环境大气压力，Pa；

　　　$p_s$——$t_w$ 温度下饱和水蒸气压力，Pa。

目前对于极限瓦斯扩散-解吸量的计算方法尚无统一的规范，不同学者提出了不同的计算方法[148,246]。其中应用最广泛的是杨其銮等[160]提出的方法，该方法以 Langmuir 吸附理论为基础，计算了设定条件下的吸附平衡压力，并测定解吸时的大气压力 $p_0$，而极限解吸-扩散量即是两者之间的差值，计算公式如下：

$$Q_\infty = \left( \frac{abp_0}{1 + bp_0} - \frac{abp_a}{1 + bp_a} \right) \cdot m \cdot (1 - w_w - w_a) \qquad (4\text{-}4)$$

式中　$Q_\infty$——极限瓦斯解吸-扩散量，$cm^3$；

　　　$w_w$、$w_a$——煤中水分和灰分，%；

　　　$m$——煤样质量，g；

　　　$p_0$——设定条件下的吸附平衡压力，MPa；

　　　$p_a$——煤样解吸-扩散时测定的大气压力，MPa。

前人研究[147-148,152,160,179,181]认为，颗粒煤（煤屑）中瓦斯解吸-扩散是一个复杂过程，并认为气体分子在孔隙壁上的吸附和解吸是瞬间完成的，因此把瓦斯从颗粒煤（煤屑）中涌出的过程视为扩散过程，其符合经典 Fick 扩散定理，见下式：

$$J = -D \frac{\partial c}{\partial x} \qquad (4\text{-}5)$$

式中　$J$——单位面积上流体的扩散速率，$g/(s \cdot cm^2)$；

　　　$D$——扩散系数，$cm^2/s$；

　　　$\dfrac{\partial c}{\partial x}$——沿扩散方向的浓度梯度；

　　　$c$——扩散流体的浓度，$g/cm^3$。

该方程为 Fick 扩散第二定律，当应用于三维不稳定流动场的时候，其三维表达式为[148]：

$$\frac{\partial c}{\partial x} = D \left( \frac{\partial^2 c}{\partial x^2} + \frac{\partial^2 c}{\partial y^2} + \frac{\partial^2 c}{\partial z^2} \right) \qquad (4\text{-}6)$$

杨其銮等[160]依据实验结论对颗粒煤进行了如下假设：① 颗粒煤均由一系列球形颗粒构成；② 颗粒煤是各向同性的均质体；③ 瓦斯在流动过程中遵从质

量不灭规律以及连续性原理。在上述假设前提下,扩散系数便和坐标没有关系,同时不计浓度 $c$ 与时间 $t$ 对扩散系数产生的影响。因此选取极坐标,进而求得球体坐标下的 Fick 扩散第二定律,即:

$$\frac{\partial c}{\partial t} = D\left(\frac{\partial^2 c}{\partial r^2} + \frac{2\partial c}{r\partial r}\right) \tag{4-7}$$

式中　$r$——极坐标半径,cm;

　　　$t$——扩散时间,s。

杨其銮等[160]根据式(4-7)运用数理方法讨论颗粒煤瓦斯扩散方程的理论解,并通过一系列的分析论证,最终得出了颗粒煤扩散规律的一般表达式:

$$\frac{Q_t}{Q_\infty} = 1 - \frac{6}{\pi^2}\sum_{n=1}^{\infty}\frac{1}{n^2}e^{-n^2 Bt} \tag{4-8}$$

式中　$Q_t$——扩散时间为 $t$ 时累计的瓦斯扩散量;

　　　$Q_\infty$——$t \to \infty$ 时极限瓦斯扩散量;

　　　$B = \pi^2 D/r_0^2$,$r_0$ 表示颗粒煤半径,cm。

把 $B = \pi^2 D/r_0^2$ 代入式(4-8)中,并做简单变化,得出:

$$1 - \frac{Q_t}{Q_\infty} = \frac{6}{\pi^2}\sum_{n=1}^{\infty}\frac{1}{n^2}e^{-\frac{\pi^2 Dn^2 t}{r_0^2}} \tag{4-9}$$

式(4-9)即为颗粒煤瓦斯解吸-扩散规律的一般表达式,但其是一个无穷级数形式,结合前人的研究成果[247],取第一项即可满足工程精度,即 $n = 1$,并取扩散系数 $D$ 为定值,对公式两边求对数,得出:

$$\ln\left(1 - \frac{Q_t}{Q_\infty}\right) = \ln\frac{6}{\pi^2} - \frac{\pi^2 Dt}{r_0^2} \tag{4-10}$$

令 $\ln\frac{6}{\pi^2} = C$,$\frac{\pi^2 D}{r_0^2} = \lambda$,得到:

$$\ln\left(1 - \frac{Q_t}{Q_\infty}\right) = C - \lambda t \tag{4-11}$$

由式(4-11)可知,只要计算过程中建立 $\ln\left(1 - \frac{Q_t}{Q_\infty}\right)$-$t$ 的关系式,通过曲线拟合可求出斜率,即可得到解吸-扩散法构造煤扩散系数 $D$。

## 4.5　解吸-扩散法瓦斯扩散规律

### 4.5.1　变吸附平衡压力瓦斯扩散规律

变吸附平衡压力扩散规律模拟实验是在等温(30 ℃)条件下对相同粒度(1.0～3.0 mm)颗粒煤煤样进行的,考察了 ZMWY-1、ZMWY-2、ZMWY-3、

ZMWY-4 共 4 组煤样的瓦斯扩散特性。已有研究表明[149,242]，在扩散初始阶段（<10 min），扩散量、扩散速度减小较快，当扩散时间超过 60 min 后，其扩散量、扩散速度减小较为缓慢，基本趋于稳定。因此，本次解吸-扩散法扩散实验主要研究瓦斯扩散初始时间段内（60 min）的瓦斯扩散规律。

（1）吸附平衡压力对瓦斯扩散量的影响

根据实际温压情况（表 4-1、表 4-2），将解吸-扩散法扩散实验的吸附平衡压力分别设定为 0.5 MPa、1.0 MPa、2.0 MPa，温度设定为 30 ℃，统计了相应的实验数据并绘制了不同吸附平衡压力瓦斯扩散量的时间变化趋势图（图 4-12）。

由图 4-12 可以看出，对于不同破坏程度构造煤样来说，随扩散时间的延长，其瓦斯扩散累计量均逐渐增大，具有单调递增的趋势，但最终这种增大趋势随着时间延长而逐渐变缓。比较显著的是解吸-扩散法在扩散初期时间 0～500 s，瓦斯扩散量急剧增大。煤样在相同的时间段内累计瓦斯扩散量随着吸附平衡压力的增大而增加。

（2）吸附平衡压力对瓦斯扩散速度的影响

根据以往的研究可知[148,227]，吸附平衡压力对瓦斯扩散速度具有十分重要的影响，这种影响在破坏类型较高的煤体上则更为明显。有学者研究认为，颗粒煤从瓦斯扩散初始时刻开始，其扩散速度随着时间变化服从幂函数规律：

$$v_t / v_a = (t/t_a)^{-k_t} \tag{4-12}$$

式中　$v_t$、$v_a$——时间 $t$ 及 $t_a$ 时刻瓦斯扩散速度，$cm^3/(g \cdot min)$；

　　　　$k_t$——颗粒煤的瓦斯扩散速度衰减系数。

令上式中的 $a=1$，则上式可简化为：

$$v = v_1 \cdot t^{-k_t} \tag{4-13}$$

式中　$v_1$——时间 $t=1$ min 时刻瓦斯扩散速度，$cm^3/(g \cdot min)$。

根据解吸-扩散法扩散实验结果，绘制了不同吸附平衡压力条件下 ZMWY-1、ZMWY-2、ZMWY-3、ZMWY-4 煤样的瓦斯扩散速度随时间变化图（图 4-13）。

由图 4-13 可以看出，无论是 ZMWY-1、ZMWY-2 煤样，还是 ZMWY-3、ZMWY-4 煤样，在颗粒煤瓦斯扩散前期，尤其是前 500 s，四类煤样的瓦斯扩散速度均较快，瓦斯扩散速度根据时间延长均呈现幂函数单调衰减趋势，且相关系数绝大多数大于 0.9 以上。相同时间段内，各煤样的瓦斯扩散速度均随吸附平衡压力（气压）的增加而增大，但是伴随时间的延长，增加的速率变缓，最终逐渐趋于零。

（3）吸附平衡压力对瓦斯扩散系数的影响

众多学者探讨了吸附平衡压力对解吸-扩散法构造煤瓦斯扩散系数的影响，并提出了不同的看法：一种观点认为，瓦斯扩散系数和煤的孔隙结构、温度、气体浓度密切相关，与吸附平衡压力无关；一种观点认为，煤粒对瓦斯的吸附属于非线性，造

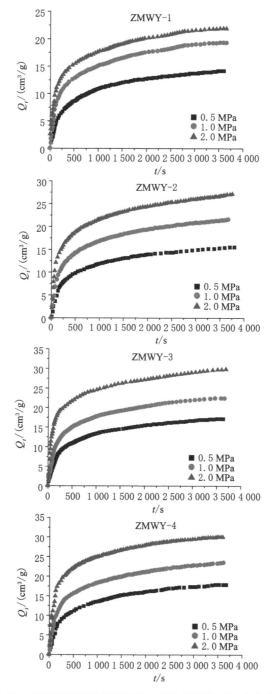

图 4-12   不同吸附平衡压力下的瓦斯扩散量随时间变化曲线

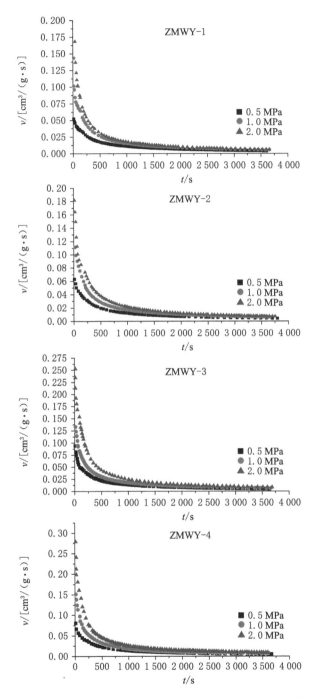

图 4-13　不同吸附平衡压力下的瓦斯扩散速度随时间变化曲线

成瓦斯扩散系数随吸附平衡压力的增大而增大;还有一种观点认为,瓦斯扩散系数随吸附平衡压力的增大而减小。目前对于以上的说法尚未形成统一认识[148-149]。

解吸-扩散法颗粒煤瓦斯扩散系数的计算一般是依据均质球形煤粒 Fick 经典扩散模型,通过扩散实验测定不同时刻的瓦斯解吸-扩散量,然后拟合计算求取扩散系数。常采用以下三种方法进行计算:① 根据聂百胜等[179]的理论近似式,通过分析 $\ln(1-Q_t/Q_\infty)$ 与扩散时间 $t$ 的关系,绘制 $\ln(1-Q_t/Q_\infty)$-$t$ 关系曲线图,求取斜率 $\lambda$ 与截距 $\ln A$,通过对 $-\lambda=-\pi^2 D/r^2$ 进行计算,即可求取扩散系数 $D$,该方法计算简便,应用较为广泛。② 以巴雷尔式为基础,部分学者提出瓦斯扩散量 $Q$ 与扩散时间 $t$ 之间呈 $Q_t=K\sqrt{t}$ 的线性关系,而构造煤扩散系数就是直线的斜率,但该方法仅适用于 $Q_t/Q_\infty<0.5$ 且在扩散初期($t<10$ min)的条件。③ 根据杨其銮等[160]的理论近似式,通过求取 $\ln[1-(Q_t/Q_\infty)^2]$ 与扩散时间 $t$ 的直线关系,求取斜率计算扩散系数。

经过分析以上常用三种拟合公式各自的适用条件,本书采用应用最为广泛的方法①进行计算,由此分析得到各煤样不同吸附平衡压力与解吸-扩散法构造煤瓦斯扩散系数关系变化图(图 4-14)。应该注意的是,由式(4-9)可以看出,不同吸附平衡压力条件下瓦斯扩散量 $Q_t$ 是根据时间变化而变化的,因此对于不同扩散时间段内,均能得出相应扩散时间段内的扩散系数 $D_t$。由此可见,整个解吸-扩散过程,构造煤解吸-扩散系数是变量,那么通过整个扩散过程拟合求取的扩散系数 $D$ 是整个扩散时间段内的平均扩散系数(本节简称解吸-扩散法扩散系数 $D$)。

由 $-\lambda=-\pi^2 D/r^2$ 可知,拟合斜率与解吸-扩散法扩散系数 $D$ 成正比。由图 4-14 可以看出,随着扩散时间延长,各煤样斜率 $\lambda$ 逐渐减小,即随着扩散时间

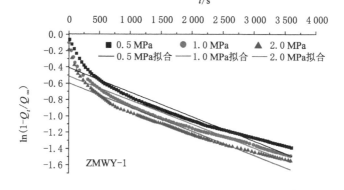

图 4-14　不同吸附平衡压力下瓦斯扩散规律

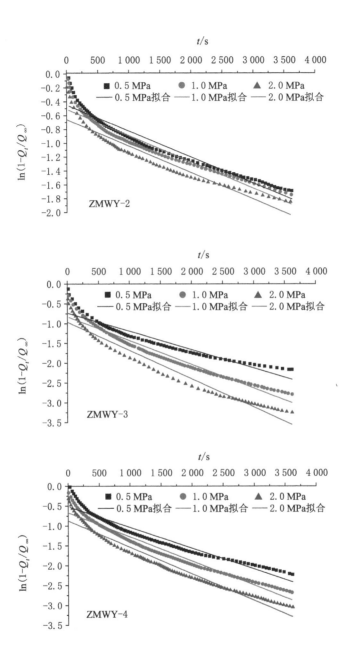

图 4-14 （续）

的延长,解吸-扩散法扩散系数呈现随时间逐渐减小的规律。如表 4-9 和图 4-15 所示,不同煤体结构的构造煤瓦斯扩散系数 $D$ 总体上随着吸附平衡压力的升高而呈现指数或者线性关系增大,相关系数均达到 90% 以上。

表 4-9　不同吸附平衡压力与扩散系数关系

| 煤样编号 | $p$ /MPa | 拟合方程 | $R^2$ | $\lambda$ | $D/(\text{cm}^2/\text{s})$ |
|---|---|---|---|---|---|
| ZMWY-1 | 0.5 | $\ln(1-Q_t/Q_\infty)=-2.932\ 10\times10^{-4}t-0.516\ 29$ | 0.931 02 | $2.932\ 10\times10^{-4}$ | $2.970\ 84\times10^{-7}$ |
| | 1.0 | $\ln(1-Q_t/Q_\infty)=-2.949\ 71\times10^{-4}t-0.598\ 42$ | 0.927 23 | $2.949\ 71\times10^{-4}$ | $2.988\ 68\times10^{-7}$ |
| | 2.0 | $\ln(1-Q_t/Q_\infty)=-2.990\ 27\times10^{-4}t-0.407\ 50$ | 0.937 82 | $2.990\ 27\times10^{-4}$ | $3.029\ 78\times10^{-7}$ |
| ZMWY-2 | 0.5 | $\ln(1-Q_t/Q_\infty)=-3.747\ 92\times10^{-4}t-0.449\ 20$ | 0.941 62 | $3.747\ 92\times10^{-4}$ | $3.797\ 44\times10^{-7}$ |
| | 1.0 | $\ln(1-Q_t/Q_\infty)=-3.793\ 93\times10^{-4}t-0.514\ 16$ | 0.919 91 | $3.793\ 93\times10^{-4}$ | $3.844\ 05\times10^{-7}$ |
| | 2.0 | $\ln(1-Q_t/Q_\infty)=-3.817\ 84\times10^{-4}t-0.661\ 43$ | 0.895 56 | $3.817\ 84\times10^{-4}$ | $3.868\ 28\times10^{-7}$ |
| ZMWY-3 | 0.5 | $\ln(1-Q_t/Q_\infty)=-4.629\ 10\times10^{-4}t-0.732\ 62$ | 0.902 00 | $4.629\ 10\times10^{-4}$ | $4.690\ 26\times10^{-7}$ |
| | 1.0 | $\ln(1-Q_t/Q_\infty)=-6.007\ 94\times10^{-4}t-0.828\ 35$ | 0.952 92 | $6.007\ 94\times10^{-4}$ | $6.087\ 32\times10^{-7}$ |
| | 2.0 | $\ln(1-Q_t/Q_\infty)=-6.693\ 38\times10^{-4}t-0.875\ 58$ | 0.950 67 | $6.693\ 38\times10^{-4}$ | $6.781\ 81\times10^{-7}$ |
| ZMWY-4 | 0.5 | $\ln(1-Q_t/Q_\infty)=-5.236\ 14\times10^{-4}t-0.515\ 48$ | 0.936 68 | $5.236\ 14\times10^{-4}$ | $5.305\ 32\times10^{-7}$ |
| | 1.0 | $\ln(1-Q_t/Q_\infty)=-6.104\ 82\times10^{-4}t-0.671\ 25$ | 0.959 10 | $6.104\ 82\times10^{-4}$ | $6.185\ 48\times10^{-7}$ |
| | 2.0 | $\ln(1-Q_t/Q_\infty)=-7.156\ 83\times10^{-4}t-0.963\ 08$ | 0.963 08 | $7.156\ 83\times10^{-4}$ | $7.251\ 39\times10^{-7}$ |

## 4.5.2　变温度瓦斯扩散规律

一般来说,矿区的煤储层温度与开采深度呈线性增长关系,近年来我国煤层的温度在逐渐增长,有的矿区已达到 40 ℃,并且还有继续增高的趋势[224]。不同矿井井下环境温度与煤层温度差异较大,因此,矿井煤屑瓦斯含量等涉及瓦斯扩散过程的测试是在变温条件下进行的,本小节拟开展不同温度条件下构造煤和原生结构煤瓦斯扩散实验,探讨温度变化对扩散规律产生的影响。

(1) 温度对构造煤瓦斯扩散量的影响

实验采用粒度为 1.0～3.0 mm 的煤样,在恒定吸附平衡压力 1.0 MPa 下,选取不同的扩散环境温度(20 ℃、30 ℃、40 ℃)进行构造煤解吸-扩散法瓦斯扩散规律实验。鉴于篇幅有限,仅绘制了 TLPM-1、TLPM-2、TLPM-3、TLPM-4 煤样的温度与瓦斯扩散量的关系图(图 4-16)。

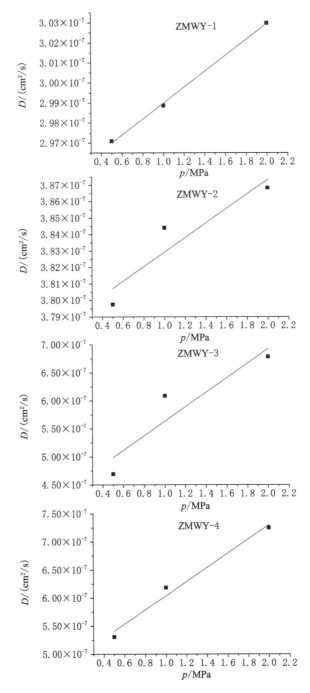

图 4-15 不同吸附平衡压力与扩散系数关系

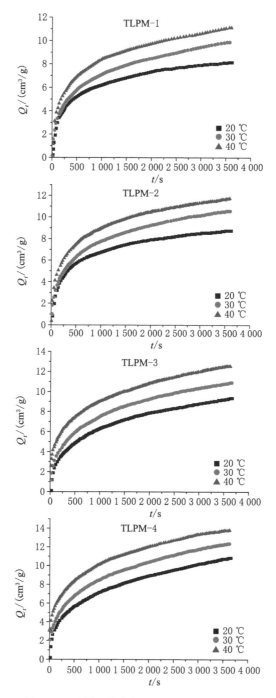

图 4-16　不同温度条件下瓦斯扩散量变化图

由图 4-16 可以看出,在相同吸附平衡压力条件下,同一时间段内瓦斯扩散量随着温度的升高而增大,呈现单调递增的变化趋势,通过对瓦斯扩散量与时间关系拟合(表 4-10),可以发现不同温度条件下颗粒煤瓦斯扩散量与扩散时间 $t$ 之间符合 $Q_t = a - b \cdot \ln(t+c)$ 型对数函数递增(其中,$a$、$b$、$c$ 为拟合系数),其判定系数均在 0.99 以上。在相同吸附平衡压力条件下,不同类型构造煤在高温条件下的瓦斯累计扩散量总是大于煤样低温条件下的累计扩散量,且高温条件下煤样更容易趋于极限瓦斯累计扩散量。

表 4-10 不同温度条件下扩散量与扩散时间关系

| 煤样编号 | 温度/℃ | 拟合方程 | $R^2$ |
|---|---|---|---|
| ZMWY-1 | 20 | $Q_t = -4.133\,04 + 1.502\,34\ln(t-5.673\,92)$ | 0.999 25 |
| | 30 | $Q_t = -7.831\,50 + 2.138\,64\ln(t+63.746\,08)$ | 0.999 02 |
| | 40 | $Q_t = -5.885\,00 + 2.054\,70\ln(t+9.558\,38)$ | 0.998 75 |
| ZMWY-2 | 20 | $Q_t = -4.151\,92 + 1.579\,86\ln(t-11.663\,22)$ | 0.999 25 |
| | 30 | $Q_t = -7.729\,51 + 2.222\,67\ln(t+40.972\,29)$ | 0.998 93 |
| | 40 | $Q_t = -5.656\,41 + 2.113\,11\ln(t+10.309\,36)$ | 0.998 48 |
| ZMWY-3 | 20 | $Q_t = -9.783\,41 + 2.307\,90\ln(t+75.682\,93)$ | 0.996 12 |
| | 30 | $Q_t = -11.730\,43 + 2.740\,04\ln(t+116.560\,25)$ | 0.998 70 |
| | 40 | $Q_t = -10.652\,41 + 2.807\,15\ln(t+124.881\,11)$ | 0.997 86 |
| ZMWY-4 | 20 | $Q_t = -12.373\,43 + 2.790\,02\ln(t+118.981\,47)$ | 0.993 11 |
| | 30 | $Q_t = -14.271\,75 + 3.215\,02\ln(t+171.228\,23)$ | 0.998 84 |
| | 40 | $Q_t = -11.251\,49 + 3.0394\,71\ln(t+129.126\,55)$ | 0.998 77 |

(2)温度对构造煤瓦斯扩散速度的影响

根据已测定的不同温度条件下的瓦斯累计扩散量,计算并绘制了不同温度条件下 TLPM-1、TLPM-2、TLPM-3、TLPM-4 煤样瓦斯扩散速度随时间变化图(图 4-17)。在相同吸附平衡压力下,不同类型构造煤的瓦斯扩散速度均随着温度的升高而增大,但是随时间的延长,增大的速度逐渐趋于稳定,最终趋于一致。

(3)温度对构造煤瓦斯扩散系数的影响

依据前面的实验结果,对不同温度条件下 TLPM-1、TLPM-2、TLPM-3、TLPM-4 煤样的瓦斯扩散量 $\ln(1-Q_t/Q_\infty)$ 与扩散时间 $t$ 关系绘制 $\ln(1-Q_t/Q_\infty)$-$t$ 关系曲线图(图 4-18)。根据各曲线斜率,进一步求取了不同温度条件下解吸-扩散系数 $D$,见表 4-11。

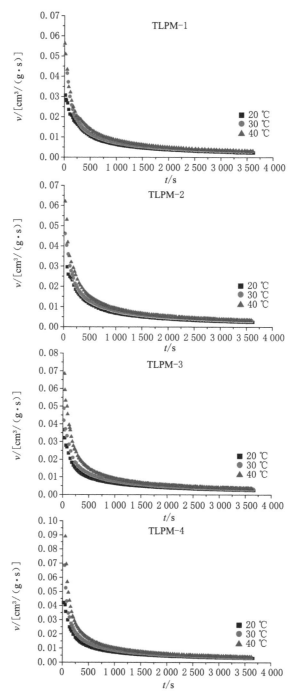

图 4-17　不同温度条件下瓦斯扩散速度变化图

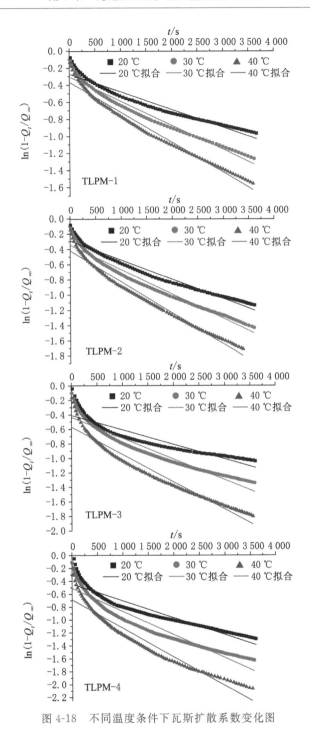

图 4-18　不同温度条件下瓦斯扩散系数变化图

表 4-11 不同温度与扩散系数关系

| 煤样编号 | 温度/℃ | 拟合方程 | $R^2$ | $\lambda$ | $D/(\mathrm{cm^2/s})$ |
|---|---|---|---|---|---|
| TLPM-1 | 20 | $\ln(1-Q_t/Q_\infty)=-2.002\ 06\times10^{-4}t-0.408\ 24$ | 0.856 86 | $2.002\ 06\times10^{-4}$ | $2.028\ 51\times10^{-7}$ |
| | 30 | $\ln(1-Q_t/Q_\infty)=-2.834\ 80\times10^{-4}t-3.096\ 90$ | 0.967 61 | $2.834\ 80\times10^{-4}$ | $2.872\ 25\times10^{-7}$ |
| | 40 | $\ln(1-Q_t/Q_\infty)=-3.515\ 66\times10^{-4}t-0.369\ 84$ | 0.974 49 | $3.515\ 66\times10^{-4}$ | $3.562\ 11\times10^{-7}$ |
| TLPM-2 | 20 | $\ln(1-Q_t/Q_\infty)=-2.075\ 26\times10^{-4}t-0.272\ 03$ | 0.946 07 | $2.075\ 26\times10^{-4}$ | $2.102\ 68\times10^{-7}$ |
| | 30 | $\ln(1-Q_t/Q_\infty)=-2.868\ 77\times10^{-4}t-0.435\ 92$ | 0.924 81 | $2.868\ 77\times10^{-4}$ | $2.906\ 67\times10^{-7}$ |
| | 40 | $\ln(1-Q_t/Q_\infty)=-3.775\ 23\times10^{-4}t-0.571\ 26$ | 0.945 36 | $3.775\ 23\times10^{-4}$ | $3.825\ 11\times10^{-7}$ |
| TLPM-3 | 20 | $\ln(1-Q_t/Q_\infty)=-2.526\ 62\times10^{-4}t-0.289\ 67$ | 0.963 45 | $2.526\ 62\times10^{-4}$ | $2.560\ 01\times10^{-7}$ |
| | 30 | $\ln(1-Q_t/Q_\infty)=-3.199\ 49\times10^{-4}t-0.349\ 77$ | 0.968 14 | $3.199\ 49\times10^{-4}$ | $3.241\ 76\times10^{-7}$ |
| | 40 | $\ln(1-Q_t/Q_\infty)=-4.073\ 62\times10^{-4}t-0.422\ 05$ | 0.974 63 | $4.073\ 62\times10^{-4}$ | $4.127\ 44\times10^{-7}$ |
| TLPM-4 | 20 | $\ln(1-Q_t/Q_\infty)=-2.626\ 76\times10^{-4}t-0.441\ 75$ | 0.918 23 | $2.626\ 76\times10^{-4}$ | $2.661\ 46\times10^{-7}$ |
| | 30 | $\ln(1-Q_t/Q_\infty)=-3.599\ 15\times10^{-4}t-0.514\ 61$ | 0.918 23 | $3.599\ 15\times10^{-4}$ | $3.646\ 70\times10^{-7}$ |
| | 40 | $\ln(1-Q_t/Q_\infty)=-4.453\ 52\times10^{-4}t-0.690\ 46$ | 0.930 39 | $4.453\ 52\times10^{-4}$ | $4.512\ 36\times10^{-7}$ |

为了研究温度变化对构造煤瓦斯扩散系数的影响,根据表 4-11 统计了吸附平衡压力 1.0 MPa 条件下屯留煤矿的扩散系数,并绘制了扩散系数与温度的变化图(图 4-19)。由图 4-19 可以看出,无论是 TLPM-1、TLPM-2 煤样,还是 TLPM-3、TLPM-4 煤样,其颗粒煤瓦斯扩散系数均呈现随温度的升高而不断增大的变化趋势,且基本呈现 $D=a+b\cdot T$ 的线性关系变化(其中,$a$、$b$ 为拟合系数)。

### 4.5.3 不同类型构造煤瓦斯扩散规律

一般认为,随着变质程度的增大,吸附/解吸量增大;随着破坏程度的增强,瓦斯累计扩散量以及初始扩散速度在相同时间段内均大幅增加[147,152]。本节重点进行不同变质程度和破坏程度对构造煤扩散规律的影响分析。

(1)变质程度、破坏程度对构造煤瓦斯扩散量的影响

实验过程采用粒度为 1.0～3.0 mm 的煤样,在恒定吸附平衡压力 1.0 MPa、恒定温度 30 ℃条件下进行,考察对象 ZMWY-1、ZMWY-2、ZMWY-3、ZMWY-4、TLPM-1、TLPM-2、TLPM-3、TLPM-4、PDSF-1、PDSF-2、PDSF-3、PDSF-4,采用无水干燥煤样。通过结合 4.5.1 小节和 4.5.2 小节部分实验数据,绘制了恒定吸附平衡压力、温度条件下 12 组不同类型构造煤的扩散量的关系图(图 4-20)。

如图 4-20 所示,在同样的吸附平衡压力(气压)和温度条件下,随着破坏程度的增强,相同变质程度煤瓦斯扩散量呈逐渐增加趋势;相同破坏程度煤随变质程度

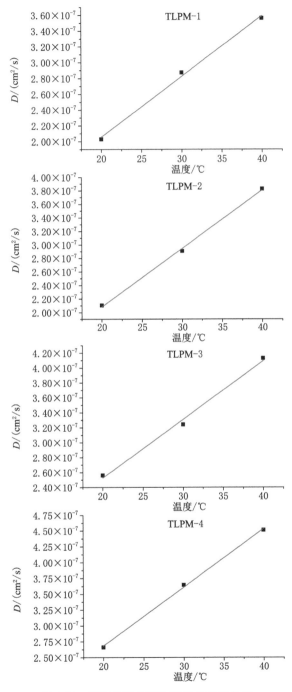

图 4-19　瓦斯扩散系数与温度关系变化图

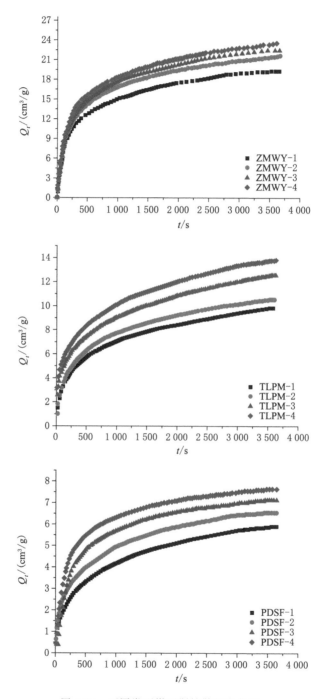

图 4-20　不同类型煤瓦斯扩散量变化图

的增强,瓦斯扩散量也呈现逐渐增加趋势,即构造煤瓦斯累计扩散量整体是随着变质程度和破坏程度的增强而逐渐增大;但不同煤级之间不同时间段内瓦斯扩散量增长速率不同,这由颗粒煤内部孔隙结构及比表面积等微观结构差异所控制。

（2）变质程度、破坏程度对构造煤瓦斯扩散速度的影响

统计了 4.5.3 小节同样的吸附平衡压力（气压）和温度条件下不同类型构造煤的瓦斯扩散量,绘制了构造煤瓦斯扩散速度变化曲线图（图 4-21～图 4-23）。

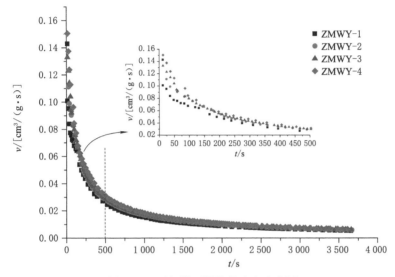

图 4-21　无烟煤瓦斯扩散速度变化图

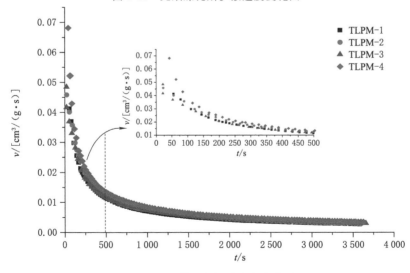

图 4-22　贫煤瓦斯扩散速度变化图

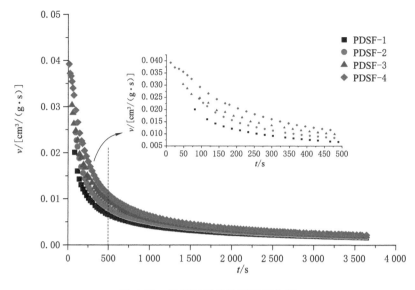

图 4-23　肥煤瓦斯扩散速度变化图

由图 4-21～图 4-23 可以看出,各煤样瓦斯扩散速度均随着扩散时间的延长而呈现幂函数衰减趋势,且在扩散初期前 500 s 时间段的衰减趋势更为明显。相同破坏程度煤随变质程度的增强,瓦斯扩散衰减速度也呈现逐渐增大趋势;瓦斯扩散初始速度随着变质程度和破坏程度增强呈现逐渐增大趋势。

(3)变质程度、破坏程度对构造煤瓦斯扩散系数的影响

在上述实验数据的基础上,依据聂百胜[162]等学者提出的求解方法,计算并绘制了不同类型构造煤的 $\ln(1-Q_t/Q_\infty)$-$t$ 关系曲线图(图 4-24～图 4-26),计算了同一吸附平衡压力、温度下瓦斯扩散系数(表 4-12),并绘制了各类煤与扩散系数关系图(图 4-27)。

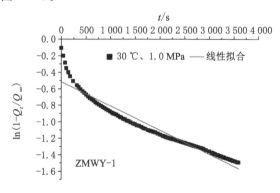

图 4-24　无烟煤四类煤瓦斯扩散规律

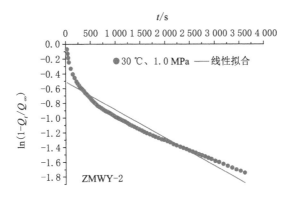

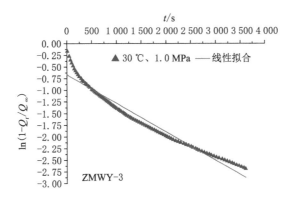

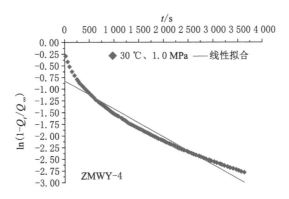

图 4-24　（续）

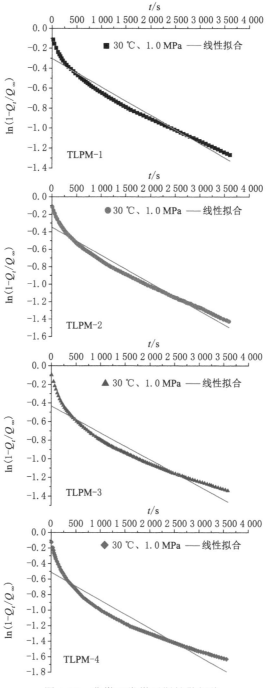

图 4-25　贫煤四类煤瓦斯扩散规律

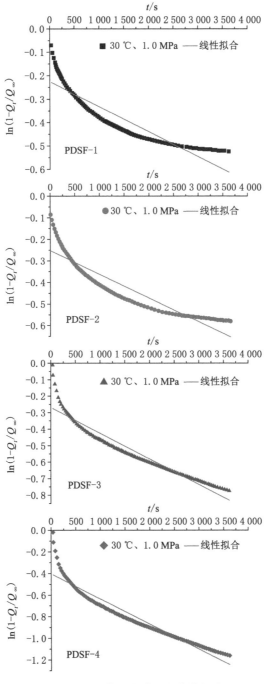

图 4-26　肥煤四类煤瓦斯扩散规律

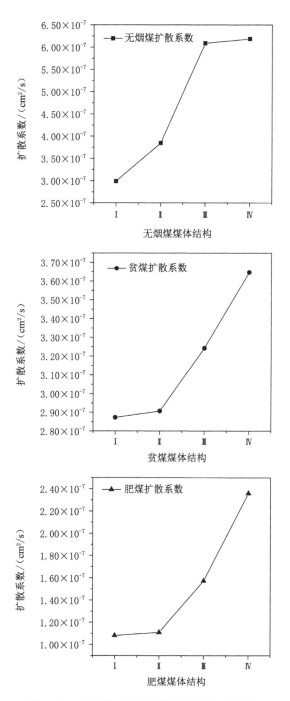

图 4-27　无烟煤、贫煤、肥煤扩散系数变化图

表 4-12　无烟煤、贫煤、肥煤四类煤的扩散系数

| 煤样编号 | 温度 /℃ | 压力 /MPa | 拟合方程 | $R^2$ | $D/(\text{cm}^2/\text{s})$ |
|---|---|---|---|---|---|
| ZMWY-1 | 30 | 1.0 | $\ln(1-Q_t/Q_\infty)=-2.949\,71\times10^{-4}t-0.598\,42$ | 0.927 23 | $2.988\,68\times10^{-7}$ |
| ZMWY-2 | 30 | 1.0 | $\ln(1-Q_t/Q_\infty)=-3.793\,93\times10^{-4}t-0.514\,16$ | 0.919 91 | $3.844\,05\times10^{-7}$ |
| ZMWY-3 | 30 | 1.0 | $\ln(1-Q_t/Q_\infty)=-6.007\,94\times10^{-4}t-0.828\,35$ | 0.952 92 | $6.087\,32\times10^{-7}$ |
| ZMWY-4 | 30 | 1.0 | $\ln(1-Q_t/Q_\infty)=-6.104\,82\times10^{-4}t-0.671\,25$ | 0.959 10 | $6.185\,48\times10^{-7}$ |
| TLPM-1 | 30 | 1.0 | $\ln(1-Q_t/Q_\infty)=-2.834\,80\times10^{-4}t-3.096\,90$ | 0.967 61 | $2.872\,25\times10^{-7}$ |
| TLPM-2 | 30 | 1.0 | $\ln(1-Q_t/Q_\infty)=-2.868\,77\times10^{-4}t-0.435\,92$ | 0.924 81 | $2.906\,67\times10^{-7}$ |
| TLPM-3 | 30 | 1.0 | $\ln(1-Q_t/Q_\infty)=-3.199\,49\times10^{-4}t-0.349\,77$ | 0.968 14 | $3.241\,76\times10^{-7}$ |
| TLPM-4 | 30 | 1.0 | $\ln(1-Q_t/Q_\infty)=-3.599\,15\times10^{-4}t-0.514\,61$ | 0.918 23 | $3.646\,70\times10^{-7}$ |
| PDSF-1 | 30 | 1.0 | $\ln(1-Q_t/Q_\infty)=-1.066\,90\times10^{-4}t-0.226\,49$ | 0.826 25 | $1.081\,00\times10^{-7}$ |
| PDSF-2 | 30 | 1.0 | $\ln(1-Q_t/Q_\infty)=-1.094\,56\times10^{-4}t-0.253\,52$ | 0.848 95 | $1.109\,02\times10^{-7}$ |
| PDSF-3 | 30 | 1.0 | $\ln(1-Q_t/Q_\infty)=-1.551\,85\times10^{-4}t-0.269\,44$ | 0.915 47 | $1.572\,35\times10^{-7}$ |
| PDSF-4 | 30 | 1.0 | $\ln(1-Q_t/Q_\infty)=-2.327\,78\times10^{-4}t-0.404\,16$ | 0.923 45 | $2.358\,53\times10^{-7}$ |

　　由图 4-27 可以看出,无论是高等变质程度无烟煤、贫煤,还是中等变质程度肥煤,其瓦斯扩散系数均呈现随煤体变形(破坏)程度的升高而不断增大的变化趋势;相同变形程度条件下,构造煤的瓦斯扩散系数伴随变质程度的增强而增大;而这与 4.3.4 小节气相色谱法(直接方法)测定的在围压条件下不同类型构造煤瓦斯扩散规律显著不同,反映了构造煤在不同地层条件下的瓦斯扩散规律。

### 4.5.4　解吸-扩散法瓦斯扩散的衰减特性

　　煤层(粒)内的瓦斯浓度梯度是导致瓦斯扩散流动的重要动力来源,但瓦斯浓度的变化是不间断的,贯穿整个扩散过程,根据构造煤的瓦斯扩散实验结果可以看出,瓦斯扩散系数均呈现随时间的延长而衰减(图 4-28),且糜棱煤、碎粒煤的扩散系数随时间衰减现象更为明显,即对外宏观表现为扩散系数具有随时间而变化的时效特性或时变特性[147,152,248]。

　　因此,扩散系数实际上不是一个恒定值,而是一个动态扩散系数,解吸-扩散法测定的扩散系数 $D$ 随扩散时间延长而呈现指数衰减的特性(表 4-13、图 4-29),但不同类型构造煤在相同时间段内计算的扩散系数总体仍随破坏程度升高呈现出不断增大的变化趋势,与 4.5.3 小节表现的规律一致。

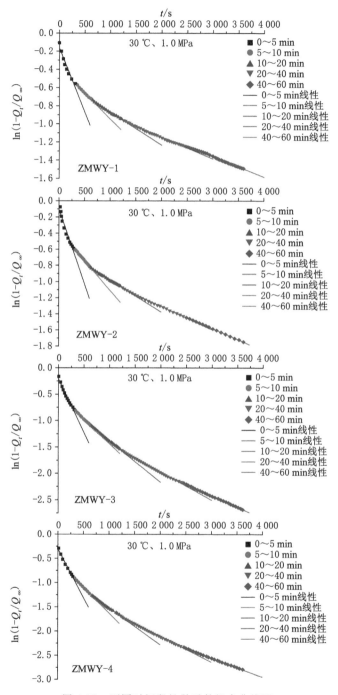

图 4-28  不同时间段扩散系数拟合曲线图

表 4-13　不同时间段扩散系数(30 ℃、1.0 MPa)

| 煤样编号 | 时间段/min | 拟合方程 | $R^2$ | $D/(cm^2/s)$ |
|---|---|---|---|---|
| ZMWY-1 | 0～5 | $\ln(1-Q_t/Q_\infty) = -0.001\ 42t - 0.164\ 11$ | 0.920 13 | $1.438\ 76 \times 10^{-6}$ |
| | 5～10 | $\ln(1-Q_t/Q_\infty) = -5.698\ 42 \times 10^{-4}t - 0.383\ 13$ | 0.995 39 | $5.773\ 71 \times 10^{-7}$ |
| | 10～20 | $\ln(1-Q_t/Q_\infty) = -3.600\ 43 \times 10^{-4}t - 0.516\ 83$ | 0.995 79 | $3.648\ 00 \times 10^{-7}$ |
| | 20～40 | $\ln(1-Q_t/Q_\infty) = -2.394\ 11 \times 10^{-4}t - 0.672\ 09$ | 0.995 54 | $2.425\ 74 \times 10^{-7}$ |
| | 40～60 | $\ln(1-Q_t/Q_\infty) = -2.238\ 01 \times 10^{-4}t - 0.690\ 91$ | 0.997 81 | $2.267\ 58 \times 10^{-7}$ |
| | 全时段 0～60 | $\ln(1-Q_t/Q_\infty) = -2.949\ 71 \times 10^{-4}t - 0.598\ 42$ | 0.927 23 | $2.988\ 68 \times 10^{-7}$ |
| ZMWY-2 | 0～5 | $\ln(1-Q_t/Q_\infty) = -0.001\ 84t - 0.100\ 37$ | 0.940 98 | $1.864\ 31 \times 10^{-6}$ |
| | 5～10 | $\ln(1-Q_t/Q_\infty) = -7.395\ 52 \times 10^{-4}t - 0.371\ 83$ | 0.998 69 | $7.493\ 23 \times 10^{-7}$ |
| | 10～20 | $\ln(1-Q_t/Q_\infty) = -3.921\ 99 \times 10^{-4}t - 0.592\ 41$ | 0.996 94 | $3.973\ 81 \times 10^{-7}$ |
| | 20～40 | $\ln(1-Q_t/Q_\infty) = -2.912\ 66 \times 10^{-4}t - 0.726\ 80$ | 0.997 02 | $2.951\ 14 \times 10^{-7}$ |
| | 40～60 | $\ln(1-Q_t/Q_\infty) = -2.738\ 37 \times 10^{-4}t - 0.761\ 22$ | 0.999 57 | $2.774\ 55 \times 10^{-7}$ |
| | 全时段 0～60 | $\ln(1-Q_t/Q_\infty) = -3.793\ 93 \times 10^{-4}t - 0.514\ 16$ | 0.919 91 | $3.844\ 05 \times 10^{-7}$ |
| ZMWY-3 | 0～5 | $\ln(1-Q_t/Q_\infty) = -0.002\ 02t - 0.210\ 06$ | 0.972 23 | $2.046\ 69 \times 10^{-6}$ |
| | 5～10 | $\ln(1-Q_t/Q_\infty) = -9.316\ 03 \times 10^{-4}t - 0.507\ 26$ | 0.997 36 | $9.439\ 11 \times 10^{-7}$ |
| | 10～20 | $\ln(1-Q_t/Q_\infty) = -7.839\ 17 \times 10^{-4}t - 0.600\ 11$ | 0.998 75 | $7.942\ 74 \times 10^{-7}$ |
| | 20～40 | $\ln(1-Q_t/Q_\infty) = -5.325\ 66 \times 10^{-4}t - 0.911\ 50$ | 0.997 70 | $5.396\ 02 \times 10^{-7}$ |
| | 40～60 | $\ln(1-Q_t/Q_\infty) = -4.266\ 63 \times 10^{-4}t - 1.146\ 13$ | 0.999 22 | $4.323\ 00 \times 10^{-7}$ |
| | 全时段 0～60 | $\ln(1-Q_t/Q_\infty) = -6.007\ 94 \times 10^{-4}t - 0.828\ 35$ | 0.952 92 | $6.087\ 32 \times 10^{-7}$ |
| ZMWY-4 | 0～5 | $\ln(1-Q_t/Q_\infty) = -0.002\ 00t - 0.301\ 61$ | 0.980 79 | $2.026\ 42 \times 10^{-6}$ |
| | 5～10 | $\ln(1-Q_t/Q_\infty) = -0.001\ 07t - 0.560\ 63$ | 0.999 56 | $1.084\ 14 \times 10^{-6}$ |
| | 10～20 | $\ln(1-Q_t/Q_\infty) = -7.561\ 49 \times 10^{-4}t - 0.769\ 19$ | 0.995 67 | $7.661\ 39 \times 10^{-7}$ |
| | 20～40 | $\ln(1-Q_t/Q_\infty) = -5.287\ 48 \times 10^{-4}t - 1.054\ 43$ | 0.998 75 | $5.357\ 34 \times 10^{-7}$ |
| | 40～60 | $\ln(1-Q_t/Q_\infty) = -3.950\ 44 \times 10^{-4}t - 1.369\ 00$ | 0.998 75 | $4.002\ 63 \times 10^{-7}$ |
| | 全时段 0～60 | $\ln(1-Q_t/Q_\infty) = -6.104\ 82 \times 10^{-4}t - 0.671\ 25$ | 0.959 10 | $6.185\ 48 \times 10^{-7}$ |

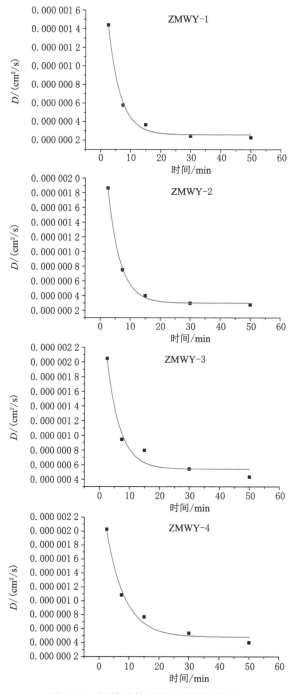

图 4-29　扩散系数随时间变化曲线图

## 4.6　本章小结

　　本章从煤层在井下实际赋存状态出发,基于构造煤柱状煤样和颗粒煤两类扩散介质,采集具有代表性样品,采用柱状煤样结合气相色谱法和颗粒煤解吸-扩散法两种扩散系数测试方法,开展了模拟地层条件下的构造煤瓦斯扩散实验研究,分别探讨了围压、气压、温度、煤质、破坏程度等因素对构造煤瓦斯扩散规律的影响,主要取得以下成果:

　　(1)构造煤中是否产生渗流,不仅与流动通道大小有关,而且关键要看是否具备了发生渗流的力学条件。即使在大孔和显微裂隙中,煤层内外不存在发生渗流的力学条件或者显微裂隙被部分充填,残留空隙不足以使煤层甲烷渗流流动,煤层甲烷则仍以扩散的运动形式经过显微裂隙,可用气体在多孔介质中的扩散理论描述。鉴于此,本书将采用柱状煤样结合气相色谱法(直接方法)和颗粒煤样解吸-扩散法(间接方法)相结合的方法开展研究,深入探讨不同条件下构造煤的瓦斯扩散规律,并分析了两种实验方法的差异性和适用性。

　　(2)自主设计了构造煤瓦斯扩散系数实验平台。新设计的构造煤扩散系数测定平台主要包括:QGK-Ⅲ型扩散系数测试装置主体系统、N2000 气相色谱分析仪、实验辅助设备(取气瓶等)。QGK-Ⅲ型扩散系数测试装置由岩芯夹持器、环压系统、供气系统、抽真空系统和恒温控制系统共同组成。利用该实验平台可以模拟实现设定围压、气压、温度条件下构造煤瓦斯扩散系数测试。

　　(3)根据华北含煤地层平均地温梯度和储层压力梯度预测了埋深介于 600～1 300 m 之间的煤层温度和压力。预测结果显示,温度介于 27～42.5 ℃之间,压力介于 5.0～11 MPa 之间;并根据预测结果,根据单一变量对扩散影响设计了扩散正交实验方案,研究结果为开展构造煤瓦斯扩散实验提供了参数依据。

　　(4)气相色谱法变围压扩散规律显示:无烟煤、贫煤、肥煤瓦斯扩散系数均随着围压的增大呈现指数关系减小,且随着围压的升高,减小速度略微变缓。实验未出现下降速度明显变缓的拐点,推测围压继续升高,扩散系数将趋于稳定。

　　(5)气相色谱法变气压扩散规律显示:无烟煤、贫煤、肥煤瓦斯扩散系数随气压变化规律与围压相反,呈现指数关系逐渐增大,且随着气压(吸附平衡压力)的升高,增大的速度变缓。推测当气压继续升高,扩散系数将趋于稳定,存在极限扩散系数。

　　(6)气相色谱法变温度扩散规律显示:无烟煤、贫煤、肥煤瓦斯扩散系数随着温度升高呈现指数关系逐渐增大,且随着温度的升高,增大的速度略有增加。

　　(7)气相色谱法不同类型构造煤扩散规律显示:在相同围压、温度、气压条件下,相同煤级构造煤随着破坏程度增加呈现先增大后减小的变化趋势,碎裂煤的扩散系数最大;相同破坏程度构造煤,随着变质程度的增高呈现先增大后减小的变化趋势,即破坏程度相近,贫煤扩散系数>无烟煤>肥煤。

（8）气相色谱法构造煤瓦斯扩散系数 $D$ 与坚固性系数 $f$ 值之间呈现 $D = a/(a+b \cdot f+c \cdot f^2)$ 型 Holliday 非线性函数变化关系,煤体结构由简单到复杂,扩散系数先增大后减小。

（9）解吸-扩散法变吸附平衡压力瓦斯扩散规律显示:不同类型构造煤随着扩散时间的延长,累计扩散量逐渐增大,具有单调递增的趋势,但最终这种增大趋势随着时间延长而逐渐变缓;在初期 0～500 s 时间段,瓦斯扩散量急剧增大。扩散速度随时间延长均呈现幂函数单调衰减,随吸附平衡压力的增大而增大,但随着时间的延长,扩散速度增速变缓,最终逐渐趋于零。解吸-扩散法构造煤扩散系数 $D$ 总体随着吸附平衡压力的增加而增大,两者总体表现为指数或者线性关系增大。

（10）解吸-扩散法变温度瓦斯扩散规律显示:在相同气压下,构造煤在相同时间内瓦斯扩散量随温度的不断升高而增大,呈现单调递增的变化趋势;扩散速度伴随温度的升高而不断增大,随着扩散时间的延长而逐渐趋于稳定,最终扩散速度趋于一致。解吸-扩散法构造煤扩散系数均随温度的升高而呈现 $D=a+b \cdot T$ 型线性增长关系。

（11）解吸-扩散法不同类型构造煤瓦斯扩散规律显示:构造煤瓦斯累计扩散量整体随着变质程度和破坏程度的增强而逐渐增大,但不同煤级之间不同时间段内瓦斯扩散量增长速度不同;瓦斯扩散速度均随着扩散时间的延长而呈现幂函数衰减趋势,扩散初期前 500 s 时间段的衰减趋势更为明显;瓦斯初始扩散速度随着变质程度和破坏程度增强呈现缓慢增大的趋势;解吸-扩散法不同类型构造煤扩散系数均呈现随变质程度和破坏程度的增大而不断增大,这与气相色谱法不同类型构造煤瓦斯扩散规律显著不同,两种扩散方法反映了构造煤在不同地层条件下的瓦斯扩散规律。

（12）解吸-扩散法测定的扩散系数 $D$ 随扩散时间延长而呈现指数衰减的特性,但不同类型构造煤在相同时间段内计算的扩散系数总体仍随破坏程度升高而增大。

# 第5章　构造煤瓦斯扩散控制机理与扩散模型研究

　　研究构造煤瓦斯扩散控制机理是阐明不同地层条件下煤层瓦斯扩散规律、寻找影响扩散速率关键因素、构建更符合实际煤层瓦斯扩散特性数学模型的基础,对于科学评价瓦斯在煤层中的扩散运移速率、合理计算煤层的瓦斯含量等均有重要意义。本章试图在瓦斯扩散规律实验研究的基础上,结合气体分形介质扩散动力学理论,查明不同地层条件下影响构造煤瓦斯扩散关键影响因素,针对现有的瓦斯扩散理论模型存在的问题,构建更符合实际煤层状态的扩散模型。

## 5.1　构造煤瓦斯扩散控制机理

　　关于构造煤瓦斯扩散控制机理,仍存在以下几方面问题尚需合理解释[148]:一是构造煤在应力条件下控制机理尚不清楚;二是构造煤应力条件下和卸压条件下瓦斯扩散控制机理有何异同;三是常压解吸-扩散法(间接方法)计算的扩散系数能否用于应力条件下瓦斯在原煤扩散运移速率评价,即间接方法测定扩散系数能否与直接方法简单替代。

### 5.1.1　气相色谱法瓦斯扩散控制

　　(1)围压对构造煤瓦斯扩散的控制

　　有效应力是指施加于煤储层的围压与其孔-裂隙内的流体压力的差值,根据表4-3中的数据,经计算得到了8组原煤煤样的孔隙有效应力(表5-1),据此作了扩散系数与有效应力之间关系图(图5-1、图5-2)。

表 5-1　有效应力与扩散系数关系

| 煤样编号 | 有效应力/MPa | $CH_4$扩散系数 $D/(cm^2/s)$ | 煤样编号 | 有效应力/MPa | $CH_4$扩散系数 $D/(cm^2/s)$ |
|---|---|---|---|---|---|
| ZMWY-1 | 4.0 | $7.44\times10^{-8}$ | TLPM-1 | 4.0 | $7.87\times10^{-8}$ |
| | 5.7 | $5.67\times10^{-8}$ | | 5.7 | $6.17\times10^{-8}$ |
| | 7.6 | $3.86\times10^{-8}$ | | 7.6 | $4.04\times10^{-8}$ |
| | 9.3 | $3.32\times10^{-8}$ | | 9.3 | $3.36\times10^{-8}$ |

表 5-1(续)

| 煤样编号 | 有效应力/MPa | CH₄扩散系数 $D/(cm^2/s)$ | 煤样编号 | 有效应力/MPa | CH₄扩散系数 $D/(cm^2/s)$ |
|---|---|---|---|---|---|
| ZMWY-2 | 4.0 | $9.12\times10^{-8}$ | TLPM-2 | 4.0 | $9.14\times10^{-8}$ |
|  | 5.7 | $6.85\times10^{-8}$ |  | 5.7 | $7.17\times10^{-8}$ |
|  | 7.6 | $4.86\times10^{-8}$ |  | 7.6 | $4.92\times10^{-8}$ |
|  | 9.3 | $4.32\times10^{-8}$ |  | 9.3 | $4.57\times10^{-8}$ |
| ZMWY-3 | 4.0 | $5.34\times10^{-8}$ | PDSF-1 | 4.0 | $6.98\times10^{-8}$ |
|  | 5.7 | $4.12\times10^{-8}$ |  | 5.7 | $5.57\times10^{-8}$ |
|  | 7.6 | $2.33\times10^{-8}$ |  | 7.6 | $3.75\times10^{-8}$ |
|  | 9.3 | $1.84\times10^{-8}$ |  | 9.3 | $3.01\times10^{-8}$ |
| ZMWY-4 | 4.0 | $4.53\times10^{-8}$ | PDSF-2 | 4.0 | $7.12\times10^{-8}$ |
|  | 5.7 | $3.51\times10^{-8}$ |  | 5.7 | $5.65\times10^{-8}$ |
|  | 7.6 | $2.23\times10^{-8}$ |  | 7.6 | $3.82\times10^{-8}$ |
|  | 9.3 | $1.82\times10^{-8}$ |  | 9.3 | $3.09\times10^{-8}$ |

由图 5-1、图 5-2 可见,扩散系数随着有效应力的增大呈现指数关系减小,且随着有效应力的增加,减小的速度略微变慢。可见,扩散系数随着围压的增加呈现指数关系减小实质由有效应力的变化控制。

根据材料力学理论,煤体变形总是伴随应力值的增大而增加[24]。因此,在其他条件不变的情况下,随着围压的不断增加,孔隙压力(气压)不变,煤体的有效应力会不断增加[249],引起煤体变形不断增大,煤中的孔隙、喉道受有效应力的作用收缩变形,进而造成煤体孔隙率下降、扩散系数降低。可见,扩散系数与渗透率相似,同样具有有效应力负效应作用。

(2)气压对构造煤瓦斯扩散的控制

变气压瓦斯扩散实验共测定在相同的温度、围压和不同气压条件下 32 组的瓦斯扩散系数。根据表 4-4 中的实验结果,经计算得到了 8 组煤样的孔隙有效应力(表 5-2),由图 5-3、图 5-4 可见,扩散系数随着有效应力的减小呈现指数关系增大,而且伴随有效应力的减小,增大的速度会略微变缓。可见,扩散系数随着气压的增大呈现指数关系增大实质也由有效应力的变化决定。同时以往研究已经证实[250],随着煤中 CH₄ 气体压力的增加,煤对 CH₄ 气体分子的吸附性增强,在外力约束条件下,吸附膨胀应力增加,从而导致煤体的有效应力降低。由上节分析可知,有效应力的降低会导致扩散系数的增大。

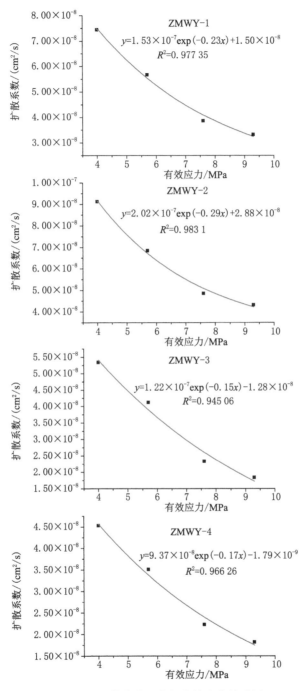

图 5-1　无烟煤扩散系数与有效应力关系图

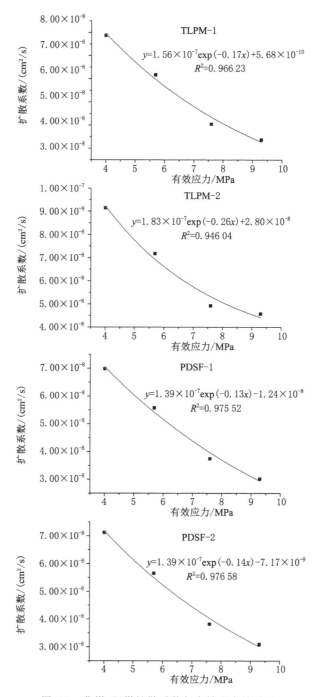

图 5-2　贫煤、肥煤扩散系数与有效应力关系图

表 5-2　有效应力与扩散系数关系

| 煤样编号 | 有效应力/MPa | CH₄扩散系数 $D$/(cm²/s) | 煤样编号 | 有效应力/MPa | CH₄扩散系数 $D$/(cm²/s) |
|---|---|---|---|---|---|
| ZMWY-1 | 6.2 | $3.34\times10^{-8}$ | TLPM-1 | 6.2 | $7.87\times10^{-8}$ |
| | 5.7 | $5.67\times10^{-8}$ | | 5.7 | $6.17\times10^{-8}$ |
| | 5.2 | $7.87\times10^{-8}$ | | 5.2 | $4.04\times10^{-8}$ |
| | 4.7 | $8.46\times10^{-8}$ | | 4.7 | $3.36\times10^{-8}$ |
| ZMWY-2 | 6.2 | $4.23\times10^{-8}$ | TLPM-2 | 6.2 | $9.14\times10^{-8}$ |
| | 5.7 | $6.85\times10^{-8}$ | | 5.7 | $7.17\times10^{-8}$ |
| | 5.2 | $8.12\times10^{-8}$ | | 5.2 | $4.92\times10^{-8}$ |
| | 4.7 | $8.65\times10^{-8}$ | | 4.7 | $4.57\times10^{-8}$ |
| ZMWY-3 | 6.2 | $3.01\times10^{-8}$ | PDSF-1 | 6.2 | $6.98\times10^{-8}$ |
| | 5.7 | $4.12\times10^{-8}$ | | 5.7 | $5.57\times10^{-8}$ |
| | 5.2 | $6.12\times10^{-8}$ | | 5.2 | $3.75\times10^{-8}$ |
| | 4.7 | $6.46\times10^{-8}$ | | 4.7 | $3.01\times10^{-8}$ |
| ZMWY-4 | 6.2 | $2.87\times10^{-8}$ | PDSF-2 | 6.2 | $7.12\times10^{-8}$ |
| | 5.7 | $3.51\times10^{-8}$ | | 5.7 | $5.65\times10^{-8}$ |
| | 5.2 | $5.67\times10^{-8}$ | | 5.2 | $3.82\times10^{-8}$ |
| | 4.7 | $5.98\times10^{-8}$ | | 4.7 | $3.09\times10^{-8}$ |

CH₄扩散过程中,煤的微观孔隙系统对 CH₄产生吸附作用,吸附膨胀体积的一部分转换为接触点的膨胀应力,而另一部分转换为影响孔隙体积的内向吸附膨胀应变量[181],随着 CH₄气体压力的增加,煤粒内向吸附变形增大,煤粒膨胀,孔隙率减小,扩散系数减小;反之,孔隙压力减小,煤粒收缩,孔隙率增加,扩散系数增大。因此,气体压力对煤的扩散存在两种作用,分别为力学作用和吸附作用。

变气压构造煤扩散实验结果表明,随着气体压力的升高,导致了扩散系数增大,表明气体压力对煤中 CH₄扩散的控制作用受有效应力和煤粒收缩、膨胀变形两种因素的共同制约,两种因素会带来相反的结果,但最终气体压力与扩散系数的关系会受主控因素制约,构造煤中 CH₄扩散的主控因素是受有效应力力学作用控制。

(3) 温度对构造煤瓦斯扩散的控制

在材料学理论[251]中,温度与扩散系数的关系符合图 5-5 所示的关系。

气体分子运动学理论[252]指出,温度是分子平均动能大小的标志,其关系

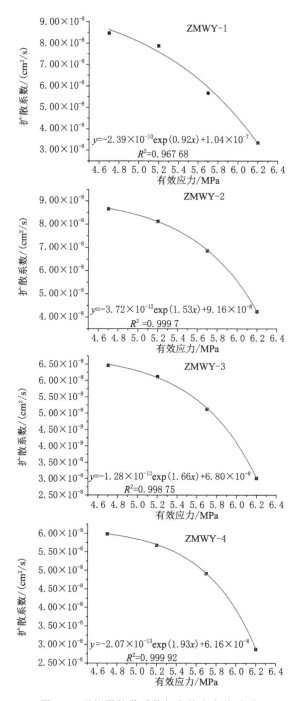

图 5-3　无烟煤扩散系数与有效应力关系图

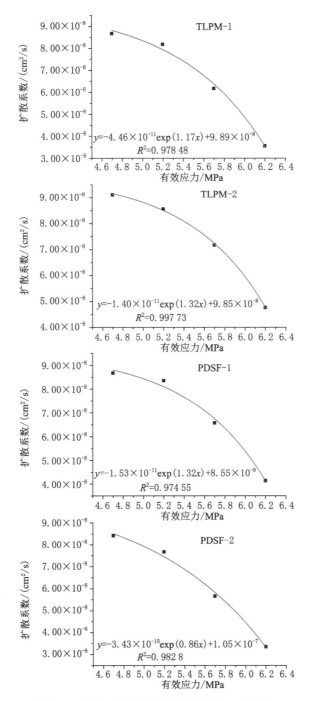

图 5-4　贫煤、肥煤扩散系数与有效应力关系图

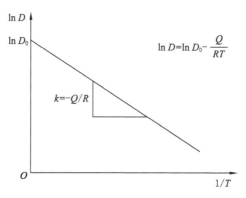

图 5-5　扩散系数 $D$ 与温度 $T$ 关系图

式为：

$$\bar{\varepsilon}_k = \frac{1}{2}mv^2 = \frac{3}{2}kT \qquad (5-1)$$

式中　$\bar{\varepsilon}_k$——平均动能；

　　　$m$——分子质量；

　　　$v$——平均速度；

　　　$k$——玻尔常数；

　　　$T$——温度。

根据气体分子动力学理论[252]，温度对气体分子扩散特性的控制主要通过改变气体分子的平均自由行程和均方根速度来实现，材料学中分子运动论阐明了气体的温度标志着该气体分子平均动能的大小[181]，随着温度的增高，可以提高分子振动的幅度和频率，分子运动速度增大，分子运动活力增加，由高浓度到低浓度的运动速度增加，从而使扩散速度加快，最终导致扩散系数呈慢慢增大的趋势。

（4）孔隙结构对构造煤瓦斯扩散的控制

变质作用和变形（破坏）作用在同一煤层成煤过程中密不可分，微观孔隙结构分析显示，在相同的围压、气压、温度条件下，不同煤级原生结构煤的排驱压力最大，随着破坏程度的增大排驱压力呈逐渐减小趋势。一般来说，排驱压力越小，退汞效率越高，说明大量存在的孔喉越粗，孔隙结构越有利，越有利于扩散的进行；反之，孔隙结构就越差，不利于扩散进行，而由图 5-6、图 5-7 两者之间呈现的关系却相反；同时在扩散进行的过程中，煤的微观孔隙系统对瓦斯会产生吸附作用，一般糜棱煤吸附能力最强，导致扩散过程中气体浓度减少，扩散速率降低，扩散系数减小（图 5-8）。分析分形维数 $d_{mi}$、$d_{ni}$、$d_{ft}$ 与扩散系数关系（图 5-9～图 5-11），总体来看，扩散系数随分形维数的增大呈现先增大后减小的变化趋势。

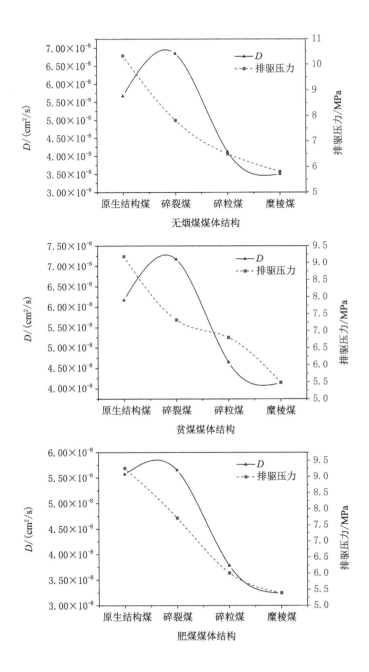

图 5-6　扩散系数与排驱压力之间关系图

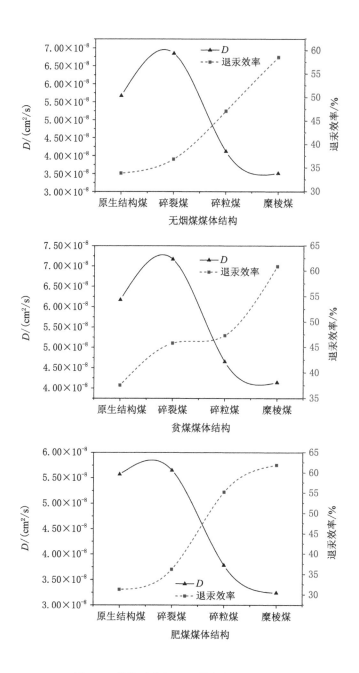

图 5-7  扩散系数与退汞效率之间关系图

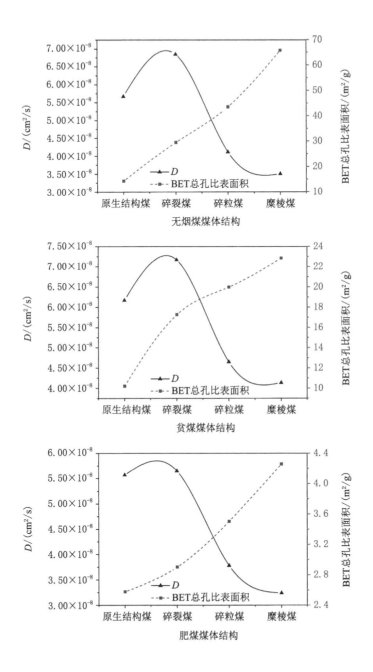

图 5-8　扩散系数与 BET 总孔比表面积关系图

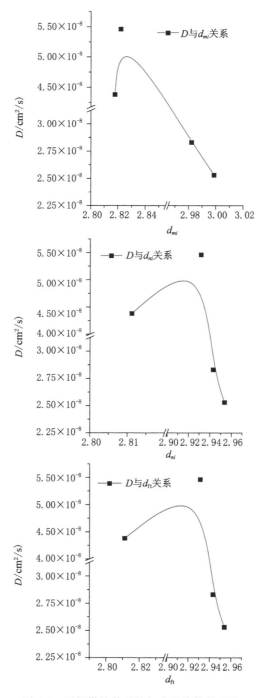

图 5-9　无烟煤扩散系数与分形维数关系图

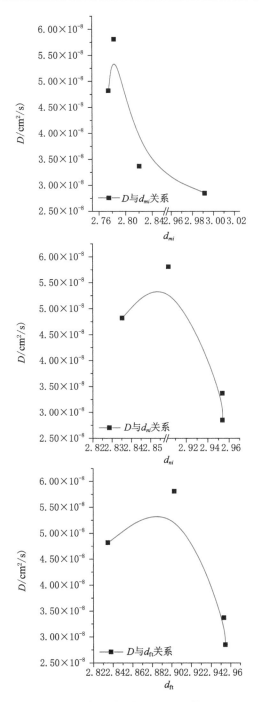

图 5-10　贫煤扩散系数与分形维数关系图

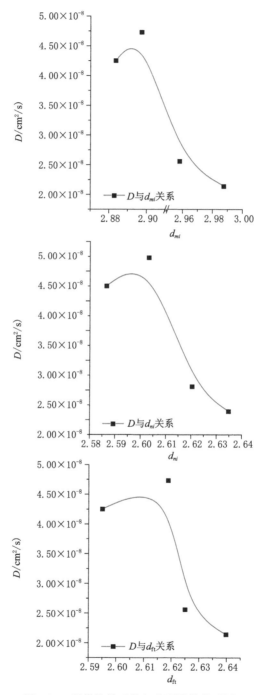

图 5-11　肥煤扩散系数与分形维数关系图

　　显微裂隙特征分析显示,无烟煤、贫煤、肥煤四类煤显微裂隙发育总数随着变质程度和破坏程度的增大呈现先增大后减小的变化趋势,以贫煤碎裂煤最为发育,显微裂隙越发育导致扩散进行越容易(图 5-12)。由此可见,在围压、气压、温度一致条件下,造成不同类型构造煤瓦斯扩散规律呈现先增大后减小的变化是由微观孔隙结构和显微裂隙共同耦合控制,反映了围压条件下构造煤瓦斯扩散的总体规律,这与在原始煤层内,受有效应力作用影响,硬煤透气性比软煤透气性好的现象相吻合。

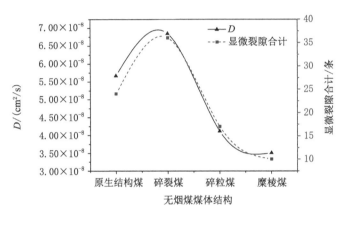

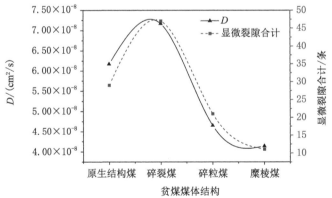

图 5-12　扩散系数与显微裂隙关系图

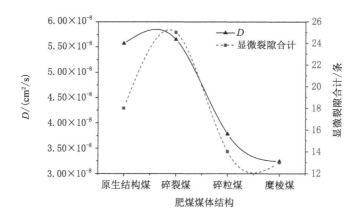

图 5-12 （续）

### 5.1.2 解吸-扩散法瓦斯扩散控制

（1）吸附平衡压力对构造煤瓦斯解吸-扩散的控制

由表 4-9 和图 4-15 可以看出,解吸-扩散法构造煤瓦斯扩散系数 $D$ 整体随着吸附平衡压力的升高而呈现指数或者线性关系增大,从扩散动力学角度分析认为,造成瓦斯扩散系数随吸附平衡压力升高而增大的原因有以下两方面:一是随着吸附平衡压力的升高,导致 $CH_4$ 分子碰撞煤基质内部孔隙表面的概率将增高,引起 $CH_4$ 分子在煤基质内部各级孔隙表面上排布密度升高,导致最终吸附量增大,因此,在瓦斯解吸-扩散初始阶段,由于在高气体压力条件下煤基质孔隙表面上的 $CH_4$ 分子密度高,即煤基质孔隙表面与外界之间的浓度梯度较大,导致在扩散过程初始阶段的扩散系数较大;随着扩散的不断进行,孔隙内表面与外界环境的浓度梯度也不断减小,导致扩散系数逐渐减小。二是反映在分子之间相互撞击的速度和频率上,通常气体压力(吸附平衡压力)越大,$CH_4$ 气体分子做无规则剧烈运动的速度越大,其具有的扩散动能越大,从而导致 $CH_4$ 气体分子从煤基质孔隙内表面脱附后扩散出来的频率越高,宏观表现为瓦斯扩散系数随着吸附平衡压力(气压)的增高而越来越大,最终导致相同时间段内瓦斯累计扩散量与扩散速度也越大。

（2）温度对构造煤瓦斯解吸-扩散的控制

关于扩散系数随着温度升高而增大的机理,与 5.1.1 小节影响机理基本相似,可以概括为两个方面:一是温度对 $CH_4$ 气体分子活性的影响,根据气体分子运动学理论,气体的温度标志着该气体分子平均动能的大小,随着温度的增高,可以提高 $CH_4$ 气体分子振动的幅度和频率,$CH_4$ 气体分子动能越大,导致 $CH_4$ 气体分子停滞于煤孔隙表面的时间缩短,原本吸附于煤孔隙表面的 $CH_4$ 分子获得能量进而脱离、解吸的概率增大,宏观表现即为煤体对瓦斯的吸附能力降低,$CH_4$ 气体分子的累计扩散量及扩散速度增加,其实质是扩散系数增加所致。二是温度的升高可能对孔隙结构产生一定的影响。张玉涛等[253]、李志强[254] 研究认为,温度的升高会引起煤基质内部孔隙四周的有机质遭到氧化膨胀,而高温条件下孔径小的孔隙受热膨胀速度要比孔径大的孔隙大,最终导致孔径大的孔隙数量上不断增加,从而使瓦斯扩散更容易进行。另外,高温条件下煤基质内部也可能生成新的孔隙,最终也有利于扩散进行,但该影响机制在较高的温度和较长的时间下可能显现明显。

（3）孔隙结构对构造煤瓦斯解吸-扩散的控制

由图 4-27 可以看出,无论是高等变质程度无烟煤、贫煤,还是中等变质程度肥煤,其瓦斯扩散系数均呈现随煤体破坏程度的升高而不断增大的变化趋势;相同破坏程度条件下,瓦斯扩散系数伴随变质程度的增强而增大,这与 4.3.4 小节气相色谱法（直接方法）测得的不同类型构造煤瓦斯扩散规律显著不同。分析认为主要受微观孔隙结构控制,其中糜棱煤 BET 总孔比表面积最大,导致相同气体压力下吸附量最大,当瓦斯扩散开始进行时,在煤基质内部孔隙表面上覆盖的 $CH_4$ 分子密度较高,孔隙表面与外界之间的浓度梯度较大,导致瓦斯扩散系数较大（图 5-13）。

不同煤级原生结构煤的排驱压力最大,随着破坏程度的增大排驱压力呈逐渐减小趋势,通常排驱压力越小,退汞效率越高,说明其孔隙的孔喉越粗,孔隙结构越有利于扩散的进行;反之,孔隙结构就越差,不利于扩散进行,由图 5-14、图 5-15 可知两者之间呈现出正相关关系。

分析分形维数 $d_{mi}$、$d_{ni}$、$d_{ft}$ 与解吸-扩散法扩散系数关系如图 5-16～图 5-18 所示。总体来看,扩散系数随分形维数的增大而增大,整体呈正相关关系,不可忽视的是煤层原始微观结构（孔隙、显微裂隙）受外界环境变化（温度、气压）影响后再分布特征,即卸压作用对煤本身的微观孔隙结构产生的影响,卸压作用可能导致微观孔隙结构中部分封闭孔隙、半封闭孔隙打开,变成开放性孔隙,扩散阻力减小,同时不易解吸的大量瓦斯释放,扩散量和扩散系数大幅增大（表 5-3、图 5-19）。

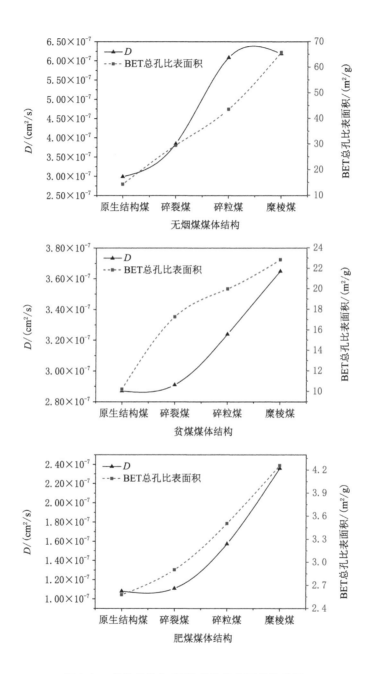

图 5-13　扩散系数与 BET 总孔比表面积关系图

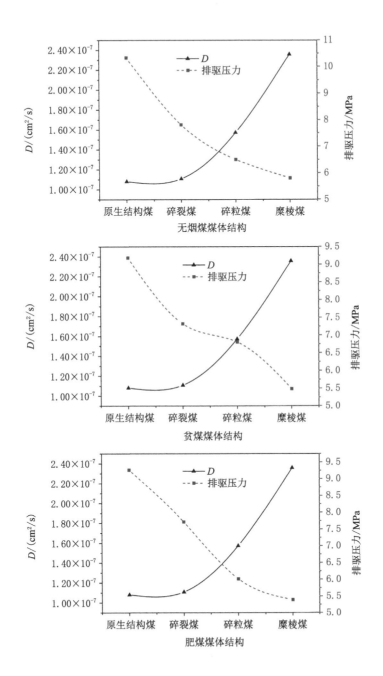

图 5-14　扩散系数与排驱压力关系图

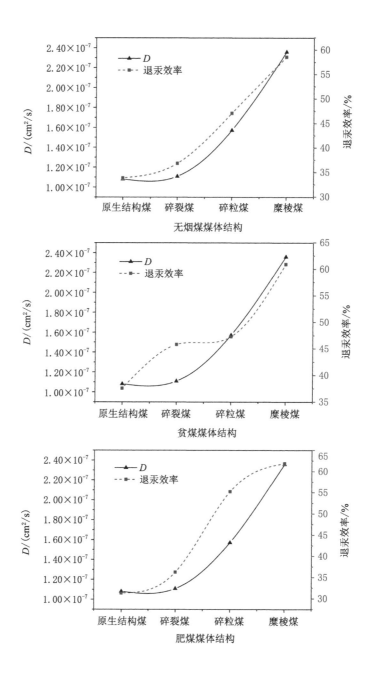

图 5-15  扩散系数与退汞效率关系图

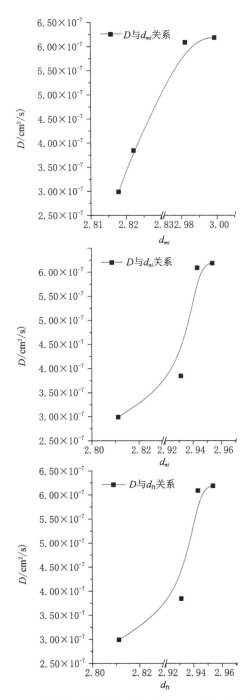

图 5-16　无烟煤分形维数与解吸-扩散法扩散系数关系图

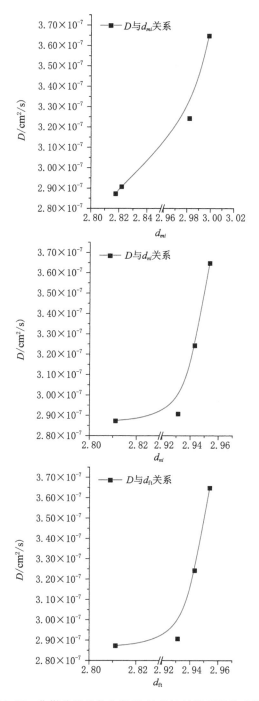

图 5-17　贫煤分形维数与解吸-扩散法扩散系数关系图

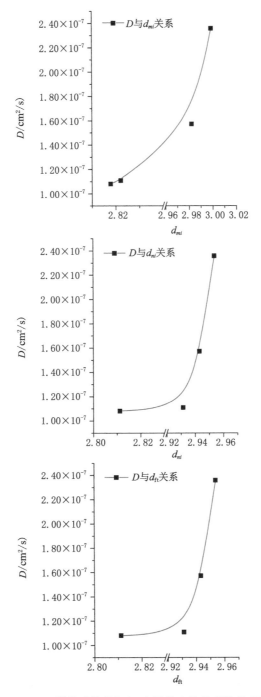

图 5-18　肥煤分形维数与解吸-扩散法扩散系数关系图

表 5-3　解吸-扩散法扩散系数与总孔比表面积关系

| 煤样编号 | SAXS 总孔比表面积 /(m²/g) | N₂总孔比表面积 /(m²/g) | 封闭孔隙总孔 比表面积/(m²/g) | $D/(cm^2/s)$ |
|---|---|---|---|---|
| ZMWY-1 | 23.460 | 5.952 | 17.508 | $2.99\times10^{-7}$ |
| ZMWY-2 | 38.583 | 8.102 | 30.481 | $3.84\times10^{-7}$ |
| ZMWY-3 | 74.151 | 10.139 | 64.012 | $6.09\times10^{-7}$ |
| ZMWY-4 | 134.987 | 15.336 | 119.651 | $6.19\times10^{-7}$ |
| TLPM-1 | 11.917 | 4.399 | 7.518 | $2.87\times10^{-7}$ |
| TLPM-2 | 18.231 | 5.156 | 13.075 | $2.91\times10^{-7}$ |
| TLPM-3 | 29.252 | 5.580 | 23.672 | $3.24\times10^{-7}$ |
| TLPM-4 | 42.060 | 5.831 | 36.229 | $3.65\times10^{-7}$ |
| PDSF-1 | 3.515 | 2.057 | 1.458 | $1.08\times10^{-7}$ |
| PDSF-2 | 5.582 | 2.563 | 3.019 | $1.11\times10^{-7}$ |
| PDSF-3 | 10.866 | 2.708 | 8.158 | $1.57\times10^{-7}$ |
| PDSF-4 | 19.954 | 4.030 | 15.924 | $2.36\times10^{-7}$ |

注:孔径介于 2~100 nm 之间,封闭孔隙总孔比表面积为 SAXS 与 N₂ 的差值,近似表达封闭孔隙变化规律。

解吸-扩散法构造煤扩散系数与瓦斯放散初速度 $\Delta p$ 的变化规律基本相一致(图 5-20),代表含瓦斯煤在不受应力条件下暴露时涌出瓦斯的快慢程度。由此可见,卸压状态下构造煤扩散系数受孔隙结构控制,其中微孔、细颈瓶孔、封闭孔起主导作用。

(4)解吸-扩散法瓦斯扩散衰减特性的控制机理

构造煤在初始瓦斯平衡吸附时,煤内部孔隙表面的 $CH_4$ 分子覆盖度非常高,当平衡被打破,瞬间解吸开始后在孔隙内部与外界环境之间 $CH_4$ 浓度梯度的作用下,瓦斯扩散流动发生,由于初始时刻 $CH_4$ 分子浓度梯度非常大,造成初始扩散时间段内具有较大的扩散系数,随着扩散的进行,其内外浓度梯度不断减小,最终导致扩散系数随时间的延长而不断降低,宏观表现在测试参数上为瓦斯解吸量和速度的不断降低,这是受扩散相(瓦斯)分布特征影响产生扩散系数衰减特性的内因。

扩散介质(煤体)对扩散系数随时间衰减的影响主要体现在两方面[148-149,181]:一是大孔、中孔、过渡孔、微孔四级扩散路径。不同孔径孔隙的扩散路径和扩散阻力不同。一般情况下,瓦斯首先从扩散阻力小、路径短的区域扩散出来,而那些扩散阻力大、路径长的区域则需缓慢扩散出来,即发生瞬间解吸后,在扩散初始时期,显微裂隙、大孔隙内储存的瓦斯首先扩散出来,随着扩散时间

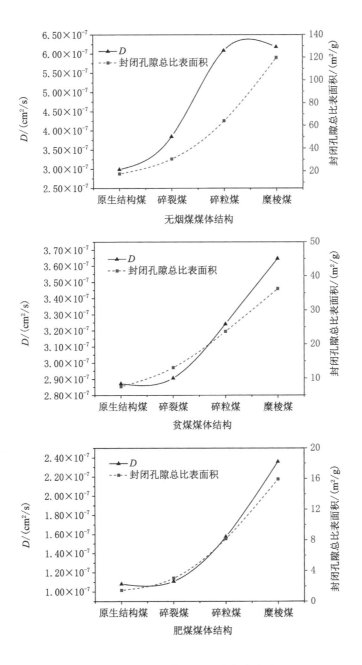

图 5-19　扩散系数与封闭孔隙关系图

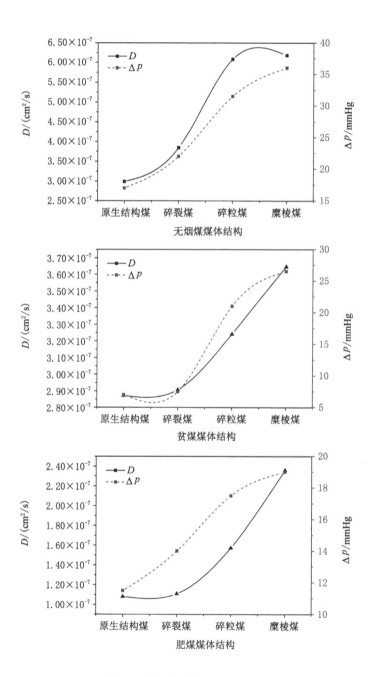

图 5-20  扩散系数与 $\Delta p$ 关系图

的不断延长,煤基质孔隙表面与外界之间的浓度梯度不断减小,若要维持扩散持续进行,必须有浓度梯度的补充,那么则需要瓦斯从中孔、小孔及微孔等更小的孔隙内不断扩散出来,但是孔隙孔径越小导致扩散阻力越大,因此,瓦斯从中孔、小孔及微孔内扩散出来需要经历一个相对缓慢的过程。二是孔隙形态。由于煤的孔隙结构极其复杂,不仅体现在孔径大小上,而且还体现在孔隙形态上(开放型孔、半封闭型孔、封闭型孔),在扩散初始阶段,通常开放型孔隙的扩散阻力小,内部储存的瓦斯较为容易扩散,一定程度上造成初始阶段扩散系数较大,而随着扩散的持续进行及扩散时间的不断延长,瓦斯进一步扩散需要克服更大的阻力,才能从半封闭孔隙、封闭孔隙中扩散出来,这较初始阶段的扩散运移困难得多,需要相对较长的时间来完成,宏观上表现为扩散系数随扩散时间的延长而逐渐减小。

此外,外部温度、压力等因素的改变也会影响 $CH_4$ 分子排列分布情况和运动状态,也会造成扩散介质(煤体)变形,从而间接影响到扩散系数衰减特性。

因此,扩散系数的衰减特性受煤本身特性(孔隙结构、孔隙率、孔曲折度等)、瓦斯特性(气体浓度、气体分子极性等)、外部条件(温度、气压、围压等)共同作用,是这些因素在解吸-扩散法测定扩散系数时呈现出的测试数据外在表现,最终在解吸-扩散法扩散模型构建时要通过分形维数和衰减系数来反映非均质孔隙结构等关键因素的影响,最终体现在扩散模型构建参数中。

### 5.1.3　两种扩散控制机理异同性

影响瓦斯在煤体(煤粒)中扩散的因素很多,包括扩散介质(煤体)本身特性(物质状态、变质程度、破坏程度、微观结构等)、扩散相(瓦斯)特性(气体浓度、气体分子极性等)和外部环境(温度、气压、围压等)等多因素影响,综合 5.1.1 小节和 5.1.2 小节研究结果,本节对各因素对气相色谱法构造煤瓦斯扩散控制机理(直接方法)和解吸-扩散法构造煤瓦斯扩散规律及机理进行了对比,见表 5-4。

(1)扩散相特性及外部条件的影响

依据构造煤瓦斯扩散规律研究结果分析(表 5-4),温度对构造煤瓦斯扩散和解吸-扩散规律的影响基本一致,扩散系数 $D$ 均随着温度升高而增大,作用机理主要是通过改变气体分子的均方根速度和平均自由程,提高 $CH_4$ 气体分子振动的频率和幅度,分子运动活力和运动速度增大,由高浓度到低浓度的运动速度增加,从而使扩散速度加快,最终导致扩散系数随温度升高呈现线性或指数关系逐渐增大。气压(吸附平衡压力)对扩散和解吸-扩散规律影响,宏观上呈现扩散系数 $D$ 均随着气压(吸附平衡压力)升高而增大,但实质作用机理不同,分两种情况:一是当扩散介质(构造煤)施加有围压时,扩散规律受力学作用、吸附作用综合控制,其主控因素为有效应力作用,尤其构造煤扩散系数与渗透率相似,具有有效应力负效应。二是当扩散介质(构造煤)外没有施加围压影响,则理论上计算的有效应力值为负值,属于卸压状态,气压(吸附平衡压力)则主要改变吸附气体分子内外浓度差、平均自由程和均方根速度。另外,卸压作用对扩散介质煤本身的微观孔隙结构也会产生重要影响,卸压作用可能导致微观孔隙结构中封闭孔隙、半封闭孔隙打开,变成开放性孔隙,减小扩散阻力,同时不易解吸的大量瓦斯释放,扩散量和扩散系数大幅增大。

表 5-4　气相色谱法扩散和解吸-扩散法扩散规律、控制机理异同性

| 扩散状态 | 影响因素 | 扩散总体规律 | 主要控制机理 |
|---|---|---|---|
| 气相色谱法瓦斯扩散实验 | 温度 | 扩散系数 $D$ 随着温度升高呈现指数关系逐渐增大,且随着温度的升高,增大的速度略有增加 | 改变气体分子的均方根速度和平均自由程 |
| | 气压 | 扩散系数 $D$ 随着气压(吸附平衡压力)升高呈现指数关系逐渐增大,且随着气压的升高,增大的速度变缓,存在极限扩散系数 | 受力学作用和吸附作用控制,主控因素为有效应力力学作用 |
| | 围压 | 扩散系数 $D$ 随着围压的增大呈现指数关系减小,且随着围压的升高,减小速度略微变缓,最终趋于稳定;柱状煤样扩散系数与渗透率相似,同样具有有效应力负效应 | 受有效应力力学作用控制 |
| | 变质程度 | 扩散系数 $D$ 随着变质程度的增高呈现先增大后减小的变化趋势,即变形程度相近,贫煤扩散系数>无烟煤>肥煤 | 微观孔隙结构和显微裂隙共同耦合控制 |
| | 破坏程度 | 扩散系数 $D$ 随着破坏程度增加呈现先增大后减小的变化趋势,碎裂煤的扩散系数最大 | 微观孔隙结构和显微裂隙共同耦合控制 |
| 解吸扩散法瓦斯扩散实验 | 温度 | 扩散系数 $D$ 随着温度的升高呈现线性关系逐渐增大 | 改变气体分子的均方根速度和平均自由程 |
| | 吸附平衡压力 | 扩散系数 $D$ 随着吸附平衡压力的增加呈现指数或者线性关系增大 | 改变吸附气体内外浓度差、气体分子均方根速度和平均自由程 |
| | 围压 | 没有施加围压,可视围压为大气压力 0.1 MPa | 有效应力理论上为负值,大小等于吸附平衡压力,属卸压状态 |
| | 变质程度 | 扩散系数 $D$ 随着变质程度的增高而增大,即变形程度相近,无烟煤扩散系数>贫煤>肥煤 | 受孔隙结构控制,其中微孔、细颈瓶孔、封闭孔起主导作用 |
| | 破坏程度 | 扩散系数 $D$ 随着破坏程度的增高而增大,糜棱煤的扩散系数最大 | 受孔隙结构控制,其中微孔、细颈瓶孔、封闭孔起主导作用 |

（2）扩散介质本身特性的影响

煤层是含微米级和纳米级尺度孔隙的煤粒（基质）骨架和煤粒间裂隙组成的孔隙、显微裂隙、微观裂隙三重介质[181,255]，制样时如排除宏观裂隙影响，则不同变质变形程度柱状煤样和颗粒煤的微观结构区别最大之处在于显微裂隙分布的差异[17,181]。但是扩散介质本身特性影响也分为两种情况：一是扩散介质（构造煤）原始微观结构（孔隙、显微裂隙）特征；二是扩散介质（构造煤）原始微观结构（孔隙、显微裂隙）受外界环境（温度、气压、围压）变化影响后再分布特征。

依据表 5-4，不同状态下不同类型构造煤瓦斯扩散规律显著不同。气相色谱法（直接方法）测定构造煤扩散系数 $D$ 随着变质程度的增高呈现先增大后减小的变化趋势，即变形程度相近，贫煤扩散系数＞无烟煤＞肥煤。构造煤扩散系数 $D$ 随着破坏程度的增高呈现先增大后减小的变化趋势，即四类煤中碎裂煤的扩散系数最大。分析认为主要受微观孔隙结构和显微裂隙共同耦合控制。显微裂隙是沟通各级孔隙和内生（或层面）裂隙的重要桥梁[256]，显微裂隙的存在缩短了煤层 $CH_4$ 扩散的距离，煤层 $CH_4$ 除在各级微孔隙中扩散外，尚在显微裂隙中扩散流动，显微裂隙的大小是决定煤层 $CH_4$ 扩散或流动的关键（图 5-21）。宏观表现为储层条件下软煤较硬煤透气性差，可以合理解释为何软煤更不易抽采、注气驱替效果差以及水力压裂宏观改造难等诸多现象，说明直接方法测定构造煤瓦斯扩散系数可以用于原始煤层瓦斯扩散速率评价。

解吸-扩散法（间接方法）测定的构造煤扩散系数 $D$ 随着变质程度和变形程度的增强而增大。即变形程度相近，无烟煤扩散系数＞贫煤＞肥煤。相同煤级煤随着破坏程度增高而增大，四类煤中糜棱煤扩散系数最大。分析认为主要受孔隙结构控制，其中微孔、孔隙形态（细颈瓶孔、封闭孔）起主导作用。不可忽视的是扩散介质（煤层）原始微观结构（孔隙、显微裂隙）受外界环境（温度、气压、围压）变化影响后再分布特征，即卸压作用对扩散介质（颗粒煤）本身的微观孔隙结构产生的影响，小角 X 射线散射总孔比表面积明显大于低温液氮吸附实验结果，高出 1.7～8.8 倍，其中以高变质程度无烟煤增幅最大，可能由封闭孔含量增多导致（表 3-10）。卸压作用可能导致微观孔隙结构中部分封闭孔隙、半封闭孔隙打开，变成开放性孔隙，扩散阻力减小，同时不易解吸的大量瓦斯释放，扩散量和扩散系数大幅增大。宏观表现为相同条件下煤体结构破坏越严重瓦斯涌出量越大，这也是导致碎粒-糜棱煤较原生-碎裂煤更容易发生突出的一个重要原因，说明间接方法测定构造煤瓦斯扩散系数可以用于瓦斯含量测定中瓦斯损失量推算，而不能应用于原煤煤层瓦斯扩散运移速率的评价，两种方法测定的构造煤瓦斯扩散系数均反映了构造煤在不同状态下的瓦斯扩散规律，两者不能简单替代应用。

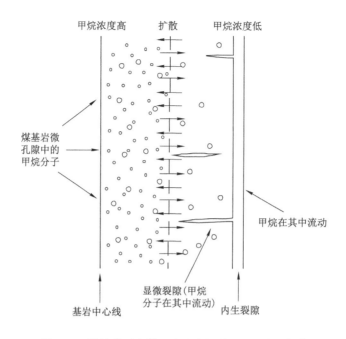

甲烷浓度高　　扩散　　甲烷浓度低

煤基岩微
孔隙中的
甲烷分子

甲烷在其中流动

基岩中心线　　　显微裂隙(甲烷　　内生裂隙
　　　　　　　　　分子在其中流动)

图 5-21　甲烷分子在煤基岩块中扩散流动示意图[256]

## 5.2　构造煤瓦斯扩散模型与验证

### 5.2.1　建模工具选择与原理分析

　　由 5.1.3 小节构造煤瓦斯扩散机理分析可知,直接方法(气相色谱法)测定的扩散系数可以应用于原始煤层中构造煤瓦斯扩散速率评价;间接方法(解吸-扩散法)测定扩散系数可以应用于瓦斯损失量推算,而不能应用于原始煤层瓦斯扩散运移速率的评价。两种方法测定的扩散系数虽然均反映了构造煤的瓦斯扩散特性,但都有特定的应用条件,反映特定地层条件下扩散特性,两者不能简单替代。因此这也从根本上决定了在构建相关扩散模型时,需要选择不同的建模工具和原理来反映不同地层条件下构造煤瓦斯扩散特性。

　　由表 5-4 可知,在使用扩散系数对原始煤层中构造煤瓦斯扩散速率评价时,构造煤瓦斯扩散规律受有效应力、微观孔隙、显微裂隙结构等综合控制,因此需采用特定的数理方法耦合处理各种内外关键影响因素,建立瓦斯扩散系数耦合数学模型,实现对不同地层条件下构造煤的瓦斯扩散系数预测与评价。而间接方法(解吸-扩散法)反映无围压条件下(有效应力为负值,属于卸压状态)构造煤瓦斯扩散特性,主要受微观孔隙结构的控制,测定的扩散系数主要应用于瓦斯损失量推算,目前所用模型为均质球形扩散模型,模型的建立是基于均匀的煤基质表面,理想化程度较高,与煤的非均质特征不符,且未考虑扩散实测衰减特性,存在理想化程度高、准确性低等问题,在将扩散系数应用到瓦斯损失量推算时,造成较大的误差,因此需要建立基于煤非均匀性的构造煤瓦斯扩散模型。

## 5.2.2　气相色谱法瓦斯扩散模型与验证

（1）耦合模型理论基础

基于气相色谱法的瓦斯扩散耦合模型采用数量化理论 $\mathrm{I}^{[257]}$ 作为构建模型工具。"理论 $\mathrm{I}$"是数量化四种理论方法中的一个,其特点是可以同时耦合处理定性和定量自变量对因变量的预测,属于一种多元统计数理方法,应用比较广泛。

① 数量化理论 $\mathrm{I}$ 方法原理

在理论 $\mathrm{I}$ 中常把定性参数类别称为项目,其具体数值称为类目。设因变量 $y$ 受 $m$ 个定性项目 $x_1, x_2, \cdots, x_m$ 的影响,第一个定性项目 $x_1$ 有 $r_1$ 个取值类目 $c_{11}, c_{12}, \cdots, c_{1r_1}$,第二个定性项目 $x_2$ 有 $r_2$ 个取值类目 $c_{21}, c_{22}, \cdots, c_{2r_2}$,第 $m$ 个定性项目 $x_m$ 有 $r_m$ 个取值类目 $c_{m1}, c_{m2}, \cdots, c_{mr_m}$,$m$ 个定性项目共有 $\sum_{j=1}^{m} r_j = p$ 个取值类目。如果有 $n$ 组样品,其项目、类目数理结果见表 5-5。

表 5-5　项目、类目反应表

| 样品号 | 因变量 | $x_1$ | | | | $x_2$ | | | | $\cdots$ | $x_m$ | | | |
|---|---|---|---|---|---|---|---|---|---|---|---|---|---|---|
| | | $c_{11}$ | $c_{12}$ | $\cdots$ | $c_{1r_1}$ | $c_{21}$ | $c_{22}$ | $\cdots$ | $c_{2r_2}$ | $\cdots$ | $c_{m1}$ | $c_{m2}$ | $\cdots$ | $c_{m,r_m}$ |
| 1 | $y_1$ | $\delta_1(1,1)$ | $\delta_1(1,2)$ | $\cdots$ | $\delta_1(1,r_1)$ | $\delta_1(2,1)$ | $\delta_1(2,2)$ | $\cdots$ | $\delta_1(2,r_2)$ | $\cdots$ | $\delta_1(m,1)$ | $\delta_1(m,2)$ | $\cdots$ | $\delta_1(m,r_m)$ |
| 2 | $y_2$ | $\delta_2(1,1)$ | $\delta_2(1,2)$ | $\cdots$ | $\delta_2(1,r_1)$ | $\delta_2(2,1)$ | $\delta_2(2,2)$ | $\cdots$ | $\delta_2(2,r_2)$ | $\cdots$ | $\delta_2(m,1)$ | $\delta_2(m,2)$ | $\cdots$ | $\delta_2(m,r_m)$ |
| 3 | $y_3$ | $\delta_3(1,1)$ | $\delta_3(1,2)$ | $\cdots$ | $\delta_3(1,r_1)$ | $\delta_3(2,1)$ | $\delta_3(2,2)$ | $\cdots$ | $\delta_3(2,r_2)$ | $\cdots$ | $\delta_3(m,1)$ | $\delta_3(m,2)$ | $\cdots$ | $\delta_3(m,r_m)$ |
| $\cdots$ | $\cdots$ | $\cdots$ | $\cdots$ | $\ddots$ | $\cdots$ | $\cdots$ | $\cdots$ | $\ddots$ | $\cdots$ | | $\cdots$ | $\cdots$ | $\ddots$ | $\cdots$ |
| $n$ | $y_n$ | $\delta_n(1,1)$ | $\delta_n(1,2)$ | $\cdots$ | $\delta_n(1,r_1)$ | $\delta_n(2,1)$ | $\delta_n(2,2)$ | $\cdots$ | $\delta_n(2,r_2)$ | $\cdots$ | $\delta_n(m,1)$ | $\delta_n(m,2)$ | $\cdots$ | $\delta_n(m,r_m)$ |

表 5-5 中因变量 $y_i$ 是第 $i$ 组样品的实测值,其中第 $i$ 组样品的第 $j$ 个项目的第 $k$ 个类目的反应记为 $\delta_i(j,k)$ $(i=1,2,\cdots,n; j=1,2,\cdots,m; k=1,2,\cdots,r_j)$,见下式:

$$\delta_i(j,k) = \begin{cases} 1 & \text{当第 } i \text{ 个样品中 } j \text{ 项目定性} \\ 0 & \text{否则} \end{cases} \tag{5-2}$$

由元素 $\delta_i(j,k)$ 构成的 $n \times p$ 阶矩阵为:

$$X = \begin{bmatrix} \delta_1(1,1) & \cdots & \delta_1(1,r_1) & \delta_1(2,1) & \cdots & \delta_1(2,r_2) & \cdots & \delta_1(m,1) & \cdots & \delta_1(m,r_m) \\ \delta_2(1,1) & \cdots & \delta_2(1,r_1) & \delta_2(2,1) & \cdots & \delta_2(2,r_2) & \cdots & \delta_2(m,1) & \cdots & \delta_2(m,r_m) \\ \cdots & \ddots & \cdots & \cdots & \ddots & \cdots & \ddots & \cdots & \ddots & \cdots \\ \delta_n(1,1) & \cdots & \delta_n(1,r_1) & \delta_n(2,1) & \cdots & \delta_n(2,r_2) & \cdots & \delta_n(m,1) & \cdots & \delta_n(m,r_m) \end{bmatrix}$$

(5-3)

式(5-3)称为反应矩阵。

当反应度 $\delta_i(j,k)$ 中每个 $i$ 和 $j$ 为固定值时，其在 $k=1,2,\cdots,r_j$ 范围求和为：

$$\sum_{k=1}^{r_j} \delta_i(j,k) = 1 \tag{5-4}$$

② 数量理论 I 中只含定性变量的数理方程

假设因变量 $y_i$ 与各定性变量之间满足如下线性数理方程：

$$y_i = \sum_{j=1}^{m} \sum_{k=1}^{r_j} \delta(j,k)b_{jk} + \varepsilon_i \quad (i = 1,2,3,\cdots,n) \tag{5-5}$$

采用最小二乘法解算出 $b_{jk}$，使得上述方程的预测值与实测值误差最小，则满足：

$$q = \sum_{i=1}^{n} \varepsilon_i^2 = \sum_{i=1}^{n} \left[ y_i - \sum_{j=1}^{m} \sum_{k=1}^{r_j} \delta_i(j,k)b_{jk} \right]^2 \tag{5-6}$$

如果式(5-6)中 $q$ 满足最小，分别对上式两边求 $b_{uv}$ 偏导，其结果等于零，则：

$$\frac{\partial q}{\partial b_{uv}} = -2 \sum_{i=1}^{m} \left[ y_i - \sum_{j=1}^{m} \sum_{k=1}^{r_j} \partial_i(j,k)b_{jk} \right] \partial_i(u,v) = 0$$
$$(u = 1,2,\cdots,m; v = 1,2,\cdots,r_n) \tag{5-7}$$

当 $q$ 为最小值时，设 $b_{jk} = \hat{b}_{jk}$，把 $\hat{b}_{jk}$ 代入上式，则可变为：

$$\sum_{j=1}^{m} \sum_{k=1}^{r_j} \left[ \sum_{i=1}^{n} \delta_i(j,k)\delta_i(u,v) \right] \hat{b}_{jk} = \sum_{i=1}^{n} \delta_i(u,v)y_i$$
$$(u = 1,2,\cdots,m; v = 1,2,\cdots,r_n) \tag{5-8}$$

如果用矩阵来表示，式(5-8)可写成：

$$X'X\hat{B}' = X'Y \tag{5-9}$$

式中，$Y = (y_1, y_2, \cdots, y_n)$；$\hat{B}' = (\hat{b}_{11}, \cdots, \hat{b}_{1r_1}, \hat{b}_{21}, \cdots, \hat{b}_{2r_2}, \cdots, \hat{b}_{m1}, \cdots, \hat{b}_{mr_m})$。

式(5-8)或式(5-9)为正规方程(组)。

从正规方程组中解算出 $\hat{b}_{jk}$，则因变量 $y$ 的预测数学方程为：

$$\hat{y} = \sum_{j=1}^{m} \sum_{k=1}^{r_j} \delta(j,k)\hat{b}_{jk} \tag{5-10}$$

式中 $\hat{y}$——$y$ 的预测值；

$\delta(j,k)$——第 $j$ 个定性项目的第 $k$ 个类目数值的反应。

③ 含有定性与定量变量的理论 I 数理方程

设方程中共有 $h$ 个定量项目,其第 $i$ 个数值为 $x_1(u)(i=1,2,\cdots,n;u=1,2,\cdots,h)$,共有 $m$ 个定性项目,其第 $j$ 个定性项目共有 $r_j$ 个类目数值,在第 $i$ 个样中的反应度为 $\delta_i(j,k)$ $(i=1,2,\cdots,n;j=1,2,\cdots,m;k=1,2,\cdots,r_j)$,设 $y_i$ 为因变量数值 $(i=1,2,\cdots,n)$。

假设因变量 $y_i$ 与各定性和定量自变量之间满足以下的线性方程:

$$\sum_{u=1}^{h} b_u x_i(u) + \sum_{j=1}^{m}\sum_{k=1}^{r_j} \delta_i(j,k)b_{jk} + \varepsilon_i \quad (i=1,2,\cdots,n) \qquad (5\text{-}11)$$

式中,$b_u(u=1,2,\cdots,h)$、$b_{jk}(j=1,2,\cdots,m;k=1,2,\cdots,r_j)$ 是未知系数;$\varepsilon_i(i=1,2,\cdots,n)$ 是随机误差。采用最小二乘法计算出 $b_u$ 和 $b_{jk}$ 的 $\hat{b}_u(u=1,2,\cdots,h)$、$\hat{b}_{jk}$ $(j=1,2,\cdots,m;k=1,2,\cdots,r_j)$ 遵循以下正规方程组:

$$\boldsymbol{X}'\boldsymbol{X}\hat{\boldsymbol{B}}' = \boldsymbol{X}'\boldsymbol{Y}' \qquad (5\text{-}12)$$

式中,

$$\boldsymbol{X} = \begin{bmatrix} x_1(1) & \cdots & x_1(h) & \delta_1(1,1) & \cdots & \delta_1(1,r_1) & \delta_1(2,1) & \cdots & \delta_1(m,r_m) \\ x_2(1) & \cdots & x_2(h) & \delta_2(1,1) & \cdots & \delta_2(1,r_1) & \delta_2(2,1) & \cdots & \delta_2(m,r_m) \\ \cdots & \ddots & \cdots & \cdots & \ddots & \cdots & \cdots & \ddots & \cdots \\ x_n(1) & \cdots & x_n(h) & \delta_n(1,1) & \cdots & \delta_n(1,r_1) & \delta_n(2,1) & \cdots & \delta_n(m,r_m) \end{bmatrix}$$

$$\hat{\boldsymbol{B}}' = (\hat{b}_1,\cdots,\hat{b}_h,\hat{b}_{11},\cdots,\hat{b}_{1r_1},\hat{b}_{21},\cdots,\hat{b}_{mr_m})$$

$$\boldsymbol{Y}' = (y_1,y_2,\cdots,y_n)$$

在满足 $\hat{b}_{jl}=0(j=2,\cdots,m)$ 的前提下对上式求解可得出 $y_i$ 预测方程为:

$$\hat{y} = \sum_{u=1}^{h}\hat{b}_u x(u) + \sum_{j=1}^{m}\sum_{k=1}^{r_j}\delta(j,k)\hat{b}_{jk} \qquad (5\text{-}13)$$

④ 预测模型的精度及显著性考察

需要对所构建的预测模型进行数理统计检验[257-258],以检验其预测精度。常用指标主要有统计量 $F$ 和复相关系数 $R$。若大于一定显著水平下 $F$ 查表临界值,则表明因变量与各个自变量之间线性关系紧密,预测模型显著;反之,则认为不显著。同样 $R$ 越接近 1,表明预测模型越显著。另外还需要采用偏相关系数法对每个自变量显著性进行检验,当偏相关系数的 $t_i$ 大于一定的显著性水平下 $t$ 临界查表值时,说明该自变量显著,与因变量的相关性密切,应予以保留,反之应予以剔除。

(2)基于气相色谱法的瓦斯扩散耦合数学模型构建

根据 5.2.1 小节建模原理建立扩散耦合模型,其中扩散系数 $D$ 为因变量,各种定性和定量关键控制因素(围压、气压、温度、分形维数、煤体结构等)为自变量。

自变量包含定性和定量两大类。其中,定量变量包括镜质组反射率、围压、气压、温度、三类分形维数(纳米、微米、全孔径);定性变量为煤体结构类型;原生结构煤、碎裂煤、碎粒煤和糜棱煤,用"1"和"0"二态变量来取值。柱状煤样扩散原始建模数据及各变量取值见表5-6。

表 5-6　建模原始数据及变量取值表

| 煤样编号 | $R_{o,max}$ /% | 围压 /MPa | 气压 /MPa | 温度 /℃ | 煤体结构类型 | | | | 分形维数 | | | $D$ /(cm²/s) |
|---|---|---|---|---|---|---|---|---|---|---|---|---|
| | | | | | Ⅰ | Ⅱ | Ⅲ | Ⅳ | $d_{mi}$ | $d_{ni}$ | $d_{ft}$ | |
| ZMWY-1 | 3.38 | 5.0 | 1.0 | 31 | 1 | 0 | 0 | 0 | 2.817 83 | 2.811 18 | 2.811 20 | $7.44\times10^{-8}$ |
| ZMWY-1 | 3.38 | 6.7 | 1.0 | 31 | 1 | 0 | 0 | 0 | 2.817 83 | 2.811 18 | 2.811 20 | $5.67\times10^{-8}$ |
| ZMWY-1 | 3.38 | 8.6 | 1.0 | 31 | 1 | 0 | 0 | 0 | 2.817 83 | 2.811 18 | 2.811 20 | $3.86\times10^{-8}$ |
| ZMWY-1 | 3.38 | 10.3 | 1.0 | 31 | 1 | 0 | 0 | 0 | 2.817 83 | 2.811 18 | 2.811 20 | $3.32\times10^{-8}$ |
| ZMWY-2 | 3.41 | 5.0 | 1.0 | 31 | 0 | 1 | 0 | 0 | 2.822 10 | 2.931 42 | 2.931 27 | $9.12\times10^{-8}$ |
| ZMWY-2 | 3.41 | 6.7 | 1.0 | 31 | 0 | 1 | 0 | 0 | 2.822 10 | 2.931 42 | 2.931 27 | $6.85\times10^{-8}$ |
| ZMWY-2 | 3.41 | 8.6 | 1.0 | 31 | 0 | 1 | 0 | 0 | 2.822 10 | 2.931 42 | 2.931 27 | $4.86\times10^{-8}$ |
| ZMWY-2 | 3.41 | 10.3 | 1.0 | 31 | 0 | 1 | 0 | 0 | 2.822 10 | 2.931 42 | 2.931 27 | $4.32\times10^{-8}$ |
| ZMWY-3 | 3.39 | 5.0 | 1.0 | 31 | 0 | 0 | 1 | 0 | 2.982 18 | 2.943 06 | 2.943 28 | $5.34\times10^{-8}$ |
| ZMWY-3 | 3.39 | 6.7 | 1.0 | 31 | 0 | 0 | 1 | 0 | 2.982 18 | 2.943 06 | 2.943 28 | $4.12\times10^{-8}$ |
| ZMWY-3 | 3.39 | 8.6 | 1.0 | 31 | 0 | 0 | 1 | 0 | 2.982 18 | 2.943 06 | 2.943 28 | $2.33\times10^{-8}$ |
| ZMWY-3 | 3.39 | 10.3 | 1.0 | 31 | 0 | 0 | 1 | 0 | 2.982 18 | 2.943 06 | 2.943 28 | $1.84\times10^{-8}$ |
| ZMWY-4 | 3.44 | 5.0 | 1.0 | 31 | 0 | 0 | 0 | 1 | 2.998 77 | 2.953 67 | 2.953 88 | $4.53\times10^{-8}$ |
| ZMWY-4 | 3.44 | 6.7 | 1.0 | 31 | 0 | 0 | 0 | 1 | 2.998 77 | 2.953 67 | 2.953 88 | $3.51\times10^{-8}$ |
| ZMWY-4 | 3.44 | 8.6 | 1.0 | 31 | 0 | 0 | 0 | 1 | 2.998 77 | 2.953 67 | 2.953 88 | $2.23\times10^{-8}$ |
| ZMWY-4 | 3.44 | 10.3 | 1.0 | 31 | 0 | 0 | 0 | 1 | 2.998 77 | 2.953 67 | 2.953 88 | $1.82\times10^{-8}$ |
| TLPM-1 | 2.18 | 5.0 | 1.0 | 31 | 1 | 0 | 0 | 0 | 2.774 41 | 2.835 23 | 2.834 89 | $7.87\times10^{-8}$ |
| TLPM-1 | 2.18 | 6.7 | 1.0 | 31 | 1 | 0 | 0 | 0 | 2.774 41 | 2.835 23 | 2.834 89 | $6.17\times10^{-8}$ |
| TLPM-1 | 2.18 | 8.6 | 1.0 | 31 | 1 | 0 | 0 | 0 | 2.774 41 | 2.835 23 | 2.834 89 | $4.04\times10^{-8}$ |
| TLPM-1 | 2.18 | 10.3 | 1.0 | 31 | 1 | 0 | 0 | 0 | 2.774 41 | 2.835 23 | 2.834 89 | $3.36\times10^{-8}$ |
| TLPM-2 | 2.20 | 5.0 | 1.0 | 31 | 0 | 1 | 0 | 0 | 2.782 68 | 2.903 49 | 2.902 84 | $9.14\times10^{-8}$ |
| TLPM-2 | 2.20 | 6.7 | 1.0 | 31 | 0 | 1 | 0 | 0 | 2.782 68 | 2.903 49 | 2.902 84 | $7.17\times10^{-8}$ |
| TLPM-2 | 2.20 | 8.6 | 1.0 | 31 | 0 | 1 | 0 | 0 | 2.782 68 | 2.903 49 | 2.902 84 | $4.92\times10^{-8}$ |

表 5-6(续)

| 煤样编号 | $R_{o,max}$ /% | 围压 /MPa | 气压 /MPa | 温度 /℃ | 煤体结构类型 | | | | 分形维数 | | | $D$ /(cm²/s) |
|---|---|---|---|---|---|---|---|---|---|---|---|---|
| | | | | | Ⅰ | Ⅱ | Ⅲ | Ⅳ | $d_{mi}$ | $d_{ni}$ | $d_{ft}$ | |
| TLPM-2 | 2.20 | 10.3 | 1.0 | 31 | 0 | 1 | 0 | 0 | 2.782 68 | 2.903 49 | 2.902 84 | $4.57 \times 10^{-8}$ |
| PDSF-1 | 1.14 | 5.0 | 1.0 | 31 | 1 | 0 | 0 | 0 | 2.883 60 | 2.586 63 | 2.595 05 | $6.98 \times 10^{-8}$ |
| PDSF-1 | 1.14 | 6.7 | 1.0 | 31 | 1 | 0 | 0 | 0 | 2.883 60 | 2.586 63 | 2.595 05 | $5.57 \times 10^{-8}$ |
| PDSF-1 | 1.14 | 8.6 | 1.0 | 31 | 1 | 0 | 0 | 0 | 2.883 60 | 2.586 63 | 2.595 05 | $3.75 \times 10^{-8}$ |
| PDSF-1 | 1.14 | 10.3 | 1.0 | 31 | 1 | 0 | 0 | 0 | 2.883 60 | 2.586 63 | 2.595 05 | $3.01 \times 10^{-8}$ |
| PDSF-2 | 1.16 | 5.0 | 1.0 | 31 | 0 | 1 | 0 | 0 | 2.897 39 | 2.603 21 | 2.618 76 | $7.12 \times 10^{-8}$ |
| PDSF-2 | 1.16 | 6.7 | 1.0 | 31 | 0 | 1 | 0 | 0 | 2.897 39 | 2.603 21 | 2.618 76 | $5.65 \times 10^{-8}$ |
| PDSF-2 | 1.16 | 8.6 | 1.0 | 31 | 0 | 1 | 0 | 0 | 2.897 39 | 2.603 21 | 2.618 76 | $3.82 \times 10^{-8}$ |
| PDSF-2 | 1.16 | 10.3 | 1.0 | 31 | 0 | 1 | 0 | 0 | 2.897 39 | 2.603 21 | 2.618 76 | $3.09 \times 10^{-8}$ |
| ZMWY-1 | 3.38 | 6.7 | 0.5 | 31 | 1 | 0 | 0 | 0 | 2.817 83 | 2.811 18 | 2.811 20 | $3.34 \times 10^{-8}$ |
| ZMWY-1 | 3.38 | 6.7 | 1.5 | 31 | 1 | 0 | 0 | 0 | 2.817 83 | 2.811 18 | 2.811 20 | $7.87 \times 10^{-8}$ |
| ZMWY-1 | 3.38 | 6.7 | 2.0 | 31 | 1 | 0 | 0 | 0 | 2.817 83 | 2.811 18 | 2.811 20 | $8.46 \times 10^{-8}$ |
| ZMWY-2 | 3.41 | 6.7 | 0.5 | 31 | 0 | 1 | 0 | 0 | 2.822 10 | 2.931 42 | 2.931 27 | $4.23 \times 10^{-8}$ |
| ZMWY-2 | 3.41 | 6.7 | 1.5 | 31 | 0 | 1 | 0 | 0 | 2.822 10 | 2.931 42 | 2.931 27 | $8.12 \times 10^{-8}$ |
| ZMWY-2 | 3.41 | 6.7 | 2.0 | 31 | 0 | 1 | 0 | 0 | 2.822 10 | 2.931 42 | 2.931 27 | $8.65 \times 10^{-8}$ |
| ZMWY-3 | 3.39 | 6.7 | 0.5 | 31 | 0 | 0 | 1 | 0 | 2.982 18 | 2.943 06 | 2.943 28 | $3.01 \times 10^{-8}$ |
| ZMWY-3 | 3.39 | 6.7 | 1.5 | 31 | 0 | 0 | 1 | 0 | 2.982 18 | 2.943 06 | 2.943 28 | $6.12 \times 10^{-8}$ |
| ZMWY-3 | 3.39 | 6.7 | 2.0 | 31 | 0 | 0 | 1 | 0 | 2.982 18 | 2.943 06 | 2.943 28 | $6.46 \times 10^{-8}$ |
| ZMWY-4 | 3.44 | 6.7 | 0.5 | 31 | 0 | 0 | 0 | 1 | 2.998 77 | 2.953 67 | 2.953 88 | $2.87 \times 10^{-8}$ |
| ZMWY-4 | 3.44 | 6.7 | 1.5 | 31 | 0 | 0 | 0 | 1 | 2.998 77 | 2.953 67 | 2.953 88 | $5.67 \times 10^{-8}$ |
| ZMWY-4 | 3.44 | 6.7 | 2.0 | 31 | 0 | 0 | 0 | 1 | 2.998 77 | 2.953 67 | 2.953 88 | $5.98 \times 10^{-8}$ |
| TLPM-1 | 2.18 | 6.7 | 0.5 | 31 | 1 | 0 | 0 | 0 | 2.774 41 | 2.835 23 | 2.834 89 | $3.56 \times 10^{-8}$ |
| TLPM-1 | 2.18 | 6.7 | 1.5 | 31 | 1 | 0 | 0 | 0 | 2.774 41 | 2.835 23 | 2.834 89 | $8.18 \times 10^{-8}$ |
| TLPM-1 | 2.18 | 6.7 | 2.0 | 31 | 1 | 0 | 0 | 0 | 2.774 41 | 2.835 23 | 2.834 89 | $8.67 \times 10^{-8}$ |
| TLPM-2 | 2.20 | 6.7 | 0.5 | 31 | 0 | 1 | 0 | 0 | 2.782 68 | 2.903 49 | 2.902 84 | $4.76 \times 10^{-8}$ |
| TLPM-2 | 2.20 | 6.7 | 1.5 | 31 | 0 | 1 | 0 | 0 | 2.782 68 | 2.903 49 | 2.902 84 | $8.56 \times 10^{-8}$ |
| TLPM-2 | 2.20 | 6.7 | 2.0 | 31 | 0 | 1 | 0 | 0 | 2.782 68 | 2.903 49 | 2.902 84 | $9.11 \times 10^{-8}$ |
| PDSF-1 | 1.14 | 6.7 | 0.5 | 31 | 1 | 0 | 0 | 0 | 2.883 60 | 2.586 63 | 2.595 05 | $3.14 \times 10^{-8}$ |
| PDSF-1 | 1.14 | 6.7 | 1.5 | 31 | 1 | 0 | 0 | 0 | 2.883 60 | 2.586 63 | 2.595 05 | $7.35 \times 10^{-8}$ |
| PDSF-1 | 1.14 | 6.7 | 2.0 | 31 | 1 | 0 | 0 | 0 | 2.883 60 | 2.586 63 | 2.595 05 | $7.67 \times 10^{-8}$ |

表 5-6(续)

| 煤样编号 | $R_{o,max}$ /% | 围压 /MPa | 气压 /MPa | 温度 /℃ | 煤体结构类型 | | | | 分形维数 | | | $D$ /(cm²/s) |
|---|---|---|---|---|---|---|---|---|---|---|---|---|
| | | | | | Ⅰ | Ⅱ | Ⅲ | Ⅳ | $d_{mi}$ | $d_{ni}$ | $d_{ft}$ | |
| PDSF-2 | 1.16 | 6.7 | 0.5 | 31 | 0 | 1 | 0 | 0 | 2.897 39 | 2.603 21 | 2.618 76 | $3.35 \times 10^{-8}$ |
| PDSF-2 | 1.16 | 6.7 | 1.5 | 31 | 0 | 1 | 0 | 0 | 2.897 39 | 2.603 21 | 2.618 76 | $7.67 \times 10^{-8}$ |
| PDSF-2 | 1.16 | 6.7 | 2.0 | 31 | 0 | 1 | 0 | 0 | 2.897 39 | 2.603 21 | 2.618 76 | $8.41 \times 10^{-8}$ |
| ZMWY-1 | 3.38 | 6.7 | 1.0 | 27 | 1 | 0 | 0 | 0 | 2.817 83 | 2.811 18 | 2.811 20 | $5.62 \times 10^{-8}$ |
| ZMWY-1 | 3.38 | 6.7 | 1.0 | 35 | 1 | 0 | 0 | 0 | 2.817 83 | 2.811 18 | 2.811 20 | $5.73 \times 10^{-8}$ |
| ZMWY-1 | 3.38 | 6.7 | 1.0 | 40 | 1 | 0 | 0 | 0 | 2.817 83 | 2.811 18 | 2.811 20 | $5.83 \times 10^{-8}$ |
| ZMWY-1 | 3.38 | 6.7 | 1.0 | 45 | 1 | 0 | 0 | 0 | 2.817 83 | 2.811 18 | 2.811 20 | $5.97 \times 10^{-8}$ |
| ZMWY-1 | 3.38 | 6.7 | 1.0 | 50 | 1 | 0 | 0 | 0 | 2.817 83 | 2.811 18 | 2.811 20 | $6.19 \times 10^{-8}$ |
| ZMWY-2 | 3.41 | 6.7 | 1.0 | 27 | 0 | 1 | 0 | 0 | 2.822 10 | 2.931 42 | 2.931 27 | $6.81 \times 10^{-8}$ |
| ZMWY-2 | 3.41 | 6.7 | 1.0 | 35 | 0 | 1 | 0 | 0 | 2.822 10 | 2.931 42 | 2.931 27 | $6.91 \times 10^{-8}$ |
| ZMWY-2 | 3.41 | 6.7 | 1.0 | 40 | 0 | 1 | 0 | 0 | 2.822 10 | 2.931 42 | 2.931 27 | $7.03 \times 10^{-8}$ |
| ZMWY-2 | 3.41 | 6.7 | 1.0 | 45 | 0 | 1 | 0 | 0 | 2.822 10 | 2.931 42 | 2.931 27 | $7.16 \times 10^{-8}$ |
| ZMWY-2 | 3.41 | 6.7 | 1.0 | 50 | 0 | 1 | 0 | 0 | 2.822 10 | 2.931 42 | 2.931 27 | $7.34 \times 10^{-8}$ |
| ZMWY-3 | 3.39 | 6.7 | 1.0 | 27 | 0 | 0 | 1 | 0 | 2.982 18 | 2.943 06 | 2.943 28 | $4.07 \times 10^{-8}$ |
| ZMWY-3 | 3.39 | 6.7 | 1.0 | 35 | 0 | 0 | 1 | 0 | 2.982 18 | 2.943 06 | 2.943 28 | $4.18 \times 10^{-8}$ |
| ZMWY-3 | 3.39 | 6.7 | 1.0 | 40 | 0 | 0 | 1 | 0 | 2.982 18 | 2.943 06 | 2.943 28 | $4.27 \times 10^{-8}$ |
| ZMWY-3 | 3.39 | 6.7 | 1.0 | 45 | 0 | 0 | 1 | 0 | 2.982 18 | 2.943 06 | 2.943 28 | $4.43 \times 10^{-8}$ |
| ZMWY-3 | 3.39 | 6.7 | 1.0 | 50 | 0 | 0 | 1 | 0 | 2.982 18 | 2.943 06 | 2.943 28 | $4.56 \times 10^{-8}$ |
| ZMWY-4 | 3.44 | 6.7 | 1.0 | 27 | 0 | 0 | 0 | 1 | 2.998 77 | 2.953 67 | 2.953 88 | $3.46 \times 10^{-8}$ |
| ZMWY-4 | 3.44 | 6.7 | 1.0 | 35 | 0 | 0 | 0 | 1 | 2.998 77 | 2.953 67 | 2.953 88 | $3.55 \times 10^{-8}$ |
| ZMWY-4 | 3.44 | 6.7 | 1.0 | 40 | 0 | 0 | 0 | 1 | 2.998 77 | 2.953 67 | 2.953 88 | $3.62 \times 10^{-8}$ |
| ZMWY-4 | 3.44 | 6.7 | 1.0 | 45 | 0 | 0 | 0 | 1 | 2.998 77 | 2.953 67 | 2.953 88 | $3.70 \times 10^{-8}$ |
| ZMWY-4 | 3.44 | 6.7 | 1.0 | 50 | 0 | 0 | 0 | 1 | 2.998 77 | 2.953 67 | 2.953 88 | $3.81 \times 10^{-8}$ |
| TLPM-1 | 2.18 | 6.7 | 1.0 | 27 | 1 | 0 | 0 | 0 | 2.774 41 | 2.835 23 | 2.834 89 | $6.14 \times 10^{-8}$ |
| TLPM-1 | 2.18 | 6.7 | 1.0 | 35 | 1 | 0 | 0 | 0 | 2.774 41 | 2.835 23 | 2.834 89 | $6.21 \times 10^{-8}$ |
| TLPM-1 | 2.18 | 6.7 | 1.0 | 40 | 1 | 0 | 0 | 0 | 2.774 41 | 2.835 23 | 2.834 89 | $6.28 \times 10^{-8}$ |
| TLPM-1 | 2.18 | 6.7 | 1.0 | 45 | 1 | 0 | 0 | 0 | 2.774 41 | 2.835 23 | 2.834 89 | $6.36 \times 10^{-8}$ |
| TLPM-1 | 2.18 | 6.7 | 1.0 | 50 | 1 | 0 | 0 | 0 | 2.774 41 | 2.835 23 | 2.834 89 | $6.46 \times 10^{-8}$ |
| TLPM-2 | 2.20 | 6.7 | 1.0 | 27 | 0 | 1 | 0 | 0 | 2.782 68 | 2.903 49 | 2.902 84 | $7.14 \times 10^{-8}$ |
| TLPM-2 | 2.20 | 6.7 | 1.0 | 35 | 0 | 1 | 0 | 0 | 2.782 68 | 2.903 49 | 2.902 84 | $7.22 \times 10^{-8}$ |

表 5-6(续)

| 煤样编号 | $R_{o,max}$/% | 围压/MPa | 气压/MPa | 温度/℃ | 煤体结构类型 | | | | 分形维数 | | | $D$/(cm²/s) |
| --- | --- | --- | --- | --- | --- | --- | --- | --- | --- | --- | --- | --- |
| | | | | | I | II | III | IV | $d_{mi}$ | $d_{ni}$ | $d_{ft}$ | |
| TLPM-2 | 2.20 | 6.7 | 1.0 | 40 | 0 | 1 | 0 | 0 | 2.782 68 | 2.903 49 | 2.902 84 | $7.28 \times 10^{-8}$ |
| TLPM-2 | 2.20 | 6.7 | 1.0 | 45 | 0 | 1 | 0 | 0 | 2.782 68 | 2.903 49 | 2.902 84 | $7.37 \times 10^{-8}$ |
| TLPM-2 | 2.20 | 6.7 | 1.0 | 50 | 0 | 1 | 0 | 0 | 2.782 68 | 2.903 49 | 2.902 84 | $7.49 \times 10^{-8}$ |
| PDSF-1 | 1.14 | 6.7 | 1.0 | 27 | 1 | 0 | 0 | 0 | 2.883 60 | 2.586 63 | 2.595 05 | $5.54 \times 10^{-8}$ |
| PDSF-1 | 1.14 | 6.7 | 1.0 | 35 | 1 | 0 | 0 | 0 | 2.883 60 | 2.586 63 | 2.595 05 | $5.63 \times 10^{-8}$ |
| PDSF-1 | 1.14 | 6.7 | 1.0 | 40 | 1 | 0 | 0 | 0 | 2.883 60 | 2.586 63 | 2.595 05 | $5.69 \times 10^{-8}$ |
| PDSF-1 | 1.14 | 6.7 | 1.0 | 45 | 1 | 0 | 0 | 0 | 2.883 60 | 2.586 63 | 2.595 05 | $5.76 \times 10^{-8}$ |
| PDSF-1 | 1.14 | 6.7 | 1.0 | 50 | 1 | 0 | 0 | 0 | 2.883 60 | 2.586 63 | 2.595 05 | $5.86 \times 10^{-8}$ |
| PDSF-2 | 1.16 | 6.7 | 1.0 | 27 | 0 | 1 | 0 | 0 | 2.897 39 | 2.603 21 | 2.618 76 | $5.62 \times 10^{-8}$ |
| PDSF-2 | 1.16 | 6.7 | 1.0 | 35 | 0 | 1 | 0 | 0 | 2.897 39 | 2.603 21 | 2.618 76 | $5.72 \times 10^{-8}$ |
| PDSF-2 | 1.16 | 6.7 | 1.0 | 40 | 0 | 1 | 0 | 0 | 2.897 39 | 2.603 21 | 2.618 76 | $5.78 \times 10^{-8}$ |
| PDSF-2 | 1.16 | 6.7 | 1.0 | 45 | 0 | 1 | 0 | 0 | 2.897 39 | 2.603 21 | 2.618 76 | $5.85 \times 10^{-8}$ |
| PDSF-2 | 1.16 | 6.7 | 1.0 | 50 | 0 | 1 | 0 | 0 | 2.897 39 | 2.603 21 | 2.618 76 | $5.96 \times 10^{-8}$ |
| TLPM-3 | 2.20 | 6.7 | 1.0 | 31 | 0 | 0 | 1 | 0 | 2.820 34 | 2.953 61 | 2.953 13 | $4.65 \times 10^{-8}$ |
| TLPM-4 | 2.23 | 6.7 | 1.0 | 31 | 0 | 0 | 0 | 1 | 2.991 51 | 2.953 67 | 2.954 51 | $4.14 \times 10^{-8}$ |
| PDSF-3 | 1.14 | 6.7 | 1.0 | 31 | 0 | 0 | 0 | 1 | 2.957 99 | 2.620 45 | 2.625 00 | $3.78 \times 10^{-8}$ |
| PDSF-4 | 1.15 | 6.7 | 1.0 | 31 | 0 | 0 | 0 | 1 | 2.987 53 | 2.634 85 | 2.639 85 | $3.24 \times 10^{-8}$ |
| ZMWY-1 | 3.38 | 8.6 | 1.5 | 35 | 1 | 0 | 0 | 0 | 2.817 83 | 2.811 18 | 2.811 20 | $4.38 \times 10^{-8}$ |
| ZMWY-2 | 3.41 | 8.6 | 1.5 | 35 | 0 | 1 | 0 | 0 | 2.822 10 | 2.931 42 | 2.931 27 | $5.46 \times 10^{-8}$ |
| ZMWY-3 | 3.39 | 8.6 | 1.5 | 35 | 0 | 0 | 0 | 1 | 2.982 18 | 2.943 06 | 2.943 28 | $2.83 \times 10^{-8}$ |
| ZMWY-4 | 3.44 | 8.6 | 1.5 | 35 | 0 | 0 | 0 | 1 | 2.998 77 | 2.953 67 | 2.953 88 | $2.53 \times 10^{-8}$ |
| TLPM-1 | 2.18 | 8.6 | 1.5 | 35 | 1 | 0 | 0 | 0 | 2.774 41 | 2.835 23 | 2.834 89 | $4.82 \times 10^{-8}$ |
| TLPM-2 | 2.20 | 8.6 | 1.5 | 35 | 0 | 1 | 0 | 0 | 2.782 68 | 2.903 49 | 2.902 84 | $5.81 \times 10^{-8}$ |
| TLPM-3 | 2.20 | 8.6 | 1.5 | 35 | 0 | 0 | 1 | 0 | 2.820 34 | 2.953 61 | 2.953 13 | $3.37 \times 10^{-8}$ |
| TLPM-4 | 2.23 | 8.6 | 1.5 | 35 | 0 | 0 | 0 | 1 | 2.991 51 | 2.953 67 | 2.954 51 | $2.85 \times 10^{-8}$ |
| PDSF-1 | 1.14 | 8.6 | 1.5 | 35 | 1 | 0 | 0 | 0 | 2.883 60 | 2.586 63 | 2.595 05 | $4.25 \times 10^{-8}$ |
| PDSF-2 | 1.16 | 8.6 | 1.5 | 35 | 0 | 1 | 0 | 0 | 2.897 39 | 2.603 21 | 2.618 76 | $4.73 \times 10^{-8}$ |
| PDSF-3 | 1.14 | 8.6 | 1.5 | 35 | 0 | 0 | 1 | 0 | 2.957 99 | 2.620 45 | 2.625 00 | $2.56 \times 10^{-8}$ |
| PDSF-4 | 1.15 | 8.6 | 1.5 | 35 | 0 | 0 | 0 | 1 | 2.987 53 | 2.634 85 | 2.639 85 | $2.14 \times 10^{-8}$ |

根据选取的因变量和自变量原始数据(表 5-6),基于数量化理论Ⅰ建立构造煤瓦斯扩散耦合数学模型时,需要进行大量的计算工作,运用"瓦斯地质数学模型软件"[259](图 5-22),可高效、准确地完成上述工作。通过对自变量进行多次 $t$ 检验、筛选,剔除掉部分 $t$ 检验相关性差的自变量,建立的瓦斯扩散耦合数学模型如下:

$$y = -0.237\,922\,079\,6\mathrm{d}l(1) - 0.870\,660\,250\,0\mathrm{d}l(2) + 2.518\,346\,478\,9\mathrm{d}l(3) +$$
$$0.013\,819\,469\,4\mathrm{d}l(4) + 4.606\,218\,474\,3\mathrm{d}l(5) - 3.500\,883\,367\,7\mathrm{d}x(1,1) -$$
$$3.098\,115\,751\,2\mathrm{d}x(1,2) - 5.725\,711\,605\,3\mathrm{d}x(1,3) - 6.248\,098\,398\,5\mathrm{d}x(1,4)$$
$$(5\text{-}14)$$

式中　　$y$——柱状煤样瓦斯扩散系数,$10^{-8}$ cm²/s;

　　　　$\mathrm{d}l(1)$——$R_{\mathrm{o,max}}$,%,定量变量;

　　　　$\mathrm{d}l(2)$——围压,MPa,定量变量;

　　　　$\mathrm{d}l(3)$——气压,MPa,定量变量;

　　　　$\mathrm{d}l(4)$——温度,℃,定量变量;

　　　　$\mathrm{d}l(5)$——全孔径分形维数,无量纲,定量变量;

　　　　$\mathrm{d}x(1,1)$——原生结构煤,定性变量;

　　　　$\mathrm{d}x(1,2)$——碎裂煤,定性变量;

　　　　$\mathrm{d}x(1,3)$——碎粒煤,定性变量;

　　　　$\mathrm{d}x(1,4)$——糜棱煤,定性变量。

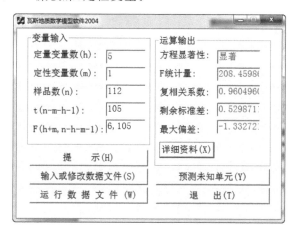

图 5-22　瓦斯地质数学模型软件

(3) 模型检验

经计算,新模型的 $F$ 统计量为 208.459 864,其远远大于 0.01 显著水平下

的 $F$ 临界值 $F_{6,105}^{0.01}=2.95$，复相关系数 $R=0.960\ 496$（接近 1），剩余标准差 $S=0.529\ 871$，说明新模型显著且精度高。计算了扩散系数 $D$ 对每个控制因素的偏相关系数，其镜质组最大反射率、围压、气压、全孔径分形维数、煤体结构的 $t$ 统计量均在 0.01 水平下显著，温度的 $t$ 统计量均在 0.05 水平下显著，说明新模型有实际意义。

### 5.2.3　解吸-扩散法瓦斯扩散模型与验证

分形-时效-Fick 扩散模型的建立是基于解吸-扩散法进行的，瓦斯气体在煤中的扩散是多维非稳定流，而影响气体扩散能力的重要指标就是扩散系数（$D$），关于该地层状态下（外界条件不考虑围压，只考虑气压，有效应力为负值）瓦斯扩散模型，目前所建立的扩散模型主要有单一孔隙扩散模型、双孔隙扩散模型和扩散率模型等[260]。单一孔隙扩散模型将煤多孔介质假设为单一孔隙系统，模型简单，应用最为广泛，代表性经典解吸-扩散法扩散模型为 Sevenster[261] 于 1959 年依据 Fick 第二定律提出的均质球形瓦斯扩散数学模型，如下式所示：

$$\frac{\partial c}{\partial t}=\frac{D}{r^2}\cdot\frac{\partial}{\partial r}\left(r^2\frac{\partial c}{\partial r}\right)=D\left(\frac{\partial^2 c}{\partial r^2}+\frac{2}{r}\frac{\partial c}{\partial r}\right) \tag{5-15}$$

式中　$c$——扩散浓度，$kg/cm^3$；

$\quad\quad r$——半径，m；

$\quad\quad D$——扩散系数，$m^2/s$；

$\quad\quad t$——扩散时间，s。

该模型为经典煤粒扩散模型[148-149,261]，分析其前提条件可以发现，经典扩散模型假设煤粒为均质的，不符合煤中复杂的孔隙结构特点，且经典扩散模型中扩散系数为恒定值，也不能精确描述煤粒瓦斯全时扩散过程，理论与实验误差极大。根据 4.5.4 小节和 5.1.2 小节分析可知，在解吸-扩散法扩散模型构建时要通过分形维数和衰减系数来反映非均质孔隙结构等关键因素的影响。因此，本书基于解吸-扩散法均质球形瓦斯扩散数学模型，通过引入全孔径孔隙分形维数和扩散衰减系数，构建了能反映非均质性与衰减特性的分形-时效-Fick 扩散模型。

（1）基于解吸-扩散法的分形-时效-Fick 扩散模型假设

根据第 3 章构造煤全孔径孔隙分形定量表征和前人[149,241]及本章瓦斯解吸-扩散过程中时效特性研究表明，煤的孔隙结构以及形貌特征都存在非均质性，具有明显的统计分形特征，更适合选用分形几何来表征，并且考虑到扩散系数随时间增大而衰减的时效特性，在建立基于解吸-扩散法的分形-时效-Fick 扩散模型（简称为 FTFD 模型）时做出以下假设：① 颗粒煤煤样为球形颗粒的集合；② 煤（粒）基质孔隙（扩散）系统由多尺度、大小不一的非均质多级孔隙组成，适合采用分形几何进行描述;③ 瓦斯在煤基质中的运移遵从质量不灭定理与连续性方程;④ 煤中甲烷解吸-扩散属于等温前提下的解吸-扩散过程;⑤ 瓦斯扩散系数与扩散时间、吸附平衡压力、温度有关,与坐标无关。

(2) 全孔径孔隙分形维数与扩散衰减系数的引入

① 全孔径孔隙分形维数的引入

煤具有表面和结构的非均匀性,主要表现为煤表面的不均匀以及煤结构具有不同尺寸和形状的孔,而这种非均匀性在吸附、解吸过程中起决定性作用,进而影响煤中瓦斯扩散性能[181]。在此引入第 3 章中全孔径分形维数对煤体非均匀性的定量表征方法,其中煤的全孔径孔隙分形维数包含微米级孔隙分形维数和纳米级孔隙分形维数两部分,各参数含义详见第 3 章:

$$d_{ft} = \sum_{mi=1}^{m} d_{mi} \times B_{mi} + \sum_{ni=1}^{n} d_{ni} \times B_{ni}$$

② 瓦斯扩散时效(动态)模型的引入

由 5.1.3 小节分析可知,瓦斯扩散系数的时效特性受扩散介质(煤体)、扩散相(瓦斯)及所处的外部条件(温度、压力等)共同控制,导致瓦斯扩散系数随时间延长而发生动态衰减,有关学者[149,241]根据扩散系数的动态变化特征提出了瓦斯扩散时效(动态)模型:

$$\begin{cases} \dfrac{\partial c}{\partial t} = D(t)\left(\dfrac{\partial^2 c}{\partial r^2} + \dfrac{2}{r}\dfrac{\partial c}{\partial r}\right) \\ c(r,0) = c_0 c(r_0,t) = c_1 \quad (t \geqslant 0, 0 \leqslant r \leqslant r_0) \\ \dfrac{\partial c}{\partial r} = 0 \quad (r = 0, t \geqslant 0) \end{cases} \quad (5\text{-}16)$$

其中,第一式为质量守恒连续方程;第二式为吸附平衡后的初始条件;第三式为扩散浓度的边界条件;$c$ 为甲烷扩散浓度,$g/cm^3$;$r$ 为扩散路径,$cm$;$c_0$ 为初始吸附平衡后甲烷扩散浓度,$g/cm^3$;$c_1$ 为 1 个大气压条件下煤基质表面甲烷扩散浓度,$g/cm^3$;$r_0$ 为煤基质(粒)半径,$cm$;$t$ 为扩散时间,$s$。

$$D(t) = D_0 \exp(-\beta t) \quad (5\text{-}17)$$

式中   $D(t)$——随时间延长而衰减的动扩散系数,$cm^2/s$;

$D_0$——$t=0$ 时初始扩散系数,$cm^2/s$;

$\beta$——动态扩散系数的衰减系数,$s^{-1}$。

(3) 解吸-扩散法瓦斯分形-时效-Fick 扩散模型构建

根据分形介质扩散方程的标度理论,若用 $c(r,t)$ 表示甲烷扩散浓度,则 $d$ 维欧氏空间的扩散方程具有下面的公式[262]:

$$\frac{\partial c(r,t)}{\partial t} = \frac{D}{r^{d-1}}\frac{\partial}{\partial r}\left[r^{d-1}\frac{\partial c(r,t)}{\partial r}\right] \quad (5\text{-}18)$$

O'Shaughnessy[263]以分形介质中反常扩散性质为基础,率先推导得到分形介质的扩散方程。若用 $M(r,t)$ 表示时刻 $t$ 在 $r$ 到 $r+dr$ 之间的球壳内的扩散浓度,球心可取在分形介质的某一点上;用 $J(r,t)$ 表示总的径向浓度流,那么浓度守恒的连续性方程可写成:

$$\frac{\partial M(r,t)}{\partial t} = -\frac{\partial J(r,t)}{\partial r} \tag{5-19}$$

对于分形介质来说[262],可把 $M(r,t)$ 表示为下面的标度形式:

$$\partial M(r,t) \propto r^{d_f - 1} c(r,t) \tag{5-20}$$

其中,$d_f$ 为分形维数。根据 Fick 扩散定律,在 $d$ 维欧氏空间中,$J(r,t)$ 和 $c(r,t)$ 之间满足下面的方程式:

$$J(r,t) = -Dr^{d-1}\frac{\partial c(r,t)}{\partial r} \tag{5-21}$$

煤中孔隙结构的非均质性是影响甲烷扩散的一个重要因素,O'Shaughnessy[263]把扩散系数 $D$ 用分形介质中的扩散系数 $D(r)$ 替换,空间维数 $d$ 用全孔径分形维数 $d_f$ 替代,可以得到在分形介质中 $J(r,t)$ 与 $c(r,t)$ 之间满足如下类似关系式:

$$J(r,t) = -D(r)r^{d_f - 1}\frac{\partial c(r,t)}{\partial r} \tag{5-22}$$

把式(5-20)和式(5-22)代入式(5-19)中,可得出分形介质中扩散方程:

$$\frac{\partial c(r,t)}{\partial t} = \frac{1}{r^{d_{ft}-1}}\frac{\partial}{\partial r}\left[D(r)r^{d_{ft}-1}\frac{\partial c(r,t)}{\partial r}\right] \tag{5-23}$$

显然,式(5-23)是对式(5-18)的推广,而且在分形扩散结构中,扩散系数具有如下标度形式[262]:

$$D(r) = D_0 r^{-\theta} \tag{5-24}$$

文献[264-267]通过变换一阶扩散方程为分数阶 $\nu$ 偏微分扩散方程可以有效描述气体在分形介质中的扩散行为,并认为分数阶 $\nu$ 变化区间为 $0 < \nu < 2$,其中当 $0 < \nu < 1$ 时为亚扩散,当 $\nu = 1$ 时为正常扩散,当 $1 < \nu < 2$ 时为超扩散。由于气体在分形扩散介质中具有"扩散慢化效应",文献[268-269]认为非均匀煤中的气体扩散分数阶区间应取值 $0 < \nu \leqslant 1$,据此文献[270-272]建立了气体在煤中的分数阶偏微分扩散方程如下:

$$\frac{\partial^\nu c(r,t)}{\partial t^\nu} = \frac{D_0}{r^{d_f - 1}}\frac{\partial}{\partial r}\left[r^{d_f - 1 - \theta}\frac{\partial c(r,t)}{\partial r}\right] \quad (0 < \nu \leqslant 1) \tag{5-25}$$

根据前文假设,煤中瓦斯扩散系数将和坐标没有关系,考虑到非均质性与时间对扩散系数产生的影响,将全孔径分形维数 $d_{ft}$ 和随时间延长而衰减的动扩散系数 $D(t)$ 代入式(5-23)、式(5-24)、式(5-25)中,可以推导出基于煤非均质性的分形-时效-Fick 扩散的分数阶偏微分方程为：

$$
\begin{cases}
\dfrac{\partial^{\nu} c(r,t)}{\partial t^{\nu}} = \dfrac{D_0 \mathrm{e}^{-\beta t}}{r^{d_{\mathrm{ft}}-1}} \dfrac{\partial}{\partial r}\left[ r^{d_{\mathrm{ft}}-1-\theta} \dfrac{\partial c(r,t)}{\partial r} \right] & (0 < \nu \leqslant 1) \\
c(r,0) = c_0\, c(r_0,t) = c_1 & (t \geqslant 0, 0 \leqslant r \leqslant r_0) \\
\dfrac{\partial c}{\partial r} = 0 & (r = 0, t \geqslant 0)
\end{cases} \tag{5-26}
$$

其中，第一式为质量守恒连续方程；第二式为吸附平衡后的初始条件；第三式为扩散浓度的边界条件；$c$ 为甲烷扩散浓度，$\mathrm{g/cm^3}$；$r$ 为扩散路径，cm；$c_0$ 为初始吸附平衡后甲烷扩散浓度，$\mathrm{g/cm^3}$；$c_1$ 为 1 个大气压条件下煤基质表面甲烷扩散浓度，$\mathrm{g/cm^3}$；$r_0$ 为煤基质（粒）半径，cm；$t$ 为分形扩散时间，s，$t$ 满足 Riemant-Liouvillle 方程：

$$
\frac{\mathrm{d}^{\nu} f(t)}{\mathrm{d} t^{\nu}} = \frac{\mathrm{d}}{\mathrm{d} t}\left[ \int_0^t \frac{(t-\tau)^{-\nu}}{\Gamma(1-\nu)} f(\tau) \mathrm{d}\tau \right]
$$

分数阶 $\nu$ 反映曲线的曲率变化[269-270]。

设 $u(r,t) = c(r,t) - c_1$，代入边界条件，则式(5-26)可变为：

$$
\begin{cases}
\dfrac{\partial^{\nu} u(r,t)}{\partial t^{\nu}} = \dfrac{D_0 \mathrm{e}^{-\beta t}}{r^{d_{\mathrm{ft}}-1}} \dfrac{\partial}{\partial r}\left[ r^{d_{\mathrm{ft}}-1-\theta} \dfrac{\partial u(r,t)}{\partial r} \right] & (0 < \nu \leqslant 1) \\
u(r,0) = c_0 - c_1\, u(r_0,t) = 0 & (t \geqslant 0, 0 \leqslant r \leqslant r_0) \\
\dfrac{\partial u(r,t)}{\partial r} = 0 & (r = 0, t \geqslant 0)
\end{cases} \tag{5-27}
$$

设 $u(r,t) = T(t) \times R(r)$，代入式(5-27)可得：

$$
\frac{\partial^{\nu} T(t) R(r)}{\partial t^{\nu}} = \frac{D_0 \mathrm{e}^{-\beta t}}{r^{d_{\mathrm{ft}}-1}} \frac{\partial}{\partial r}\left[ r^{d_{\mathrm{ft}}-1-\theta} \frac{\partial T(t) R(r)}{\partial r} \right] \tag{5-28}
$$

$$
R \cdot \frac{\partial^{\nu} T(t)}{\partial t^{\nu}} = \frac{D_0 \mathrm{e}^{-\beta t}}{r^{d_{\mathrm{ft}}-1}}\left[ (d_{\mathrm{ft}}-1-\theta) \cdot r^{d_{\mathrm{ft}}-\theta-2} \cdot T(t) \cdot R' + r^{d_{\mathrm{ft}}-\theta-1} \cdot T(t) \cdot R'' \right] \tag{5-29}
$$

$$
R \cdot \frac{\partial^{\nu} T(t)}{\partial t^{\nu}} = D_0 \mathrm{e}^{-\beta t} \cdot T(t)\left[ (d_{\mathrm{ft}}-1-\theta) \cdot \frac{R'}{r^{\theta+1}} + \frac{1}{r^{\theta}} \cdot R'' \right] \tag{5-30}
$$

由式(5-30)可以得到：

$$
\frac{1}{D_0 \mathrm{e}^{-\beta t} T(t)} \cdot \frac{\partial^{\nu} T(t)}{\partial t^{\nu}} = \frac{1}{r^{\theta}} \cdot \frac{R''}{R} + \frac{d_{\mathrm{ft}}-1-\theta}{r^{\theta+1}} \cdot \frac{R'}{R} \tag{5-31}
$$

通过分离变量方法，让式(5-31)左边变为一个关于 $t$ 的方程，让式(5-31)右边变为一个关于 $r$ 的方程，因此式(5-31)两边必为一个常量，记为 $-\varepsilon^2$，则式(5-31)可变为：

$$\frac{\partial^{\nu} T(t)}{\partial t^{\nu}} + D_0 e^{-\beta t} \cdot \varepsilon^2 \cdot T(t) = 0 \tag{5-32}$$

$$\frac{1}{r^{\theta}} \cdot \frac{R''}{R} + \frac{d_{ft} - 1 - \theta}{r^{\theta+1}} \cdot \frac{R'}{R} = -\varepsilon^2 \tag{5-33}$$

设 $x = \frac{2}{d_w} \cdot r^{\frac{d_w}{2}}, R(r) = x^a \cdot f(x)$，其中 $d_w = 2 + \theta, a = \frac{d_w - d_{ft}}{d_w}$，经过变换，式(5-33)可变为一个关于 $f(x)$ 的新方程：

$$x^2 f''(x) + x f'(x) + (\varepsilon^2 x^2 - a^2) f(x) = 0 \tag{5-34}$$

方程(5-34)的通解为：

$$f(x) = A J_a(ax) + B J_{-a}(\varepsilon x) \tag{5-35}$$

式中，$A$、$B$ 为随机常量；$J_a(x)$ 为关于分数阶 $a$ 的贝塞尔函数。

由于 $a < 0$，$\lim\limits_{x \to 0} x^a J_a(\varepsilon x) = \infty$，对于任意一个 $a$，$\lim\limits_{x \to 0} x^a J_{-a}(\varepsilon x) = \frac{(\varepsilon/2)^a}{\Gamma(1-a)}$（常量）；代入式(5-35)中，令 $A = 0, B = 1$，则：

$$f(x) = J_{-a}(\varepsilon x) \tag{5-36}$$

根据式(5-27)边界条件，可以得到 $u(r_0, t) = T(t) R(r_0) = 0$，因为 $T(t) \neq 0$，那么 $R(r_0) = 0$ 必须成立，因此 $R(r_0) = x^a f(x_0) = \left(\frac{2}{d_w} r_0^{\frac{d_w}{2}}\right)^a f\left(\frac{2}{d_w} r_0^{\frac{d_w}{2}}\right) = 0$，因为 $\left(\frac{2}{d_w} r_0^{\frac{d_w}{2}}\right)^a > 0$，则：

$$f\left(\frac{2}{d_w} r_0^{\frac{d_w}{2}}\right) = 0 \tag{5-37}$$

合并式(5-36)和式(5-37)，可得：

$$f\left(\frac{2}{d_w} r_0^{\frac{d_w}{2}}\right) = J_{-a}\left(\varepsilon \times \frac{2}{d_w} r_0^{\frac{d_w}{2}}\right) = 0 \tag{5-38}$$

其中，$\varepsilon \times \frac{2}{d_w} r_0^{\frac{d_w}{2}}$ 为 $J_{-a}(x)$ 的根，假设 $J_{-a}(x)$ 的正根为：

$$\mu_1 < \mu_2 < \mu_3 < \cdots < \mu_n$$

则得出本征方程为：

$$\varepsilon_n^2 = \left(\frac{\mu_n d_w}{2 r_0^{\frac{d_w}{2}}}\right)^2 \quad (n = 1, 2, 3 \cdots) \tag{5-39}$$

相应的特征函数为：

$$f_n\left(\frac{2}{d_w} r^{\frac{d_w}{2}}\right) = J_{-a}\left[\mu_n \times \left(\frac{r}{r_0}\right)^{\frac{d_w}{2}}\right] \quad (n = 1, 2, 3 \cdots) \tag{5-40}$$

设 $R(r) = x^a f(x)$，则：

$$R_n(r) = \left(\frac{2}{d_w}\right)^\alpha r^{\frac{d_w - d_{ft}}{2}} J_{-\alpha}\left[\mu_n \left(\frac{r}{r_0}\right)^{\frac{d_w}{2}}\right] \quad (n = 1,2,3\cdots) \tag{5-41}$$

方程(5-32)的解为：

$$T_n = A_n e^{\frac{-D_0 \varepsilon_n^2}{\beta}}(1 - e^{-\beta t^\nu}) \tag{5-42}$$

因为

$$T(t) = \sum_{n=1}^{\infty} T_n(t) \tag{5-43}$$

所以将式(5-41)和式(5-43)进行 $u(r,t) = T(t) \cdot R(r)$ 变换，则：

$$u(r,t) = \sum_{n=1}^{\infty} \left(\frac{2}{d_w}\right)^\alpha r^{\frac{d_w - d_{ft}}{2}} \times J_{-\alpha}\left[\mu_n \left(\frac{r}{r_0}\right)^{\frac{d_w}{2}}\right]\sum_{n=1}^{\infty} T_n(t) \quad (n = 1,2,3\cdots) \tag{5-44}$$

将式(5-27)边界条件代入式(5-44)，则：

$$\left(\frac{2}{d_w}\right)^\alpha r^{\frac{d_w - d_{ft}}{2}} \sum_{n=1}^{\infty} A_n \times J_{-\alpha}\left[\mu_n \left(\frac{r}{r_0}\right)^{\frac{d_w}{2}}\right] = c_0 - c_1 \tag{5-45}$$

根据贝塞尔方程的正交关系[267]，则：

$$\sum_{n=1}^{\infty} A_n = \sum_{n=1}^{\infty} \frac{2(c_0 - c_1)}{\mu_n J_{1-\alpha}(\mu_n)} \times r_0^{\frac{d_{ft} - d_w}{2}} \times \left(\frac{d_w}{2}\right)^\alpha \tag{5-46}$$

将式(5-46)代入式(5-44)，则：

$$u(r,t) = \sum_{n=1}^{\infty} \frac{2(c_0 - c_1)}{\mu_n J_{1-\alpha}(\mu_n)} \left(\frac{r}{r_0}\right)^{\frac{d_w - d_{ft}}{2}} \times J_{-\alpha}\left[\mu_n \left(\frac{r}{r_0}\right)^{\frac{d_w}{2}}\right] \times e^{\frac{-D_0 \varepsilon_n^2}{\beta}(1 - e^{-\beta t^\nu})} \tag{5-47}$$

因此有：

$$c(r,t) = \sum_{n=1}^{\infty} \frac{2(c_0 - c_1)}{\mu_n J_{1-\alpha}(\mu_n)} \left(\frac{r}{r_0}\right)^{\frac{d_w - d_{ft}}{2}} \times J_{-\alpha}\left[\mu_n \left(\frac{r}{r_0}\right)^{\frac{d_w}{2}}\right] \times e^{\frac{-D_0 \varepsilon_n^2}{\beta}(1 - e^{-\beta t^\nu})} + c_1 \tag{5-48}$$

$$\frac{c_0 - c(r,t)}{c_0 - c_1} = 1 - \sum_{n=1}^{\infty} \frac{2}{\mu_n J_{1-\alpha}(\mu_n)} \left(\frac{r}{r_0}\right)^{\frac{d_w - d_{ft}}{2}} \times J_{-\alpha}\left[\mu_n \left(\frac{r}{r_0}\right)^{\frac{d_w}{2}}\right] \times$$
$$e^{\frac{-D_0 \varepsilon_n^2}{\beta}(1 - e^{-\beta t^\nu})} + c_1 \tag{5-49}$$

将式(5-39)引入式(5-49)内，计算可得：

$$\frac{c_0 - c(r,t)}{c_0 - c_1} = 1 - \sum_{n=1}^{\infty} \frac{2}{\mu_n J_{1-\alpha}(\mu_n)} \left(\frac{r}{r_0}\right)^{\frac{d_w - d_{ft}}{2}} \times J_{-\alpha}\left[\mu_n \left(\frac{r}{r_0}\right)^{\frac{d_w}{2}}\right] \times$$
$$e^{\frac{-D_0}{\beta}(1 - e^{-\beta t^\nu}) \cdot \left(\frac{\mu_n d_w}{2 r_0 d_w/2}\right)^2} + c_1 \tag{5-50}$$

用 $Q_t$ 表示自煤样暴露开始到扩散时间 $t$ 的累计瓦斯扩散量（$cm^3/g$）；$Q_\infty$ 表示 $t \rightarrow \infty$ 时的极限瓦斯扩散量（$cm^3/g$），则有：

$$\frac{Q_t}{Q_\infty} = \frac{c_0 - \bar{c}(r,t)}{c_0 - c_1} = 1 - \sum_{n=1}^{\infty} \frac{4 d_{ft}}{d_w^2 \mu_n} e^{-(\frac{\mu_n d_w}{2})^2 \frac{D_0}{r_0^{d_w} \beta}(1-e^{-\beta t^\nu})} \quad (5\text{-}51)$$

式中，$\bar{c}(r,t) = \frac{d_t}{r_0^{d_t}} \int_0^{r_0} c(r,t) r^{d_t-1} dr$。

当式（5-51）中 $d_{ft} = 3$，$\theta = 0$，相应的 $d_w = 2$，$D_0 = D$，$\alpha = -0.5$，$\mu_n = n\pi$，$J_{0.5}\left(\frac{n\pi r}{r_0}\right) = \sqrt{\frac{2 r_0}{n\pi^2 r}} \sin\left(\frac{n\pi r}{r_0}\right)$，$J_{1.5}(n\pi) = \sqrt{\frac{2}{n\pi^2}}(-1)^{n+1}$，则式（5-50）和式（5-51）可转换为：

$$\frac{c_0 - c(r,t)}{c_0 - c_1} = 1 - \frac{2 r_0}{\pi r} \sum_{n=1}^{\infty} \frac{(-1)^{n+1}}{n} \times \sin\left(\frac{n\pi r}{r_0}\right) \cdot e^{-\frac{D_0}{\beta}(\frac{n\pi}{r_0})^2(1-e^{-\beta t})} \quad (5\text{-}52)$$

$$\frac{Q_t}{Q_\infty} = 1 - \frac{6}{\pi^2} \sum_{n=1}^{\infty} \frac{1}{n^2} e^{-\frac{n^2 \pi^2 D_0}{r_0^2 \beta}(1-e^{-\beta t})} \quad (5\text{-}53)$$

式（5-53）即为扩散时效模型[241]，可见扩散时效模型为分形-时效-Fick 扩散模型的一个特例。由于传统经典 Fick 扩散模型的扩散系数 $D$ 为动态扩散系数 $D(t)$ 在整个扩散时间 $t$ 内的平均值，则：

$$D = \int_0^t D(t) dt / t = \frac{D_0}{\beta t}(1 - e^{-\beta t}) \quad (5\text{-}54)$$

$$D \cdot t = \int_0^t D(t) dt = \frac{D_0}{\beta}(1 - e^{-\beta t}) \quad (5\text{-}55)$$

将式（5-55）代入式（5-53），则有：

$$\frac{Q_t}{Q_\infty} = 1 - \frac{6}{\pi^2} \sum_{n=1}^{\infty} \frac{1}{n^2} e^{-\frac{n^2 \pi^2 D}{r_0^2} t} \quad (5\text{-}56)$$

式（5-56）即为传统均质球形 Fick 扩散方程，由此可见扩散时效模型为分形-时效-Fick 扩散模型的一个特例，且分形-时效-Fick 扩散模型同时涵盖了传统均质球形 Fick 模型和扩散时效模型，因此基于解吸-扩散法建立的构造煤分形-时效-Fick 扩散模型更具有普遍理论意义。

（4）模型检验

为了检验基于解吸-扩散法建立的构造煤分形-时效-Fick 扩散模型的精度和适应性，采用第 4 章的构造煤颗粒煤瓦斯扩散实测数据和第 3 章的孔隙结构全孔径分形维数数据，验证煤样选取 ZMWY-2、ZMWY-4 两组煤样，煤样粒度为 $1 \sim 3$ mm，吸附平衡压力为 $1.0$ MPa，温度为 $30$ ℃，室内大气压力为 $0.1$ MPa，煤样基础参数见表 2-4。此处需要说明的是，关于极限瓦斯解吸量的求取方法，考虑煤样的非均质性，需用文献[137]提出的分形 Langmuir 表达式进行校正：

$$V = \frac{V_{F\text{-}L}\, p}{p_{F\text{-}L} + p}\, \sigma^{\frac{d_{ft}}{2}-1} \qquad 或 \qquad \frac{V\sigma^{1-d_{ft}/2}}{p} = -\frac{V\sigma^{1-d_{ft}/2}}{p_{F\text{-}L}} + \frac{V_{F\text{-}L}}{p_{F\text{-}L}} \qquad (5\text{-}57)$$

式中　$p$——气体压力，MPa；

　　　$V$——$p$ 压力下极限吸附量，$cm^3/g$；

　　　$\sigma$——$CH_4$ 分子横截面积，$nm^2$，取 0.018 1；

　　　$d_{ft}$——全孔径分形维数；

　　　$V_{F\text{-}L}$——分形 Langmuir 体积，$cm^3/g$；

　　　$p_{F\text{-}L}$——分形 Langmuir 压力，MPa。

将按照式(5-57)计算出的 $V_{F\text{-}L}$ 和 $p_{F\text{-}L}$ 转化为 $a_{F\text{-}L} = V_{F\text{-}L}$，$b_{F\text{-}L} = 1/p_{F\text{-}L}$ 代入极限瓦斯解吸量求取：

$$Q'_{\infty} = \left( \frac{a_{F\text{-}L} b_{F\text{-}L} p_0}{1 + b_{F\text{-}L} p_0} - \frac{a_{F\text{-}L} b_{F\text{-}L} p_a}{1 + b_{F\text{-}L} p_a} \right) \cdot m \cdot (1 - w_w - w_a) \qquad (5\text{-}58)$$

式中　$Q'_{\infty}$——分形瓦斯极限解吸扩散量，$cm^3$；

　　　$p_0$——吸附平衡压力，MPa；

　　　$w_a$、$w_w$——煤样灰分和水分，%；

　　　$p_a$——外界大气压力，MPa；

　　　$m$——样品质量，g。

采用式(5-51)的解吸-扩散法分形-时效-Fick 扩散模型，利用 Mathlab 计算本章 ZMWY-2 和 ZMWY-4 煤样的扩散率(表 5-7、表 5-8)绘制瓦斯扩散率与扩散时间的关系曲线，与实测曲线对比(图 5-23)，可以发现验证煤样 ZMWY-2 和 ZMWY-4 的瓦斯解吸-扩散数据均基本与拟合曲线吻合，表明新模型能够精确描述非均质煤全程瓦斯解吸-扩散过程，具有良好的准确性和稳定性。

表 5-7　煤样分形 Langmuir 体积和压力计算结果

| 煤样编号 | 温度/℃ | 吸附体积/($cm^3/g$) | | 吸附压力/MPa | |
|---|---|---|---|---|---|
| | | $V_L$ | $V_{F\text{-}L}$ | $p_L$ | $p_{F\text{-}L}$ |
| ZMWY-2 | 30 | 38.37 | 58.57 | 0.89 | 3.20 |
| ZMWY-4 | 30 | 46.15 | 70.84 | 0.65 | 2.86 |

表 5-8　模型参数表

| 煤样编号 | $CH_4$ 分子横截面积/$nm^2$ | 孔径范围 | 分形维数 $d_{ft}$ | $\nu$ | $d_w$ | $\beta$ |
|---|---|---|---|---|---|---|
| ZMWY-2 | 0.018 1 | $d>2$ nm | 2.931 27 | 0.45 | 1.95 | 0.16 |
| ZMWY-4 | 0.018 1 | $d>2$ nm | 2.953 88 | 0.52 | 1.97 | 0.24 |

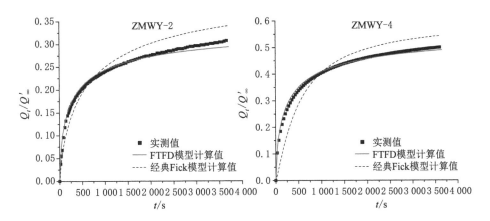

图 5-23　FTFD 新模型拟合曲线

# 5.3　模型应用

两个模型均反映了构造煤瓦斯扩散规律和特性,但在应用上均有适用条件,基于气相色谱法建立的构造煤瓦斯扩散耦合数学模型主要应用于原始煤层中构造煤瓦斯扩散速率的评价,而基于解吸-扩散法建立的构造煤分形-时效-Fick 扩散模型主要应用于瓦斯含量测定过程中损失量推算。据此,分别对模型进行了应用考察。

## 5.3.1　气相色谱法扩散模型应用

基于气相色谱法建立的扩散耦合模型应用考察在潞安五阳矿进行,据井下观察,五阳矿西扩区 3 号煤层大部分为原生-碎裂煤,西扩区的北部受断裂带影响碎粒-糜棱煤较发育,此次工作在 78 采区 7805 运输巷采取了原煤四类煤样,运至实验室后,设定围压为 10.3 MPa,气压为 1.5 MPa,温度为 35 ℃,实测了四类原煤的瓦斯扩散系数(表 5-9),模型预测值与实测值相比,相对误差均小于 10%,显示新模型预测精度较高,可以用于原始地层条件下瓦斯扩散系数的预测和评价。

表 5-9　耦合模型与实测扩散系数对比

| 煤样编号 | $R_{o,max}$ /% | 围压 /MPa | 气压 /MPa | 温度 /℃ | 煤体结构类型 Ⅰ | Ⅱ | Ⅲ | Ⅳ | 分形维数 $d_{ft}$ | $D$/(cm²/s) 预测值 | $D$/(cm²/s) 实测值 | 相对误差 /% |
|---|---|---|---|---|---|---|---|---|---|---|---|---|
| WYPM-1 | 2.12 | 10.3 | 1.5 | 35 | 1 | 0 | 0 | 0 | 2.852 21 | $5.434\,81\times10^{-8}$ | $5.626\,51\times10^{-8}$ | 3.41 |
| WYPM-2 | 2.12 | 10.3 | 1.5 | 35 | 0 | 1 | 0 | 0 | 2.875 41 | $5.944\,45\times10^{-8}$ | $6.098\,65\times10^{-8}$ | 2.53 |
| WYPM-3 | 2.18 | 10.3 | 1.5 | 35 | 0 | 0 | 1 | 0 | 2.909 32 | $3.487\,32\times10^{-8}$ | $3.256\,02\times10^{-8}$ | 7.10 |
| WYPM-4 | 2.20 | 10.3 | 1.5 | 35 | 0 | 0 | 0 | 1 | 2.957 71 | $3.192\,59\times10^{-8}$ | $2.905\,49\times10^{-8}$ | 9.88 |

### 5.3.2 解吸-扩散法扩散模型应用

目前,GB/T 23250—2009 中关于井下瓦斯含量的测定采用的是以巴雷尔式 $Q=k\sqrt{t}$ 为基础,按照 $V=K\sqrt{t_0+t}-A$ 直线关系进行反推计算出瓦斯损失量[152],对于瓦斯含量低、破坏程度不高的煤样,该方法尚能满足要求,而对于破坏类型较高、瓦斯含量较大,尤其是突出煤体在进行含量测定时,若仍按照上述方法进行损失量推算将造成较大的误差[149]。上述误差的产生,主要是由于 $\sqrt{t}$ 法计算瓦斯解吸量时,认为在煤样瓦斯解吸过程中瓦斯扩散系数是恒定不变的,可实质上该扩散系数为前 60 min 扩散时间内计算出来的平均值。由 4.5.4 小节可知,在初始阶段扩散系数较大,随着扩散时间延长而呈现指数衰减,最终扩散系数逐渐减小,反映到井下实测瓦斯含量时,在取样暴露期实际扩散系数应大于推算所用的平均扩散系数,即用 $\sqrt{t}$ 方法计算出的损失量要小于实际暴露过程中的瓦斯损失量。

基于解吸-扩散法建立的分形-时效-Fick 扩散模型现场应用考察在河南焦作中马村矿进行,应用地点选在中马村矿 27 采区 27011 工作面。27011 工作面面积为 42 496 $m^2$,平均煤厚为 4.3 m,倾角 $10°\sim12°$,煤体结构以碎粒煤为主,瓦斯含量为 $18.18\sim29.21$ $m^3/t$。在研究期间,对该工作面距切眼 130 m 处瓦斯含量进行了实测,根据实测数据运用新模型计算了瓦斯损失量,并将推算结果与 $\sqrt{t}$ 法进行了对比,对比曲线如图 5-24 所示。可见利用 $\sqrt{t}$ 法推算的损失量为 3.267 43

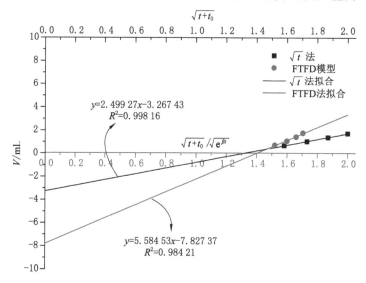

图 5-24 新模型与 $\sqrt{t}$ 法推算瓦斯损失量对比图

$m^3/t$,而采用新模型 FTFD 法推算的损失量为 7.827 37 $m^3/t$,新模型瓦斯损失量计算结果增加了 4.559 94 $m^3/t$,即$\sqrt{t}$法计算的瓦斯损失量占新模型 FTFD 法计算的瓦斯损失量 41.7%。

焦煤集团科研所在研究影响矿区瓦斯含量测定因素时,对常用的几种推算损失量模型进行了对比[152],对比结果见表 5-10。由表 5-10 可以看出,前三种模型推算的损失量占实际损失量的 15.20%～17.41%,而 $Q=k\sqrt{t}$ 的推算损失量最大,占实际损失量的 36.11%。由此可见,新模型 FTFD 法计算的损失量与实际损失量更为吻合,新模型提高了损失量推算精度,满足生产要求。

表 5-10　焦作矿区各种解吸-扩散模式推算损失量对比表[152]

| 损失量计算模型 | 推算损失量/mL | 实际损失量/mL | 推算损失量/% 实际损失量 |
|---|---|---|---|
| $Q=A\ln t+B$ | 58.26 | 344.70 | 17.41 |
| $Q=Bt^A$ | 52.39 | 344.70 | 15.20 |
| $Q=\dfrac{ABt}{1+Bt}$ | 53.72 | 344.70 | 15.58 |
| $Q=B\sqrt{t}+A$ | 124.49 | 344.70 | 36.11 |

## 5.4　本章小结

在构造煤微观结构特征测定研究的基础上,基于气相色谱法和解吸-扩散法对扩散系数的测定,分析了煤质、煤体结构、围压、温度、气压和微观孔-裂隙结构等多种因素对瓦斯扩散规律的耦合影响及控制机理,分别构建了构造煤瓦斯扩散耦合模型和分形-时效-Fick 扩散模型,并对两个模型的差异性和适用性进行了论述和检验,主要结论如下:

(1) 温度对构造煤瓦斯扩散的影响基本一致,扩散系数均随着温度升高而增大,作用机理主要通过改变气体分子的均方根速度和平均自由程。

(2) 气压(吸附平衡压力)对构造煤扩散规律影响,宏观上均呈现扩散系数随着气体压力增高而增大,但气相色谱法和解吸-扩散法的控制机理不同,分两种情况:一是当扩散介质(柱状煤样)施加有围压时,扩散规律受力学作用、吸附作用综合控制,其主控因素为有效应力作用。围压条件下构造煤扩散系数与渗透率相似,具有有效应力负效应。二是当扩散介质(颗粒煤)外没有施加围压影响,相当于卸压状态,气压(吸附平衡压力)则主要改变吸附气体内外浓度差、气体分子均方根速度和平均自由程。卸压作用对扩散介质（颗粒煤）本身的微观孔隙结构也会产生重要影响,可能导致微观孔隙结构中封闭孔隙、半封闭孔隙打开,变成开放性孔隙,减小扩散阻力,同时不易解吸的大量瓦斯释放,扩散量和扩散系数大幅增大。

(3) 基于气相色谱法和解吸-扩散法测定的构造煤瓦斯扩散规律显著不同,相同温压条件下,气相色谱法测定的构造煤扩散系数随着变质程度和破坏程度的增强呈现出先增大后减小的变化规律,主要受微观孔隙结构和显微裂隙共同耦合控制。解吸-扩散法测定的构造煤扩散系数随着变质程度和破坏程度的增高而增大,主要受原始孔隙结构特征和原始微观结构受外界环境变化影响后再分布特征控制,其中微孔、孔隙形态（细颈瓶孔、封闭孔）起主导作用。

(4) 直接方法（气相色谱法）测定的扩散系数可以应用于原始煤层中构造煤瓦斯扩散速率评价,而间接方法（解吸-扩散法）测定扩散系数可以应用于瓦斯损失量推算,而不能应用于原始煤层瓦斯扩散运移速率的评价,两种方法测定的扩散系数虽然均反映了构造煤的瓦斯扩散特性,但都有特定的应用条件,反映特定地层条件下扩散特性,两者不能简单替代。

(5) 解吸-扩散法扩散系数的衰减特性受煤本身特性（孔隙结构、孔隙率、孔曲折度等）、瓦斯特性（气体浓度、分子极性等）、外部条件（温度、气压、围压等）共同作用,是这些因素综合作用而出现外在表现,最终体现在扩散模型参数中。

(6) 在使用基于气相色谱法测定的扩散系数对原始煤层中构造煤瓦斯扩散速率评价时,构造煤瓦斯扩散规律受有效应力、温度、煤体结构、微观孔-裂隙结构等综合控制,因此采用数量化理论 I 耦合处理了各种内外关键影响因素,筛选出最大镜质组反射率、围压、气压、温度、全孔径分形维数、煤体结构建立了瓦斯扩散耦合模型,可以实现对原始煤层条件下构造煤的瓦斯扩散系数预测与评价,经理论和实践检验,模型精度较高。

(7) 在均质球形 Fick 扩散模型基础上,引入煤的全孔径分形维数和扩散时效衰减系数,建立了基于解吸-扩散法的分形-时效-Fick 扩散模型,其一般形式为：

$$\frac{Q_t}{Q_\infty} = \frac{c_0 - \bar{c}(r,t)}{c_0 - c_1} = 1 - \sum_{n=1}^{\infty} \frac{4 d_{ft}}{d_w \mu_n^2} e^{-\left(\frac{\mu_n d_w}{2}\right)^2 \frac{D_0}{r_0^{d_w} \beta}(1 - e^{-\beta t^\nu})}$$

基于解吸-扩散法建立的分形-时效-Fick 扩散模型同时涵盖了均质球形 Fick 模型和扩散时效模型,因此新模型具有更普遍的理论意义,经理论和实践检验精度较高。

(8) 根据基于解吸-扩散法建立的分形-时效-Fick 扩散模型修正了 $\sqrt{t}$ 损失量计算方法,新模型 FTFD 法计算的瓦斯损失量与实际瓦斯损失量更为吻合,提高了瓦斯损失量推算精度,满足生产要求。

# 第 6 章　结论与展望

## 6.1　结　论

本书从煤层在井下实际赋存状态出发,采用气相色谱法和解吸-扩散法两种扩散系数测定方法,开展了模拟不同地层条件下构造煤的瓦斯扩散规律实验研究,依据实验结果分析了两种方法瓦斯扩散规律的差异性和适用性,探讨了围压、气压、温度、煤质、煤体结构、微观孔-裂隙结构等因素对瓦斯扩散规律的耦合作用及控制机理,构建了反映不同地层条件下的构造煤瓦斯扩散模型,并对新模型进行了验证和应用。取得的主要研究成果如下:

(1) 探讨了四类煤体结构原煤煤芯的制作方法,针对碎粒-糜棱煤煤芯制作困难这一难题,提出了构造煤等静压柱状煤样制作方法,与常规型煤成型固结技术相比,具有可模拟地层压力、保持原煤物性、成型好、取样容易、工艺简单等优点,为扩散实验开展奠定了基础。

(2) 采用压汞法、液氮吸附法、小角 X 射线散射法、扫描电子显微镜测试分析了构造煤的微观孔隙、显微裂隙结构特征,基于煤的非均质性,提出了构造煤全孔径分形特征定量表征方法。

① 压汞实验表明,无烟煤、贫煤、肥煤的总比表面积、总孔容、退汞效率随破坏程度的增大而增大,中值孔径、排驱压力随破坏程度的增大而减小,但在不同破坏阶段,增大或减小速率不相同。

② 液氮吸附实验表明,无烟煤、贫煤孔容主要集中在微孔和过渡孔,肥煤孔容主要集中在过渡孔和中孔,而孔比表面积均集中在微孔;无烟煤、贫煤、肥煤的总孔容、BET 和 BJH 总比表面积、总吸附量随破坏程度的增大而增大。

③ 小角 X 射线散射实验表明,无烟煤、贫煤、肥煤的微孔体积、微孔比表面积和总表面积随破坏程度的增大而增大,SAXS 测定的孔比表面积明显大于液氮吸附实验结果,高出 1.7～8.8 倍,其中以高煤级无烟煤增幅最大,可能由封闭孔含量增多导致。

④ 压汞法在微米级(100～20 000 nm)孔径段具有明显的分形特征,液氮吸

附法在纳米级(1.94~100 nm)孔径段具有明显的分形特征,据此,定义并提出了构造煤的全孔径分形维数计算方法,实现了全孔径孔隙分形维数的有效统一,便于对构造煤非均质性进行定量表征。

⑤ 无烟煤显微裂隙以 D 型最为发育,C 型次之,无烟煤原生结构煤和碎裂煤发育有少量 B 型显微裂隙,A 型显微裂隙不发育。贫煤显微裂隙发育规律与无烟煤基本类似。肥煤显微裂隙以 D 型和 C 型最为发育,肥煤原生结构煤和碎裂煤发育有少量 B 型显微裂隙,A 型显微裂隙基本不发育。无烟煤、贫煤、肥煤显微裂隙发育总数随破坏程度的增大呈现先增大后减小的变化规律,以碎裂煤最为发育。

(3) 分别采用气相色谱法对柱状煤样和解吸-扩散法对颗粒煤样瓦斯扩散系数进行测定,研究了两种方法反映构造煤瓦斯扩散规律的差异性和适用性,探讨了围压、气压、温度、变质程度、破坏程度等不同地层条件下的构造煤瓦斯扩散规律。

① 自主搭建了柱状煤样瓦斯扩散特性模拟实验平台。利用该实验平台可以模拟实现设定围压、气压、温度条件下构造煤原煤瓦斯扩散特性测试。

② 华北含煤地层埋深介于 600~1 300 m 之间的煤层温度和压力预测结果显示,煤层平均温度介于 27~42.5 ℃之间,煤层平均压力介于 5.0~11 MPa 之间,根据单一变量对扩散的影响,设计了扩散正交实验方案。

③ 气相色谱法测定的瓦斯扩散系数随着围压的增大呈现指数关系减小,且随着围压的升高,减小速度变缓;扩散系数随气压增大呈现指数关系逐渐增大,且随着气压的升高,增大的速度变缓,推测气压继续升高,扩散系数将趋于稳定,存在极限扩散系数;扩散系数随着温度升高呈现指数关系逐渐增大,且随着温度的升高,增大的速度略有增加。在相同围压、温度、气压条件下,无烟煤、贫煤、肥煤随着破坏程度增加呈现先增大后减小的变化规律,碎裂煤的扩散系数最大;相同破坏程度煤样扩散系数随着变质程度的增高呈现先增大后减小的变化规律,即破坏程度相同,贫煤扩散系数>无烟煤>肥煤。扩散系数 $D$ 与坚固性系数 $f$ 值之间呈现 $D=a/(a+b \cdot f+c \cdot f^2)$ Holliday 型非线性函数变化,煤体结构由简单到复杂,扩散系数先增大后减小。

④ 解吸-扩散法测定的扩散系数随着吸附平衡压力的增加而呈现指数关系增大;扩散系数随温度的升高呈现线性关系增大;在相同气压和温度条件下,无烟煤、贫煤、肥煤扩散系数随变质程度和破坏程度的增大而增大,这与气相色谱法测定的不同类型构造煤瓦斯扩散规律显著不同,两种扩散方法反映了构造煤在不同地层条件下的瓦斯扩散规律。

⑤ 气相色谱法采用柱状煤样进行测试,同时施加围压和气压,主要应用于

原始煤层扩散速率预测与评价;解吸-扩散法采用颗粒煤样进行测试,没有施加围压的影响,主要应用于瓦斯含量测定过程中损失量推算;两种方法测定的构造煤瓦斯扩散系数均反映了构造煤的瓦斯扩散规律,但属于不同煤层赋存状态,两者之间不能简单替代应用。

（4）基于气相色谱法和解吸-扩散法对扩散系数的测定,分析了围压、温度、气压、煤质、煤体结构和微观孔-裂隙结构等内外因素对瓦斯扩散规律的耦合作用及控制机理,构建了反映不同地层条件下的构造煤瓦斯扩散模型,并对新模型进行了验证和应用。

① 温度对不同地层条件下构造煤瓦斯扩散的影响基本一致,扩散系数均随着温度升高而增大,作用机理主要通过改变气体分子的均方根速度和平均自由程。

② 气压对构造煤扩散规律影响,宏观上呈现扩散系数均随着气压升高而增大,但气相色谱法和解吸-扩散法的控制机理不同,分两种情况:一是当扩散煤样施加有围压影响时,扩散规律受力学作用、吸附作用综合控制,其主控因素为有效应力作用,围压条件下构造煤扩散系数与渗透率相似,具有有效应力负效应。二是当扩散煤样没有施加围压影响,相当于卸压状态,气压主要改变吸附气体分子的内外浓度差、平均自由程和均方根速度。卸压作用对煤本身的微观孔隙结构也会产生重要影响,可能导致微观孔隙结构中部分封闭孔隙、半封闭孔隙打开,变成开放性孔隙,减小扩散阻力,导致不易解吸的大量瓦斯释放,扩散量和扩散系数大幅增大。

③ 相同温压条件下,气相色谱法测定的扩散系数随着变质程度和破坏程度的增高呈现先增大后减小的变化规律,主要受微观孔隙结构和显微裂隙共同耦合控制;解吸-扩散法测定的构造煤扩散系数随着变质程度和破坏程度的增高而增大,主要受原始孔隙结构特征和原始微观结构受外界环境变化影响后再分布特征控制,其中微孔、孔隙形态(细颈瓶孔、封闭孔)起主导作用。由此可见,两种方法测定的扩散系数虽然都反映了构造煤的瓦斯扩散特性,但关键控制因素不同,各有特定的适用条件,两者测定的扩散系数不能简单替代使用。

④ 依据影响构造煤瓦斯扩散规律的主控因素,选择不同的建模工具和原理,构建了反映不同地层条件下的构造煤瓦斯扩散模型。

采用数量化理论 I 耦合处理影响原始煤层扩散的内外关键因素,筛选出围压、气压、温度、全孔径分形维数、煤体结构、最大镜质组反射率作为建模参数,建立了基于气相色谱法的构造煤瓦斯扩散耦合数学模型。

在均质球形 Fick 扩散模型基础上,引入构造煤的全孔径分形维数和扩散时效衰减系数,建立了基于解吸-扩散法的构造煤分形-时效-Fick 扩散模型,新模型同时涵盖了传统均质球形 Fick 模型和扩散时效模型,新模型提高了瓦斯损失量推算精度,具有更普遍的理论意义和应用价值。

⑤ 两个模型都反映了构造煤瓦斯扩散规律和特性,但在应用上均有适用条件,基于气相色谱法建立的构造煤瓦斯扩散耦合数学模型主要应用于原始煤层中构造煤瓦斯扩散速率的评价,而基于解吸-扩散法建立的构造煤分形-时效-Fick 扩散模型主要应用于瓦斯含量测定过程中损失量计算。据此,分别对模型进行了应用考察,结果显示:新模型理论和实践检验精度较高,满足生产要求。

## 6.2　工作展望

构造煤瓦斯扩散特性受扩散介质(煤体)本身特性、扩散相(瓦斯)特性、外部环境因素等共同耦合控制,本书针对其中的主要因素进行了实验研究和理论分析,取得了部分新认识和成果,但仍有一些问题没得到解决,后续可开展以下相关研究工作:

（1）受实验设备条件限制,本次实验中围压、气压、温度较低,只模拟到埋深1 300 m,深部煤层更高的温度、围压、气压对柱状煤样、颗粒煤样瓦斯扩散控制机理与低温、低压条件下是否一致,需要改进或建立新的实验平台进一步研究。

（2）应力应变条件下煤微观孔隙结构和显微裂隙测试没能实现,需引进新的测试手段和设备耦合分析微观结构动态变化对瓦斯扩散规律的控制。

（3）本次研究由于柱状煤样平衡水煤样难于制取,没有考虑到水分的影响,下一步可使用不同含水率柱状煤样和颗粒煤煤样进行进一步深入研究。

# 参 考 文 献

[1] 国家统计局能源统计司.中国能源统计年鉴 2014[M].北京：中国统计出版社,2015.

[2] 王震.新常态下煤炭产业发展战略思考[J].中国能源,2015,37(3):30-33.

[3] 国家统计局.中华人民共和国国家统计局关于 1994 年国民经济和社会发展的统计公报[J].中国统计,1995(3):6-11.

[4] 中国煤田地质总局.中国煤层气资源[J].徐州：中国矿业大学出版社,1998.

[5] PERERA M S A,RANJITH P G,CHOI S K,et al. Estimation of gas adsorption capacity in coal：a review and an analytical study[J]. International journal of coal preparation and utilization,2012,32(1):25-55.

[6] 车长波,杨虎林,李富兵,等.我国煤层气资源勘探开发前景[J].中国矿业,2008,17(5):1-4.

[7] 秦勇,袁亮,胡千庭,等.我国煤层气勘探与开发技术现状及发展方向[J].煤炭科学技术,2012,40(10):1-6.

[8] SANG S X,XU H J,FANG L C,et al. Stress relief coalbed methane drainage by surface vertical wells in China[J]. International journal of coal geology,2010,82(3/4):196-203.

[9] 程远平.煤矿瓦斯防治理论与工程应用[M].徐州：中国矿业大学出版社,2010.

[10] 程远平,俞启香.中国煤矿区域性瓦斯治理技术的发展[J].采矿与安全工程学报,2007,24(4):383-390.

[11] 姜波,琚宜文.构造煤结构及其储层物性特征[J].天然气工业,2004,24(5):27-29.

[12] 郭红玉.基于水力压裂的煤矿井下瓦斯抽采理论与技术[D].焦作：河南理工大学,2011.

[13] 张文静,琚宜文,卫明明,等.不同变质变形煤储层吸附-解吸特征及机理研究进展[J].地学前缘,2015,22(2):232-242.

[14] 钱鸣高,许家林,缪协兴.煤矿绿色开采技术[J].中国矿业大学学报,2003,

32(4):343-348.

[15] 张晓东.煤分级萃取的吸附响应及其地球化学机理[D].徐州:中国矿业大学,2005.

[16] 袁亮.卸压开采抽采瓦斯理论及煤与瓦斯共采技术体系[J].煤炭学报,2009,34(1):1-8.

[17] 傅雪海.多相介质煤层气储层渗透率预测理论与方法[M].徐州:中国矿业大学出版社,2003.

[18] 张小东,苗书雷,王勃,等.煤体结构差异的孔隙响应及其控制机理[J].河南理工大学学报(自然科学版),2013,32(2):125-130.

[19] PILLALAMARRY M,HARPALANI S,LIU S M. Gas diffusion behavior of coal and its impact on production from coalbed methane reservoirs[J]. International journal of coal geology,2011,86(4):342-348.

[20] 秦勇,唐修义,叶建平.华北上古生界煤层甲烷稳定碳同位素组成与煤层气解吸-扩散效应[J].高校地质学报,1998,4(2):8-13.

[21] 桑树勋,朱炎铭,张时音,等.煤吸附气体的固气作用机理(Ⅰ):煤孔隙结构与固气作用[J].天然气工业,2005,25(1):13-15.

[22] 桑树勋,朱炎铭,张井,等.煤吸附气体的固气作用机理(Ⅱ):煤吸附气体的物理过程与理论模型[J].天然气工业,2005,25(1):16-18.

[23] 何学秋,聂百胜.孔隙气体在煤层中扩散的机理[J].中国矿业大学学报,2001,30(1):1-4.

[24] 吴世跃.煤层中的耦合运动理论及其应用:具有吸附作用的气固耦合运动理论[M].北京:科学出版社,2009.

[25] 李冰,宋志敏,任建刚,等.深部构造煤及其扩散特征研究现状与展望[J].科技通报,2015,31(1):23-26.

[26] CHENG Y P,PAN Z J. Reservoir properties of Chinese tectonic coal:a review[J].Fuel,2020,260:116350.

[27] 琚宜文,姜波,侯泉林,等.构造煤结构-成因新分类及其地质意义[J].煤炭学报,2004,29(5):513-517.

[28] 王恩营,殷秋朝,李丰良.构造煤的研究现状与发展趋势[J].河南理工大学学报(自然科学版),2008,27(3):278-281.

[29] 张子敏.瓦斯地质学[M].徐州:中国矿业大学出版社,2009.

[30] 刘勇.构造煤测井曲线判识理论研究与应用[D].焦作:河南理工大学,2014.

[31] 焦作矿业学院瓦斯地质研究室.瓦斯地质概论[M].北京:煤炭工业出版

社,1990.

[32] 侯泉林,李培军,李继亮.闽西南前陆褶皱冲断带[M].北京:地质出版社,1995.

[33] 曹代勇,张守仁,任德贻.构造变形对煤化作用进程的影响:以大别造山带北麓地区石炭纪含煤岩系为例[J].地质论评,2002,48(3):313-317.

[34] 汤友谊,田高岭,孙四清,等.对煤体结构形态及成因分类的改进和完善[J].焦作工学院学报(自然科学版),2004,23(3):161-164.

[35] 孙四清.测井曲线判识构造软煤在煤与瓦斯突出区域预测中的应用[D].焦作:河南理工大学,2005.

[36] 王恩营,刘明举,魏建平.构造煤成因-结构-构造分类新方案[J].煤炭学报,2009,34(5):656-660.

[37] 郭红玉,苏现波,夏大平,等.煤储层渗透率与地质强度指标的关系研究及意义[J].煤炭学报,2010,35(8):1319-1322.

[38] 王鹏,苏现波,韩颖,等.煤体结构的定量表征及其意义[J].煤矿安全,2014,45(11):12-15.

[39] 李明.构造煤结构演化及成因机制[D].徐州:中国矿业大学,2013.

[40] 周建勋.影响煤层构造变形特性与机理的关键因素[J].煤田地质与勘探,1999,27(3):10-12.

[41] 王桂梁,朱炎铭.论煤层流变[J].中国矿业学院学报,1988,17(3):16-26.

[42] 金法礼,秦勇.高温高压下煤变形的实验分析[J].煤田地质与勘探,1999,27(1):13-15.

[43] 姜波,秦勇,金法礼.煤变形的高温高压实验研究[J].煤炭学报,1997,22(1):82-86.

[44] 刘俊来,杨光,马瑞.高温高压实验变形煤流动的宏观与微观力学表现[J].科学通报,2005,50(S1):56-63.

[45] 陈善庆.鄂、湘、粤、桂二叠纪构造煤特征及其成因分析[J].煤炭学报,1989,14(4):1-10.

[46] 曹运兴,彭立世,侯泉林.顺煤层断层的基本特征及其地质意义[J].地质论评,1993,39(6):522-528.

[47] 郭德勇,韩德馨,张建国.平顶山矿区构造煤分布规律及成因研究[J].煤炭学报,2002,27(3):249-253.

[48] JU Y W. Microcosmic analysis of ductile shearing zones of coal seams of brittle deformation domain in superficial lithosphere[J]. Science in China series D,2004,47(5):393.

[49] 朱兴珊,徐凤银,李权一.南桐矿区破坏煤发育特征及其影响因素[J].煤田地质与勘探,1996,24(2):28-31.

[50] 朱兴珊,陈建平.破坏煤形成的微观机理及其与瓦斯突出及煤层气开采的关系[J].煤矿现代化,1999(3):26-30.

[51] 姜波,秦勇,琚宜文,等.煤层气成藏的构造应力场研究[J].中国矿业大学学报,2005,34(5):564-569.

[52] 张玉贵,张子敏,曹运兴.构造煤结构与瓦斯突出[J].煤炭学报,2007,32(3):281-284.

[53] 曹运兴,彭立世.顺煤断层的基本类型及其对瓦斯突出带的控制作用[J].煤炭学报,1995,20(4):413-417.

[54] 王恩营.构造煤形成的构造控制模式研究[D].焦作:河南理工大学,2009.

[55] 王生全,王贵荣,常青,等.褶皱中和面对煤层的控制性研究[J].煤田地质与勘探,2006,34(4):16-18.

[56] 刘咸卫,曹运兴,刘瑞,等.正断层两盘的瓦斯突出分布特征及其地质成因浅析[J].煤炭学报,2000,25(6):571-575.

[57] 邵强,王恩营,王红卫,等.构造煤分布规律对煤与瓦斯突出的控制[J].煤炭学报,2010,35(2):250-254.

[58] 吴俊,金奎励,童有德,等.煤孔隙理论及在瓦斯突出和抽放评价中的应用[J].煤炭学报,1991,16(3):86-95.

[59] 傅雪海,秦勇,薛秀谦,等.煤储层孔、裂隙系统分形研究[J].中国矿业大学学报,2001,30(3):225-229.

[60] 许浩,张尚虎,冷雪,等.沁水盆地煤储层孔隙系统模型与物性分析[J].科学通报,2005,50(S1):45-50.

[61] YAO Y B,LIU D M,TANG D Z,et al. Fractal characterization of seepage-pores of coals from China:an investigation on permeability of coals[J]. Computers and geosciences,2009,35(6):1159-1166.

[62] 陈萍,唐修义.低温氮吸附法与煤中微孔隙特征的研究[J].煤炭学报,2001,26(5):552-556.

[63] 赵志根,唐修义.低温氮吸附法测试煤中微孔隙及其意义[J].煤田地质与勘探,2001,29(5):28-30.

[64] 降文萍,宋孝忠,钟玲文.基于低温液氮实验的不同煤体结构煤的孔隙特征及其对瓦斯突出影响[J].煤炭学报,2011,36(4):609-614.

[65] 张素新,肖红艳.煤储层中微孔隙和微裂隙的扫描电镜研究[J].电子显微学报,2000,19(4):531-532.

[66] 张慧.煤孔隙的成因类型及其研究[J].煤炭学报,2001,26(1):40-44.

[67] 宫伟力,李晨.煤岩结构多尺度各向异性特征的 SEM 图像分析[J].岩石力学与工程学报,2010,29(S1):2681-2689.

[68] 韩德馨.中国煤岩学[M].徐州:中国矿业大学出版社,1996.

[69] WU D,LIU G J,SUN R Y,et al. Influences of magmatic intrusion on the macromolecular and pore structures of coal:evidences from Raman spectroscopy and atomic force microscopy[J]. Fuel,2014,119:191-201.

[70] BAALOUSHA M,LEAD J R. Characterization of natural aquatic colloids (<5 nm) by flow-field flow fractionation and atomic force microscopy [J]. Environmental science and technology,2007,41(4):1111-1117.

[71] YAO S P,JIAO K,ZHANG K,et al. An atomic force microscopy study of coal nanopore structure[J]. Chinese science bulletin, 2011, 56 (25): 2706-2712.

[72] BRUENING F A,COHEN A D. Measuring surface properties and oxidation of coal macerals using the atomic force microscope[J]. International journal of coal geology,2005,63(3/4):195-204.

[73] 常迎梅,杨红果,马腾武,等.基于 AFM 的煤体微结构研究[J].现代科学仪器,2006(6):71-72.

[74] PAN J N,ZHU H T,BAI H L,et al. Atomic force microscopy study on microstructure of various ranks of coals[J]. Journal of coal science and engineering (China),2013,19(3):309-315.

[75] GOLUBEV Y A,KOVALEVA O V,YUSHKIN N P. Observations and morphological analysis of supermolecular structure of natural bitumens by atomic force microscopy[J]. Fuel,2008,87(1):32-38.

[76] 姚素平,焦堃,张科,等.煤纳米孔隙结构的原子力显微镜研究[J].科学通报,2011,56(22):1820-1827.

[77] NAKAGAWA T,KOMAKI I,SAKAWA M,et al. Small angle X-ray scattering study on change of fractal property of Witbank coal with heat treatment[J]. Fuel,2000,79(11):1341-1346.

[78] ZHAO Y X,LIU S M,ELSWORTH D,et al. Pore structure characterization of coal by synchrotron small-angle X-ray scattering and transmission electron microscopy[J]. Energy and fuels,2014,28(6):3704-3711.

[79] 朱育平.小角 X 射线散射[M].北京:化学工业出版社,2008.

[80] SAKUROVS R,HE L L,MELNICHENKO Y B,et al. Pore size distribu-

tion and accessible pore size distribution in bituminous coals[J]. International journal of coal geology,2012,100:51-64.

[81] 宋晓夏,唐跃刚,李伟,等. 基于小角 X 射线散射构造煤孔隙结构的研究[J].煤炭学报,2014,39(4):719-724.

[82] OKOLO G N,EVERSON R C,NEOMAGUS H W J P,et al. Comparing the porosity and surface areas of coal as measured by gas adsorption,mercury intrusion and SAXS techniques[J]. Fuel,2015,141:293-304.

[83] 孟巧荣,赵阳升,胡耀青,等.焦煤孔隙结构形态的实验研究[J].煤炭学报,2011,36(3):487-490.

[84] 于艳梅,胡耀青,梁卫国,等.应用 CT 技术研究瘦煤在不同温度下孔隙变化特征[J].地球物理学报,2012,55(2):637-644.

[85] 宋晓夏,唐跃刚,李伟,等.基于显微 CT 的构造煤渗流孔精细表征[J].煤炭学报,2013,38(3):435-440.

[86] 黄家国,许开明,郭少斌,等.基于 SEM、NMR 和 X-CT 的页岩储层孔隙结构综合研究[J].现代地质,2015,29(1):198-205.

[87] 莫邵元,何顺利,谢全,等.利用 CT 扫描研究低渗透砂岩低速水驱特征[J].科技导报,2015,33(5):46-51.

[88] 周动,冯增朝,赵东,等.煤吸附瓦斯细观特性研究[J].煤炭学报,2015,40(1):98-102.

[89] 唐巨鹏,潘一山,李成全.利用核磁共振成像技术研究煤层气渗流规律[J].中国科学技术大学学报,2004,33(S1):423-427.

[90] 石强,潘一山.煤体内部裂隙和流体通道分析的核磁共振成像方法研究[J].煤矿开采,2005,10(6):6-9

[91] 姚艳斌,刘大锰,蔡益栋,等.基于 NMR 和 X-CT 的煤的孔裂隙精细定量表征[J].中国科学:地球科学,2010,40(11):1598-1607.

[92] 王恩元,何学秋.煤岩变形破裂电磁辐射的实验研究[J].地球物理学报,2000,43(1):131-137.

[93] 窦林名,何学秋,王恩元,等.由煤岩变形冲击破坏所产生的电磁辐射[J].清华大学学报(自然科学版),2001,41(12):86-88.

[94] 谢晓永,唐洪明,孟英峰,等.气体泡压法在测试储集层孔隙结构中的应用[J].西南石油大学学报(自然科学版),2009,31(5):17-20.

[95] 冯增朝.低渗透煤层瓦斯强化抽采理论与应用[M].北京:科学出版社,2008.

[96] 韩贝贝,秦勇,张政,等.基于压汞试验的煤可压缩性研究及压缩量校正

[J].煤炭科学技术,2015,43(3):68-72.

[97] 刘大锰,李振涛,蔡益栋.煤储层孔-裂隙非均质性及其地质影响因素研究进展[J].煤炭科学技术,2015,43(2):10-15.

[98] 邹明俊.三孔两渗煤层气产出建模及应用研究[D].徐州:中国矿业大学,2014.

[99] 郝琦.煤的显微孔隙形态特征及其成因探讨[J].煤炭学报,1987,12(4):51-56.

[100] 朱兴珊.煤层孔隙特征对抽放煤层气影响[J].中国煤层气,1996(1):37-39.

[101] 赵阳升.多孔介质多场耦合作用及其工程响应[M].北京:科学出版社,2010.

[102] 吴俊.煤微孔隙特征及其与油气运移储集关系的研究[J].中国科学(B辑),1993,23(1):77-84.

[103] 秦勇.中国高煤级煤的显微岩石学特征及结构演化[M].徐州:中国矿业大学出版社,1994.

[104] HOWER J C. Observations on the role of the Bernice coal field (Sullivan County, Pennsylvania) anthracites in the development of coalification theories in the Appalachians[J]. International journal of coal geology, 1997,33(2):95-102.

[105] 王佑安,杨思敬.煤和瓦斯突出危险煤层的某些特征[J].煤炭学报,1980,5(1):47-53.

[106] 姚多喜,吕劲.淮南谢一矿煤的孔隙性研究[J].中国煤田地质,1996,8(4):31-33,78.

[107] 张井,于冰,唐家祥.瓦斯突出煤层的孔隙结构研究[J].中国煤田地质,1996,8(2):71-74.

[108] 王涛,黄文涛.江西省新华煤矿软分层煤层的孔隙结构特征[J].中国煤田地质,1994,6(4):57-59.

[109] 徐龙君,鲜学福,刘成伦,等.突出区煤的孔隙结构特征研究[J].矿业安全与环保,1999,26(2):25-28.

[110] 郭德勇,韩德馨,王新义.煤与瓦斯突出的构造物理环境及其应用[J].北京科技大学学报,2002,24(6):581-584.

[111] 张子敏,张玉贵.瓦斯地质规律与瓦斯预测[M].北京:煤炭工业出版社,2005.

[112] 琚宜文,姜波,侯泉林,等.华北南部构造煤纳米级孔隙结构演化特征及作

用机理[J].地质学报,2005,79(2):269-285.

[113] 琚宜文,姜波,侯泉林,等.煤岩结构纳米级变形与变质变形环境的关系[J].科学通报,2005,50(17):1884-1892.

[114] 王向浩,王延斌,高莎莎,等.构造煤与原生结构煤的孔隙结构及吸附性差异[J].高校地质学报,2012,18(3):528-532.

[115] 要惠芳,康志勤,李伟.典型构造煤变形特征及储集层物性[J].石油勘探与开发,2014,41(4):414-420.

[116] 姜家钰,雷东记,谢向向,等.构造煤孔隙结构与瓦斯耦合特性研究[J].安全与环境学报,2015,15(1):123-128.

[117] 琚宜文,李小诗.构造煤超微结构研究新进展[J].自然科学进展,2009,19(2):131-140.

[118] 俞启香.矿井瓦斯防治[M].徐州:中国矿业大学出版社,2012.

[119] 汪雷,汤达祯,许浩,等.基于液氮吸附实验探讨煤变质作用对煤微孔的影响[J].煤炭科学技术,2014,42(S1):256-260.

[120] 郭德勇,李春娇,张友谊.平顶山矿区原生结构煤和构造煤孔渗实验对比[J].地球科学,2014,39(11):1600-1606.

[121] 琚宜文,王桂梁,姜波.浅层次脆性变形域中煤层韧性剪切带微观分析[J].中国科学(D辑),2003,33(7):626-635.

[122] 张小东,刘浩,刘炎昊,等.煤体结构差异的吸附响应及其控制机理[J].地球科学,2009,34(5):848-854.

[123] 谢和平.分形:岩石力学导论[M].北京:科学出版社,2005.

[124] SONG D Y,JI X F,LI Y B,et al. Heterogeneous development of micropores in medium-high rank coal and its relationship with adsorption capacity[J]. International journal of coal geology,2020,226:103497.

[125] 赵爱红,廖毅,唐修义.煤的孔隙结构分形定量研究[J].煤炭学报,1998,23(4):105-108.

[126] 孙波,王魁军,张兴华.煤的分形孔隙结构特征的研究[J].煤矿安全,1999,30(1):38-40.

[127] 亓中立.煤的孔隙系统分形规律的研究[J].煤矿安全,1994,25(6):2-5.

[128] 徐龙君,张代钧,鲜学福.煤微孔的分形结构特征及其研究方法[J].煤炭转化,1995,18(1):31-39.

[129] 傅雪海,秦勇,薛秀谦,等.煤储层孔、裂隙系统分形研究[J].中国矿业大学学报,2001,30(3):225-228.

[130] 李子文,林柏泉,郝志勇,等.煤体多孔介质孔隙度的分形特征研究[J].采

矿与安全工程学报,2013,30(3):437-442.

[131] 徐龙君,张代钧,鲜学福.煤微孔表面的分形维数及其变化规律的研究[J].燃料化学学报,1996,24(1):81-86.

[132] 辜敏,陈昌国,鲜学福.非均匀多孔介质表面变压过程的分形特征研究[J].煤炭转化,2001,24(2):37-39.

[133] 王荣杰,陈义胜,李保卫,等.用气体吸附法研究煤的分形维数[J].包头钢铁学院学报,1997,16(3):188-192.

[134] 王明寿,汤达桢,张尚虎.煤储层孔隙研究现状及其意义[J].中国煤层气,2004,1(2):9-11.

[135] 王有智,王世辉.鹤岗煤田构造煤孔隙分形特征[J].东北石油大学学报,2014,38(5):61-66.

[136] 金毅,宋慧波,胡斌,等.煤储层分形孔隙结构中流体运移格子 Boltzmann 模拟[J].中国科学:地球科学,2013,43(12):1984-1995.

[137] 刘高峰.高温高压三相介质煤吸附瓦斯机理与吸附模型[D].焦作:河南理工大学,2011.

[138] CLARKSON C R,BUSTIN R M. Binary gas adsorption/desorption isotherms:effect of moisture and coal composition upon carbon dioxide selectivity over methane[J]. International journal of coal geology,2000,42(4):241-271.

[139] 钟玲文,张慧,员争荣,等.煤的比表面积、孔体积及其对煤吸附能力的影响[J].煤田地质与勘探,2002,30(3):26-29.

[140] 钟玲文.煤的吸附性能及影响因素[J].地球科学,2004,29(3):327-332.

[141] 桑树勋,秦勇,郭晓波,等.准噶尔和吐哈盆地株罗系煤层气储集特征[J].高校地质学报,2003,9(3):365-372.

[142] 刘爱华,傅雪海,梁文庆,等.不同煤阶煤孔隙分布特征及其对煤层气开发的影响[J].煤炭科学技术,2013,41(4):104-108.

[143] 程庆迎,黄炳香,李增华.煤的孔隙和裂隙研究现状[J].煤炭工程,2011,43(12):91-93.

[144] 杜玉娥.煤的孔隙特征对煤层气解吸的影响[D].西安:西安科技大学,2009.

[145] 范俊佳,琚宜文,侯泉林,等.不同变质变形煤储层孔隙特征与煤层气可采性[J].地学前缘,2010,17(5):325-335.

[146] 郭立稳,肖藏岩,刘永新.煤孔隙结构对煤层中 CO 扩散的影响[J].中国矿业大学学报,2007,36(5):636-640.

［147］王兆丰.空气、水和泥浆介质中煤的瓦斯解吸规律与应用研究［D］.徐州：中国矿业大学，2001.

［148］刘彦伟.煤粒瓦斯放散规律、机理与动力学模型研究［D］.焦作：河南理工大学，2011.

［149］袁军伟.颗粒煤瓦斯扩散时效特性研究［D］.北京：中国矿业大学（北京），2014.

［150］杨其銮.煤屑瓦斯放散随时间变化规律的初步探讨［J］.煤矿安全，1986，17(4)：3-11.

［151］QIN Y P，WANG Y R，YANG X B，et al. Experimental study on dynamic gas adsorption［J］. International journal of mining science and technology，2012,22(6)：763-767.

［152］温志辉.构造煤瓦斯解吸规律的实验研究［D］.焦作：河南理工大学，2008.

［153］富向，王魁军，杨天鸿.构造煤的瓦斯放散特征［J］.煤炭学报，2008，33(7)：775-779.

［154］CLARKSON C R R，WOOD J M M，BURGIS S E E，et al. Nanopore-structure analysis and permeability predictions for a tight gas siltstone reservoir by use of low-pressure adsorption and mercury-intrusion techniques［J］. SPE reservoir evaluation and engineering，2012，15(6)：648-661.

［155］张国华，梁冰，毕业武.水锁对含瓦斯煤体的瓦斯解吸的影响［J］.煤炭学报，2012,37(2)：253-258.

［156］陈向军，程远平，王林.外加水分对煤中瓦斯解吸抑制作用试验研究［J］.采矿与安全工程学报，2013,30(2)：296-301.

［157］夏雅君.工程传质学［M］.北京：机械工业出版社，1985.

［158］SMITH D M，WILLIAMS F L. Diffusional effects in the recovery of methane from coalbeds［J］. Society of petroleum engineers journal，1984，24(5)：529-535.

［159］MAVOR M J，PAUL G W，SAULSBERRY J L，et al. A guide to coalbed methane reservoir engineering［J］. Gas research institute，1996(1)：10-30.

［160］杨其銮，王佑安.煤屑瓦斯扩散理论及其应用［J］.煤炭学报，1986,11(3)：87-94.

［161］杨其銮，王佑安.瓦斯球向流动的数学模拟［J］.中国矿业学院学报，1988，17(3)：55-62.

[162] 聂百胜.煤粒解吸扩散动力过程的试验研究[D].太原:太原理工大学,1998.

[163] 聂百胜,何学秋,王恩元.瓦斯气体在煤层中的扩散机理及模式[J].中国安全科学学报,2000,10(6):24-28.

[164] 聂百胜,何学秋,王恩元.瓦斯气体在煤孔隙中的扩散模式[J].矿业安全与环保,2000,27(5):14-16.

[165] 聂百胜,张力,马文芳.煤层甲烷在煤孔隙中扩散的微观机理[J].煤田地质与勘探,2000,28(6):20-22.

[166] 傅雪海,秦勇,张万红,等.基于煤层气运移的煤孔隙分形分类及自然分类研究[J].科学通报,2005,50(S1):51-55.

[167] 闫宝珍,王延斌,倪小明.地层条件下基于纳米级孔隙的煤层气扩散特征[J].煤炭学报,2008,33(6):657-660.

[168] BUSCH A,GENSTERBLUM Y,KROOSS B M,et al. Methane and carbon dioxide adsorption-diffusion experiments on coal: upscaling and modeling[J]. International journal of coal geology,2004,60(2/3/4):151-168.

[169] HAZELBAKER E D,BUDHATHOKI S,KATIHAR A,et al. Combined application of high-field diffusion NMR and molecular dynamics simulations to study dynamics in a mixture of carbon dioxide and an imidazolium-based ionic liquid[J]. The journal of physical chemistry B,2012,116 (30):9141-9151.

[170] TANG M J,COX R A,KALBERER M. Compilation and evaluation of gas phase diffusion coefficients of reactive trace gases in the atmosphere: volume 1. Inorganic compounds[J]. Atmospheric chemistry and physics, 2014,14(17):9233-9247.

[171] CADOGAN S P,MAITLAND G C,TRUSLER J P M. Diffusion coefficients of $CO_2$ and $N_2$ in water at temperatures between 298. 15 K and 423. 15 K at pressures up to 45 MPa[J]. Journal of chemical and engineering data,2014,59(2):519-525.

[172] TANG M,SHIRAIWA M,PÖSCHL U,et al. Compilation and evaluation of gas-phase diffusion coefficients of reactive trace gases in the atmosphere:volume 2. Organic compounds and Knudsen numbers for gas uptake calculations[J]. Atmospheric chemistry and physics,2015,15: 5461-5492.

[173] YAO C C,CHEN T J. A new simplified method for estimating film mass transfer and surface diffusion coefficients from batch adsorption kinetic data[J]. Chemical engineering journal,2015,265:93-99.

[174] 吴世跃.煤层瓦斯扩散与渗流规律的初步探讨[J].山西矿业学院学报,1994(3):259-263.

[175] 郭勇义,吴世跃,王跃明,等.煤粒瓦斯扩散及扩散系数测定方法的研究[J].山西矿业学院学报,1997(1):15-19,31.

[176] 段三明,聂百胜.煤层瓦斯扩散-渗流规律的初步研究[J].太原理工大学学报,1998,29(4):413-417.

[177] 吴世跃,郭勇义.煤粒瓦斯扩散规律与突出预测指标的研究[J].太原理工大学学报,1998,29(2):138-142.

[178] 聂百胜,王恩元,郭勇义,等.煤粒瓦斯扩散的数学物理模型[J].辽宁工程技术大学学报(自然科学版),1999,18(6):582-585.

[179] 聂百胜,郭勇义,吴世跃,等.煤粒瓦斯扩散的理论模型及其解析解[J].中国矿业大学学报,2001,30(1):19-23.

[180] 韩颖,张飞燕,余伟凡,等.煤屑瓦斯全程扩散规律的实验研究[J].煤炭学报,2011,36(10):1699-1703.

[181] 吴世跃.煤层中的耦合运动理论及其应用:具有吸附作用的气固耦合运动理论[M].北京:科学出版社,2009.

[182] 李冰.煤层甲烷扩散物理模拟实验及其机理研究[D].焦作:河南理工大学,2014.

[183] 张国成,任建刚,宋志敏,等.方向性原煤 $CH_4$ 扩散实验及矢量计算模型[J].河南理工大学学报(自然科学版),2015,34(5):593-599.

[184] YUE G W,WANG Z F,XIE C,et al. Time-dependent methane diffusion behavior in coal:measurement and modeling[J]. Transport in porous media,2017,116(1):319-333.

[185] 林柏泉,刘厅,杨威.基于动态扩散的煤层多场耦合模型建立及应用[J].中国矿业大学学报,2018,47(1):32-39.

[186] SAGHAFI A,FAIZ M,ROBERTS D. $CO_2$ storage and gas diffusivity properties of coals from Sydney Basin,Australia[J]. International journal of coal geology,2007,70(1/2/3):240-254.

[187] CHARRIÈRE D,POKRYSZKA Z,BEHRA P. Effect of pressure and temperature on diffusion of $CO_2$ and $CH_4$ into coal from the Lorraine Basin(France)[J]. International journal of coal geology,2010,81(4):

373-380.

[188] CUI X J,BUSTIN R M,DIPPLE G. Selective transport of $CO_2$ ,$CH_4$ ,and $N_2$ in coals:insights from modeling of experimental gas adsorption data [J]. Fuel,2004,83(3):293-303.

[189] SCHUELLER B S,YANG R T. Ultrasound enhanced adsorption and desorption of phenol on activated carbon and polymeric resin[J]. Industrial and engineering chemistry research,2001,40(22):4912-4918.

[190] 张登峰,崔永君,李松庚,等.甲烷及二氧化碳在不同煤阶煤内部的吸附扩散行为[J].煤炭学报,2011,36(10):1693-1698.

[191] 陈富勇,琚宜文,李小诗,等.构造煤中煤层气扩散-渗流特征及其机理[J].地学前缘,2010,17(1):195-201.

[192] 简星,关平,张巍.煤中 $CO_2$ 的吸附和扩散:实验与建模[J].中国科学:地球科学,2012,42(4):492-504.

[193] 郝石生,黄志龙,杨家琦.天然气运聚动平衡及其应用[M].北京:石油工业出版社,1994.

[194] 卢福长,武晓玲,唐文忠.扩散作用对煤层气可采性的影响[J].断块油气田,2000,7(3):17-18.

[195] 石丽娜,杜庆军,同登科.煤层气窜流-扩散过程及其对开发效果的影响[J].西南石油大学学报(自然科学版),2011,33(3):137-140.

[196] YI J,AKKUTLU I Y,DEUTSCH C V. Gas transport in bidisperse coal particles:investigation for an effective diffusion coefficient in coalbeds [J]. Journal of Canadian petroleum technology,2008,47(10):20-26.

[197] 曹成润,牛伟,张遂安,等.煤层气在煤储层中的扩散及其影响因素[J].世界地质,2004,23(3):266-269.

[198] 李育辉,崔永君,钟玲文,等.煤基质中甲烷扩散动力学特性研究[J].煤田地质与勘探,2005,33(6):31-34.

[199] 张小东,刘炎昊,桑树勋,等.高煤级煤储层条件下的气体扩散机制[J].中国矿业大学学报,2011,40(1):43-48.

[200] 李前贵,康毅力,罗平亚.煤层甲烷解吸-扩散-渗流过程的影响因素分析[J].煤田地质与勘探,2003,31(4):26-29.

[201] 王晟,马正飞,姚虎卿.多孔材料分形扩散模型的 Fourier-Bessel 级数算法及其应用[J].计算物理,2008,25(3):289-295.

[202] 靳朝辉,张凤宝.多孔介质中的分数扩散方程[J].化学工业与工程,2004,21(3):206-209.

[203] 张东晖,施明恒,金峰,等.分形多孔介质的粒子扩散特点（Ⅰ）[J].工程热物理学报,2004,25(5):822-824.

[204] 王子亭.分形多孔介质中的奇异扩散[J].应用数学和力学,2000,21(10):1033-1038.

[205] 王登科,魏建平,尹光志.复杂应力路径下含瓦斯煤渗透性变化规律研究[J].岩石力学与工程学报,2012,31(2):303-310.

[206] 田坤云.高压水载荷下煤体变形特性及瓦斯渗流规律研究[D].北京:中国矿业大学(北京),2014.

[207] 尹光志,李小双,赵洪宝,等.瓦斯压力对突出煤瓦斯渗流影响试验研究[J].岩石力学与工程学报,2009,28(4):697-702.

[208] 胡国忠,王宏图,范晓刚,等.低渗透突出煤的瓦斯渗流规律研究[J].岩石力学与工程学报,2009,28(12):2527-2534.

[209] 魏建平,王登科,位乐.两种典型受载含瓦斯煤样渗透特性的对比[J].煤炭学报,2013,38(S1):93-99.

[210] 宫伟东.两种原煤样瓦斯渗透特性与承载应力变化动态关系的实验研究[D].焦作:河南理工大学,2013.

[211] 朱志斌,田雪冬.等静压技术的应用与发展[J].现代技术陶瓷,2010,31(1):17-24.

[212] 刘遵飞.钢带缠绕式等静压机关键技术研究[D].重庆:重庆交通大学,2013.

[213] 任丽花.选择性激光烧结/等静压复合工艺数值模拟与试验研究[D].武汉:华中科技大学,2007.

[214] 傅雪海,秦勇,韦重韬.煤层气地质学[M].徐州:中国矿业大学出版社,2007.

[215] 安士凯,桑树勋,李仰民,等.沁水盆地南部高煤级煤储层孔隙分形特征[J].中国煤炭地质,2011,23(2):17-21.

[216] 赵志根,蒋新生.谈煤的孔隙大小分类[J].标准化报道,2000(5):23-24.

[217] 秦勇,徐志伟,张井.高煤级煤孔径结构的自然分类及其应用[J].煤炭学报,1995,20(3):266-271.

[218] MOU P W,PAN J N,NIU Q H,et al. Coal pores:methods,types,and characteristics[J]. Energy and fuels,2021,35(9):7467-7484.

[219] 王生维,陈钟惠,张明,等.煤储层岩石物理研究与煤层气勘探选区及开发[J].石油实验地质,1997,19(2):133-134.

[220] 霍永忠,张爱云.煤层气储层的显微孔裂隙成因分类及其应用[J].煤田地

质与勘探,1998,26(6):28-33.

[221] 姚艳斌,刘大锰,黄文辉,等.两淮煤田煤储层孔-裂隙系统与煤层气产出性能研究[J].煤炭学报,2006,31(2):163-168.

[222] LI Z T,LIU D M,CAI Y D,et al. Adsorption pore structure and its fractal characteristics of coals by $N_2$ adsorption/desorption and FESEM image analyses[J]. Fuel,2019,257:116031.

[223] LI Y B,SONG D Y,LIU S M,et al. Evaluation of pore properties in coal through compressibility correction based on mercury intrusion porosimetry:a practical approach[J]. Fuel,2021,291:120130.

[224] 宋志敏.变形煤物理模拟与吸附-解吸规律研究[D].焦作:河南理工大学,2012.

[225] 吕闰生.受载瓦斯煤体变形渗流特征及控制机理研究[D].北京:中国矿业大学(北京),2014.

[226] 汤达祯.煤储层物性控制机理及有利储层预测方法[M].北京:科学出版社,2010.

[227] 戚玲玲.基于煤孔隙特征的焦作矿区二₁煤层瓦斯吸附-解吸响应特性研究[D].焦作:河南理工大学,2013.

[228] PREHAL C,GRÄTZ S,KRÜNER B,et al. Comparing pore structure models of nanoporous carbons obtained from small angle X-ray scattering and gas adsorption[J]. Carbon,2019,152:416-423.

[229] REN J G,SONG Z M,LI B,et al. Structure feature and evolution mechanism of pores in different metamorphism and deformation coals[J]. Fuel,2021,283:119292.

[230] 朱育平.小角X射线散射:理论、测试、计算及应用[M].北京:化学工业出版社,2008.

[231] 李志宏,赵军平,吴东,等.小角X射线散射中Porod正偏离的校正[J].化学学报,2000,58(9):1147-1150.

[232] ALEXEEV A D,VASILENKO T A,ULYANOVA E V. Closed porosity in fossil coals[J]. Fuel,1999,78(6):635-638.

[233] REN J G,WENG H B,LI B,et al. The influence mechanism of pore structure of tectonically deformed coal on the adsorption and desorption hysteresis[J]. Frontiers in earth science,2022,10:841353.

[234] GAMSON P,BEAMISH B,JOHNSON D. Coal microstructure and secondary mineralization:their effect on methane recovery[J]. Geological

society,London,special publications,1996,109(1):165-179.

[235] 刘世奇,王鹤,王冉,等.煤层孔隙与裂隙特征研究进展[J].沉积学报,
2021,39(1):212-230.

[236] YAN J W,MENG Z P,LI G Q. Diffusion characteristics of methane in
various rank coals and the control mechanism[J]. Fuel, 2021,
283:118959.

[237] ZHAO W,CHENG Y P,PAN Z J,et al. Gas diffusion in coal particles:a
review of mathematical models and their applications[J]. Fuel, 2019,
252:77-100.

[238] 陈昌国,鲜晓红,杜云贵,等.煤吸附与解吸甲烷的动力学规律[J].煤炭转
化,1996,19(1):68-72.

[239] 何学秋.含瓦斯煤岩灾害动力学:含瓦斯煤岩流变动力学[M].徐州:中国
矿业大学出版社,1995.

[240] 王凯.煤与瓦斯突出的非线性特征及预测模型[M].徐州:中国矿业大学
出版社,2005.

[241] 李志强,王登科,宋党育.新扩散模型下温度对煤粒瓦斯动态扩散系数的
影响[J].煤炭学报,2015,40(5):1055-1064.

[242] 苏恒.基于球状模型颗粒煤瓦斯扩散规律实验研究[D].焦作:河南理工大
学,2015.

[243] 周世宁.瓦斯在煤层中流动的机理[J].煤炭学报,1990,15(1):15-24.

[244] SHI G S,WEI F Q,GAO Z Y,et al. Gas desorption-diffusion behavior
from coal particles with consideration of quasi-steady and unsteady
crossflow mechanisms based on dual media concept model:experiments
and numerical modelling[J].Fuel,2021,298:120729.

[245] LIU Q Q,WANG J,LIU J J,et al. Determining diffusion coefficients of
coal particles by solving the inverse problem based on the data of meth-
ane desorption measurements[J].Fuel,2022,308:122045.

[246] WEN Z H,WANG Q,REN J G,et al. Dynamic gas diffusion model of
capillary pores in a coal particle based on pore fractal characteristics[J].
Transport in porous media,2021,140(2):581-601.

[247] WANG H Y,YANG X,DU F,et al. Calculation of the diffusion coeffi-
cient of gas diffusion in coal:the comparison of numerical model and tra-
ditional analytical model[J].Journal of petroleum science and engineer-
ing,2021,205:108931.

［248］LU S Q，WANG C F，LI M J，et al. Gas time-dependent diffusion in pores of deformed coal particles：model development and analysis［J］. Fuel，2021，295：120566.

［249］傅雪海，秦勇，张万红.高煤级煤基质力学效应与煤储层渗透率耦合关系分析［J］.高校地质学报，2003，9（3）：373-377.

［250］卢平，沈兆武，朱贵旺，等.岩样应力应变全程中的渗透性表征与试验研究［J］.中国科学技术大学学报，2002，32（6）：678-684.

［251］胡赓祥，蔡珣，戎咏华.材料科学基础［M］.3 版.上海：上海交通大学出版社，2010.

［252］王绍亭，陈涛.动量、热量与质量传递［M］.天津：天津科学技术出版社，1986.

［253］张玉涛，王德明，仲晓星.煤孔隙分形特征及其随温度的变化规律［J］.煤炭科学技术，2007，35（11）：73-76.

［254］李志强.重庆沥鼻峡背斜煤层气富集成藏规律及有利区带预测研究［D］.重庆：重庆大学，2008.

［255］程远平，胡彪.微孔填充：煤中甲烷的主要赋存形式［J］.煤炭学报，2021，46（9）：2933-2948.

［256］王生维，陈钟惠，张明.煤基岩块孔裂隙特征及其在煤层气产出中的意义［J］.地球科学，1995，20（5）：557-561.

［257］张子戌，袁崇孚.瓦斯地质数学模型法预测矿井瓦斯涌出量研究［J］.煤炭学报，1999，24（4）：34-38.

［258］吕闰生.矿井瓦斯涌出量及突出危险性预测研究［D］.焦作：河南理工大学，2005.

［259］张子戌，张许良，袁崇孚.瓦斯地质数学模型软件的开发［J］.煤田地质与勘探，2002，30（2）：28-30.

［260］安丰华，贾宏福，刘军.基于煤孔隙构成的瓦斯扩散模型研究［J］.岩石力学与工程学报，2021，40（5）：987-996.

［261］SEVENSTER P G. Diffusion of gases through coal［J］. Fuel，1959，38（1）：403-418.

［262］辛厚文.分形介质反应动力学［M］.上海：上海科技教育出版社，1997.

［263］O'SHAUGHNESSY B. Analytical solutions for diffusion on fractal objects［J］. Physical review letters，1985，54（5）：455-458.

［264］METZLER R，KLAFTER J. Accelerating Brownian motion：a fractional dynamics approach to fast diffusion［J］. Europhysics letters，2000，51

(5):492-498.

[265] MARGUERIT C,SCHERTZER D,SCHMITT F,et al. Copepod diffusion within multifractal phytoplankton fields[J]. Journal of marine systems,1998,16(1/2):69-83.

[266] FERNANDEZ-ANAYA G,VALDES-PARADA F J,ALVAREZ-RAMIREZ J. On generalized fractional Cattaneo's equations[J]. Physica A:statistical mechanics and its applications,2011,390(23/24):4198-4202.

[267] 郭柏灵.分数阶偏微分方程及其数值解[M].北京:科学出版社,2011.

[268] 冯克难.分数阶微积分及其在无限分形介质反常扩散方程中的应用[D].济南:山东大学,2010.

[269] JIANG H N,CHENG Y P,YUAN L,et al. A fractal theory based fractional diffusion model used for the fast desorption process of methane in coal[J]. Chaos,2013,23(3):033111.

[270] METZLER R,GLÖCKLE W G,NONNENMACHER T F. Fractional model equation for anomalous diffusion[J]. Physica A:statistical mechanics and its applications,1994,211(1):13-24.

[271] 蒋晓芸,徐明瑜.分形介质分数阶反常守恒扩散模型及其解析解[J].山东大学学报(理学版),2003,38(5):29-32.

[272] WANG S,MA Z F,YAO H Q. Fractal diffusion model used for diffusion in porous material within limited volume of stiff container[J]. Chemical engineering science,2009,64(6):1318-1325.